基于空间场景相似性的地理空间分析

郭旦怀　著

科学出版社
北　京

内 容 简 介

本书是我国第一部全面介绍相似性空间分析的学术专著，既包含了相似性空间分析的基本理论和方法，又有作者独立的思考，既有相似性空间分析的传统方法论，又有在当前大数据环境下的再思考。

本书共9章，第1章为绪论，第2章介绍相似性空间分析理论基础，第3章介绍定性空间表达模型，第4章介绍空间场景相似性分析评价模型，第5章介绍基于相似性的空间分析系统，第6章介绍基于空间场景相似性评价的地址规范化，第7章介绍基于Hadoop空间场景相似性计算，第8章是数据密集型计算环境下的空间场景相似性计算探索，第9章是总结与展望。

本书可供对地理信息系统和空间分析感兴趣的专业人员参考，也可作为地理信息科学专业的研究生教材。

图书在版编目(CIP)数据

基于空间场景相似性的地理空间分析/郭旦怀著. —北京：科学出版社，2016.11

ISBN 978-7-03-050519-4

Ⅰ.①基… Ⅱ.①郭… Ⅲ.①地理信息系统－分析 Ⅳ.①P208

中国版本图书馆CIP数据核字(2016)第267688号

责任编辑：王 哲 / 责任校对：张凤琴

责任印制：张 倩 / 封面设计：迷底书装

科学出版社 出版

北京东黄城根北街16号

邮政编码：100717

http://www.sciencep.com

北京凌奇印刷有限责任公司 印刷

科学出版社发行 各地新华书店经销

*

2017年1月第 一 版 开本：720×1 000 1/16

2017年1月第一次印刷 印张：13 插页：2

字数：257 000

POD定价： 78.00元

序

相似性是人们认识事物和表达感情的常用方式，如在《诗经》中大量运用的“比”这一修辞结构，体现的就是比象与比义之间的共时性的相似关系。欧洲文艺复兴时期的认知范型是以“相似性”作为建构知识空间的原则，相似性在认知中是符号与其指称的事物之间的中介因素。

相似性和地理空间分析相结合是地理信息科学研究的一个创新，过去我们注重定量地理分析，现在重新认识定性分析的重要性，这符合人类认识事物的循环上升的客观规律。基于相似性的空间分析广泛应用在图像识别、地图搜索、区域规划、环境分析、土地评价和适宜性分析等方面，具有很大的应用前景。大数据技术的兴起，给相似性空间分析带来了新的活力，一方面大数据处理基础技术为降低相似性空间分析计算强度提供了解决方案；另一方面大数据的广阔应用前景为相似性空间分析提供了更大的应用舞台。

郭旦怀教授在博士论文基础上经过十年深入研究，全面分析了相似性在地理空间分析的各个阶段中的表现形式及计算方法。提出集空间专题、定性空间拓扑关系、定性空间方向关系、定性空间距离关系的多层次定性空间模型。该模型与人们认知习惯基本一致，并建立了基于格网条件下的相似性空间分析理论和方法。这是一项重要创新，谨致祝贺。该书深入浅出，大有裨益。其中许多观点和首创，对我来说，也是振聋发聩，发人深省的。

崔伟宏

国际欧亚科学院院士

俄罗斯自然科学院院士

国际欧亚科学院中国科学中心秘书长

2016 年 8 月

前　言

随着地理信息系统在各行各业的应用，地理信息系统已从少数地理学家的桌面走向企业和大众。不同行业和领域在广泛运用地理信息系统的同时，对地理信息数据的获取手段和分析技术也提出了更高的要求。传统的空间分析技术要求地理信息系统用户必须具备较完整的地理信息数据库的背景知识，用户空间分析所得到的是和空间分析条件准确匹配的结果，获取地理信息的数量和质量取决于获取者对地理信息系统数据的了解、熟悉程度，用户对地理信息数据库和相关地理信息知识的了解程度越高，用户所作的空间分析就越能得到准确的结果，就能获得越多越详尽的地理信息知识。然而，大部分的地理信息系统用户都不具备足以完成他们所期望的地理空间分析所需要的完备知识背景，地理信息系统亟须新的理论和方法来改进地理信息数据的获取和分析手段。

地理事物和地理现象之间存在相似也存在相异；相似是宏观的，相似对于人类认识客观世界具有更大的推动力。相似性科学是以相似性现象和相似系统为研究对象，主要研究自然界、人类社会、工程技术和认知思维中相似性规律及其应用的科学，具有从理论上认识相似性、分析相似性，到实践上应用相似性、创造相似性的完整科学体系。相似论是思维科学的理论之一。它的目的在于研究自然界、人类社会和思维领域广泛存在的相似运动、相似联系与相似创造规律。相似性科学不仅研究相似现象，还注重认识相似性和相似系统（尤其是系统相似性），探索相似性的由来，阐明相似性形成原理和演变规律，分析度量相似性，进行系统相似性规律及其应用研究。

本书提出将相似性科学的理论和方法论引入到地理空间分析中，全面分析了相似性在地理空间分析的各个阶段中的表现形式，提出了相似性度量和计算的方法，分析并研究了基于相似性的空间分析的关键技术；提出了一种在格网条件下的集定性空间专题、定性空间形状、定性空间拓扑关系、定性空间方向关系、定性空间距离关系表达于一体的多层次定性空间表达模型，该模型符合人们对地理空间事物的认知和表达习惯，并能够将复杂的定性空间表达和空间关系计算转换为标准的 SQL 语句查询，降低了计算复杂度，提高了查询效率；提出了多因子空间相似性评价模型和实现方法，使空间相似性评价操作更简便；改进了对 Null 值相似性比较的处理，使之更符合实际应用情况；全面研究了基于相似性的空间分析的理论和关键技术，重点研究了空间专题相似性、空间对象相似性、空间场景相似性等；结合农业种植生产实践应用研发了一套基于相似性的空间分析系统。最后探讨了在大数据背景下空间场景相似性的计算方法。

本书的出版，得到了国家自然科学基金面上项目（41371386）的资助。感谢恩师崔伟宏在本书写作过程中的指导和帮助。感谢实验室的同仁和学生王玉伟、王德强、向雯婷等给予的帮助。

由于作者水平有限，书中难免存在不足之处，恳请广大读者批评指正。

作　者

2016 年 8 月 7 日于北京

目录

第 1 章 绪　　论

1.1 研究背景及现状

随着地理信息科学在各行各业的应用，地理信息系统（geographic information system，GIS）已从少数几个地理学家桌面上的科学研究工具走向企业和大众。GIS 在向众多行业拓展的同时，对地理信息空间数据的获取手段和分析技术提出了更高的要求，GIS 的发展是由 GIS 的应用所牵引的。Goodchild 曾指出“地理信息系统的真正功能在于它利用空间分析技术对空间数据进行分析”[1-3]，地理空间分析是地理信息分析的重要手段。

定量地理学计算是现代地理学和地理信息科学（geographic information science）[4]的基础，地理信息的可计算性为地理现象和地理事物的精确分析计算提供了可能。但定量地理学与人们对地理现象空间认知的日常习惯和认知能力存在着一定差异，人们对地理空间的认知和表达不总是能够精确化的。在地理信息系统中，地理空间分析的实质是用户所描述的地理空间表达与地理信息系统数据库中地理场景的匹配，并以此获取用户所需要的知识。目前地理信息系统中空间分析是基于对地理数据的准确匹配（exact match）的，只有那些与地理信息查询和分析的输入条件准确匹配的地理信息数据库中的数据才能够被提取出来[5]，目前的地理信息系统还无法执行人类自然语言的空间分析查询操作。地理信息获取的数量和质量取决于获取者对地理信息系统数据库数据的了解、熟悉程度，用户对地理信息数据库和相关地理信息知识的了解程度越高，空间分析就能够得到越精确的结果，就能获得更多、更详尽的地理信息知识。

由于大多数地理信息系统用户缺乏地理信息科学的知识背景，从而不能获取足够数量和质量的地理信息知识，用户对地理信息系统和服务的体验感较差，这也导致了大量的地理信息数据从生产之日起就再也没有被人使用过，我们逐渐淹没在由日积月累的遥感数据和时刻变化的海量空间数据以及各行各业所生产的与地理位置有关的专业数据所构成的信息爆炸时代的空间信息数据海洋中，却贫乏于这些数据后面所隐藏的知识[6-8]。那些没有被发现和使用的地理信息数据，逐渐成为了信息垃圾。如何使地理信息的知识获取能够有更直观更简便的方式和更低的技术门槛，是地理信息科学所面临的难题。

解决这一问题的关键是能否找到一种或多种与人类日常交流方式（如自然语言、

草图）接近，又能被地理信息系统所理解的人机交互方式，使人类可以与计算机以与其同类一样的交流方式进行交流。由于人类自然语言表达空间事物具有天然的模糊性和多义性、人们空间认知能力的局限以及人们对空间事物表达能力的局限，人们在表达自己意愿和要求时，常常不能完全穷尽其要表达空间事物和空间场景的所有细节，所表达的语句仅仅是人们的空间认知在脑图（mental map）中的一种表现形式，每一条空间表达语句仅是对脑图在程度不同上的接近。在人们无法明确清楚地表达自己意愿时，常使用比喻或隐喻，即寻找一件和要描述事物相类似的其他事物来表达。正如德国物理学家海森堡所言“我们不得不在无法清楚地表达我们思想的隐喻和比喻中来说话，我们也不能逃避偶然的矛盾，然而隐喻却可以帮助我们对客观现实进行比较切近的描述”[9]。我国古代的诗词歌赋大量使用了比喻和隐喻来进行创作，如宋代著名修辞学家陈骙认为“易之有象，以尽其意；诗之有比，以达其情。文之作也，可无喻乎?”[10]。明代知名学者郭子章也有类似的论述：“故夫立言者必喻，而后其言至；知言者必喻，而后其理彻”[11]，这些都说明人们是按照相似性的思维去认识事物、理解事物和阐述事物的。隐喻的实质就是隐藏在事物表象后面的相似性。

地理空间存在着大量的相似性现象、相似性系统和相似性事件。相似性是联系模糊的、不准确的、夹杂着定性和定量的人类自然语言空间表达与确定的、准确的和定量的地理信息系统数据库之间的桥梁[12-14]。相似性的度量是评价两个不同的空间系统（空间场景）之间在一定的专题属性下的相似程度。通过相似性的比较，可以获得空间系统、空间场景之间所隐含的空间知识。

研究相似性的科学称为“相似性科学”（similarity science）。相似性科学不仅研究相似现象，还注重认识相似性和相似系统，尤其是系统相似性，探索相似性的由来，阐明相似性形成原理和演变规律，分析度量相似性，进行系统相似性规律及其应用研究[15]。

1.1.1 空间分析

空间分析（spatial analysis）是地理信息科学中最重要的研究内容，是 GIS 研究的精髓[3]，是为解答地理空间问题而进行的数据分析。

众多的国内外学者站在不同角度对空间分析进行过定义：Goodchild 认为空间分析是对数据空间信息、属性信息或二者共同信息的统计描述或说明[1]，显然这一定义侧重于空间统计学；Openshaw 等认为空间分析是对于地理空间现象的定量研究，其常规能力是操纵空间数据成为不同的形式，并且提取其潜在信息[16-18]；Haining 将空间分析定义为基于地理对象空间布局的地理数据分析技术[19]。

我国的研究者也试图对空间分析进行定义，其中较有代表性的论述有：空间查询和空间分析是指从 GIS 目标之间的空间关系中获取派生的信息和新的知识[8]；空间分析是指为制定规划和决策，应用逻辑或数学模型分析空间数据或空间观测值，空间分析是对分析空间数据有关技术的总称[20]；空间分析是基于地理对象的位置形态的空间数据分析技术，其目的在于提取和传输空间信息[21,22]。其中，郭仁忠关于空间分析的定义得到了较广泛的认可。从这些定义可知：空间分析的根本目的在于提取和传输空间信息[3,23]，不是简单地从 GIS 地理数据库中检索和查询空间信息，而是利用各种空间分析模型及其空间操作对 GIS 地理数据库中的数据进行深加工，从而获得新的知识。其本质在于：①探测空间数据中的模式；②研究空间数据间的关系并建立相应的空间数据模型；③提高适合于所有观察模式处理过程的理解；④改进发生地理空间事件的预测能力和控制能力[3]。

崔伟宏将空间数据结构分为传统的数据结构和面向目标的数据结构，并据此将空间分析分为空间层次分析理论和空间目标分析理论。前者是基于诸如树状结构（层次结构）、网状结构和关系结构的传统数据结构的基础上发展起来的，其发展与地图覆盖理论的引进和应用直接相关，核心在于按照空间覆盖分析、空间搜索分析和空间搜索覆盖分析等空间分析规律对各相邻点和重合点进行空间层次分析和处理，并进而揭示它们之间在几何特性和非几何特性之间存在的相互关系；后者是基于面向对象（object-oriented）的空间数据结构的，面向对象的数据模型可以建立 4 个基本抽象内容，即类别（class）、概括（generalization）、联合（association）和聚集（aggregation），以及两个模型工具，即继承（inheritation）和传播（propagation），在空间分析系统中继承和传播是两个主要的模型工具[24]。

空间分析的研究对象是空间目标。空间目标具有空间位置、空间分布、空间形态、空间关系（距离、方位、拓扑、相关场）等基本特征。所以空间分析的内容包括空间位置、空间分布、空间形态、空间距离、空间方位、相似和相关[22]。空间分析的研究目标在于：①认知，有效获取空间数据，并对其进行科学的组织描述，利用数据再现地理事物本身；②解释，理解和解释地理空间数据的背景过程，认知事件的本质规律；③预报，在了解、掌握事件发生现状与规律的前提下，运用有关预测模型对未来的状况作出预测；④调控，对地理空间发生的事件进行调控。空间分析的主要载体和通用有效工具是地理信息系统（GIS），郭仁忠将在 GIS 环境下空间分析界定为空间位置分析、空间分布分析、空间形态分析、空间关系分析和空间相关分析五个方面[22]。刘湘南等在分析 Luc Anselin 提出的空间分析模块图（图 1.1）的基础上认为在 GIS 环境下空间分析方法包括确定性空间分析、探索性空间数据分析、时空数据分析、专业模型集成分析、智能化空间分析和可视化空间分析[3]。

在这些有关空间分析的研究中，研究的重点在空间分析的计算方法和模型上，而且空间分析假设用户对空间数据库有足够的背景知识和准确的了解，空间分析时是将空间分析约束条件与空间数据库中的空间对象进行准确匹配，没有对空间分析约束条件存在着的含糊性及其对空间分析结果所带来的影响进行分析。

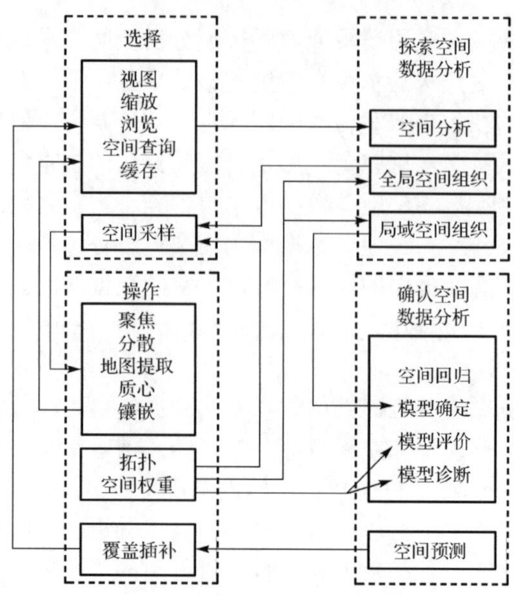

图 1.1　GIS 环境中的空间分析[25]

1.1.2　相似性理论

人类对相似性的认识由来已久，但相似性理论作为一门科学是近二十年才发展起来的，相似性科学是以相似性现象和相似系统为研究对象，主要研究自然界、社会、工程技术和认知思维中相似性规律及其应用的科学，具有从理论上认识相似性、分析相似性，到实践上应用相似性、创造相似性的完整科学体系[15]。它的目的在于研究自然、社会和思维领域中广泛存在的相似运动、相似联系与相似创造规律。在今天的科学研究中若不把握整体，不能去进行比较综合，而单纯地去进行分析，那就会在科研中迷失方向，无所适从[9]。

相似论是思维科学的理论之一。客观世界发展过程中的相似现象（相同与变异）经常会反映到人们的大脑中来。所以人们总是在自觉不自觉地按相似的规律不断地去认识世界和改造世界，这已经由人们生活和工作中大量的事例和科学发展史所证明。相似性理论通过物理学、化学、生物学、神经生理学中的相似原理，为心理学、认知心理学中的相似联想、接近联想、类比联想、完形说、信息加工说和行为说找到了客观的物质基础。用相似联系律的原理解决了问题求解过程中关于记忆组块的自动激活的问题，从而完成思维过程中以目的为中心的相似搜索、相似匹配、相似选择，对问题求解过程有一个系统的认识。此外，把思维过程中联系的信息组块定义为相似块，这对理解每个特殊的个人思维差异性有重要的意义[9]。

相似性科学不仅研究相似现象，还注重认识相似性和相似系统（尤其是系统相似性），探索相似性的由来，阐明相似性形成原理和演变规律，分析度量相似性，进行系统相似性规律及其应用研究[15]。钱学森认为：两个系统或一个系统的不同层次，有相似也有相异；相似是宏观的，相似对于人们认识客观世界具有更大的推动力[26]。Bertlanffy在《一般系统论》中指出：相似的概念、模型、定律出现在相距很远的领域中，支配不同现象的原理却惊人地相似[27]。他从系统论角度，激励人们探索不同领域可能存在的相似定律，以利于把比较简单、熟悉的模型，运用到比较复杂、不易处理的现象中去，论证科学中的同型性。协同学揭示大量系统从无序态转变为有序态时，它们的行为显示出引人注目的相似性[28]。目前人工智能已经到了研究计算机视觉、触觉、嗅觉、听觉同人的知觉过程与行为相似性的程度，注重计算机与人脑的记忆、思维和推理过程的相似性。仅就对称性、相似性而言，一个自然形成的大系统，是由具有对称性和相似结构的不同层次的子系统构成的[29]。在数值分类学中，有研究用相似性系数测定物种、种群、群落特征的相似性[30]。在动物生态学、植物生态学中，用群落相似性系数进行样地的生态环境和群落排序，比较群落结构和生态环境学方面的相似性和亲近性[31,32]。

相似性科学对各学科领域中出现的相似性研究都具有指导意义，具有从理论上认识相似性，分析相似性，到实践上应用相似性、创造相似性的完整科学体系。运用相似性科学理论与方法，有助于解决各个学科领域一切与相似性有关的科学技术问题，有利于认识各种相似性、探索未知相似性、再现相似性、创造相似性。同时，在各门学科进步中，促进相似性科学理论与方法的发展。周美立在其专著《相似性科学》中还分析了相似性的客观存在性、自相似性与他相似性、同类相似性与异类相似性、精确相似性和模糊相似性、可拓相似性和混合相似性[15]，并给出了相似元的定义，精确相似元、模糊相似元、可拓相似元以及混合相似元的计算方法。

1.1.3 相似性在地理信息系统中的应用

相似性在过去十几年中广泛地应用在地理信息系统的研究和实践中。在 Tversky 的特征模型[33]的基础上，Rodriguez 和 Egenhofer 提出了基于匹配距离相似性度量（matching distance similarity measure），该方法支持基本的语境理论、自动确定权值和不对称性[34]。Schwering 等使用所谓的概念空间（conceptual spaces）来执行基于几何空间的距离相似性的度量[35-37]。Egenhofer 等利用相似性理论比较两个空间场景之间的相似性[38-40]，Gahegan 开发了一个名为 ConceptVISTA 的本体管理和可视化工具利用相似性来进行知识提取和组织[41]。

空间的相似性包括空间语义的相似性、空间形态的相似性和空间关系的相似性，空间关系的相似性又包含空间拓扑关系的相似性、空间方向关系的相似性和空间距离关系的相似性。空间关系的相似性又称为空间场景的相似性[42]。

空间语义的不确定性是近年来的一个研究热点，在空间分析中，查询分析语句与目标数据库之间可能存在语义上的异构。如果不考虑这种语义的差异，GIS 就可能对用户的查询分析请求无法作答或做出不正确的回答[43]。Schwering 和 Raubal 认为不同空间概念之间语义相似度等级是评价语义互操作的基础，并提出了一个代表空间概念的集合模型，所有的空间概念被表达成 *n*-维面实体。Schwering 和 Raubal 还把不同对象概念之间的空间关系（拓扑关系和尺度关系）集成到语义相似度的计算中，获得了精确的语义相似度度量[35,44]。Rodriguez 和 Egenhofer 提出了通过语义匹配距离（matching-distance）计算空间语义的相似度，并以 WordNet 为例进行了实验[45]。Jones 等总结了六种语义相似度计算方法，分别是向量空间方法（vector space methods）、基于特征的方法（feature-based methods）、近义词方法（thesaural methods）、非共同超级类（non-common super-classes）、多层次空间距离度量（an hierarchical spatial distance measure）和基于坐标距离方法（coordinate-based distance）[46]，在这些方法中，多层次空间距离度量方法由于比较切合人类自然语言的实践、计算复杂度也较小而具有较强的实用价值。

文献[38]是比较早注意到 GIS 用户给出的空间查询语句约束条件不总是能和 GIS 数据库准确匹配的文献，该文献分析了造成 GIS 查询结果和查询请求不能匹配（或得不到查询结果）的原因包括：数据提供者与 GIS 用户知识背景的差异，GIS 用户的空间认知习惯与现有空间数据表达模型的差异，空间查询表达方式的模糊性等，并提出了运用逻辑算子来解决空间相似性查询的问题。但该文献在处理空间查询语句约束条件时使用逻辑算子进行处理的方法显得过于简单，实际的空间查询比逻辑算子所能表达的情况要复杂得多。

空间场景的相似性由于空间场景中地理空间对象之间的诸多约束条件和空间关系显得非常复杂，在这些约束条件中，拓扑关系、方向关系和距离关系是决定空间场景结构的核心，所以也是最重要的约束条件，是衡量空间场景相似性的重要指标。这些关系可以作为空间相似性度量的基础[42]。Hjaltason 等探讨了如何在定量空间中进行相似性度量的计算，并提出了基于距离的索引和基于映射方法两种计算模型[47-49]。Goyal 和 Egenhofer 提出了一种计算两个扩展的空间对象方向关系相似度的模型，该模型基于方向关系矩阵，根据由一个方向矩阵转换到另一个方向矩阵所花费的路径长度来决定两个方向关系之间的相似度[50]。Belussi 等提出了放宽拓扑查询限制的几个断言，在相应的应用中显示了其有效性，并讨论了如何将 GQuery（一个基于 XML 的查询语言）扩展到支持基于相似度的查询中[51,52]。

郭仁忠在其专著《空间分析》中认为：由于空间相似性的可计算性差以及研究相似关系的目的在于揭示较深层次的信息，需要复杂的分析进行支撑，所以国内外空间相似性的研究较少。他认为空间相似关系具有两方面的含义：空间物体形态上的相似，空间物体（群）结构上的相似[22]；他也注意到了在地理信息系统领域，有人提出了相似查询问题，但认为所谓相似查询就是指从一幅图中寻找与查询条件（给定图形）相似的所有子图形，这种相似主要表现为图形结构的相似；该文献没有把空间语义的相似性纳入空间相似关系的研究中。丁虹在引入空间本体论和空间认知论思想的基础上，建立了空间相似性的模型[53]，但其研究主要是为解决如何对地图综合前后的图形进行一致性比较的问题，该研究没有研究源于两个不同地点的空间场景之间空间相似性的比较。还有一些研究利用空间相似性和时空相似性处理图像提取，这些研究主要是基于图像的空间分布以及同一地点不同时段的图像的时空相似性[54-57]。

相似性在农业及农业信息系统中也得到了广泛的应用，魏淑秋等利用气候相似性研究了农作物的适生性用以指导生物的引种[58]；张显峰等利用相似性及其评价计算土地人口承载潜力及其与农业可持续发展的关系[59-61]。还有其他的一些文献是关于农业及其生产条件相似性的研究[62-66]。这些研究主要是从属性和空间分布的角度研究和应用相似性，没有全面地从空间相似性的本质进行深入研究。

1.1.4 定性空间表达

在空间相似性的研究中，定性空间表达是空间相似性比较的基础，空间相似性是空间对象在定性空间表达概念之间的相似性比较。定性空间表达是定量空间表达的一种认知层面的概化。在基于相似性的空间分析中，空间场景的描述往往是定性化的，或披着定量的外衣实质上是定性化的表达（如“*A* 地离 *B* 地 100 公里”实际上表达的是 *A* 地离 *B* 地大约 100 公里的有一定宽度的区域范围）。定性空间表达（qualitative spatial representation）是基于自然语言的空间信息查询与分析的基础。定性空间表达及其推理是近几年来 GIS 研究热点，取得了一系列有益的研究成果和应用成果。

Frank 等针对定性空间表达和推理提出了一个正式的在地理空间中进行距离和方向定性表达和推理的方法[67]。Papadias 和 Sellis 比较了在不同系统中定性空间关系表达的属性，给出了基于空间关系的空间信息处理思路[68]。Cui 等提出了一个可以用来表达和推理空间数据库中对象的拓扑关系和空间关系的逻辑模型，由于具有算法严密、语义清晰和推理合理等优点，这个模型也可以扩展应用到包含方向信息和尺度信息的空间表达和推理中[69]。Egenhofer 等提出并发展了基于点集的拓扑关系表达模型——9-交模型（9-intersection），这一模型以简单、直观、计算复杂度低等优点得到了广泛的应用[70]，许多拓扑关系模型都建立在此模型的基础上或对此模型进行扩充。在此后的若干年里，Egenhofer 等又针对该模型进行了优化和扩充[71-73]。1998 年 Egenhofer 等根据自然语言空间描述的特点又提出了考虑尺度细节的自然语言空间关系描述正式模型，作为 9-交模型的优化和补充[74]。Nedas 等研究了线/线关系的尺度细节，通过分割比例（splitting ratio）和接近度（closeness measure）扩展和细化了 9-交模型中线/线拓扑关系的表达[39,75]。我国学者李成名等对 9-交模型存在的缺陷进行了探讨，提出了用“空间实体的势力范围”代替原 9 元组中的“补”作为空间实体的外部构成新的基于空间实体势力范围的空间关系描述的 9-交模型[76]，陈军等还提出了基于 Voronoi 的 V9I 空间关系模型[77]。

Clementini 等提出了一个在二维空间中定性表达位置信息的框架，在此框架下允许建立灵活的、能容纳各种粒度和尺度的空间推理框架，在大尺度下位置知识通常表达成方向关系和距离关系的组合，即在主对象和参考对象之间建立一个特殊的参考框架；空间参考的三个元组（距离系统、尺度和种类）抓住了定性距离不依赖于上下文的内在实质[78]。

以 Randell 和 Cohn 为首的英国利兹大学（University of Leeds）的研究小组将面对象（region object）作为最基本的空间对象，提出了一套名为（region connection calculi，RCC）的面与面之间的定性空间关系表达和推理逻辑算子理论，RCC 理论能够有效地区别多边形的凹凸性，并且可以进一步扩展到处理不确定边界的多边形[79-83]。Hazarika 和 Cohn 在 RCC-8 拓扑关系模型的基础上探索了定性时空的连续性，并推导出时空一致性模型和多层次的概念邻居图[84,85]。Wallgrün 等开发了名为 SparQ 的工具包，把定性空间推理算法嵌入到具体的应用中[86]。Ang 等提出了一个名为 IO&T 的定性空间关系表达框架，结合了模糊内在空间方向关系和空间拓扑关系以及定性空间关系表达的相似性度量[87]。还有研究者对车辆轨迹等定性空间描述和时空描述进行了研究和探索[88-91]。

Goyal 在其博士论文中提出了粗略方向关系矩阵和细节方向关系矩阵，通过记录目标对象和参照对象相交点（线）的信息将定性方向关系粗略矩阵细化为细节方向关系矩阵，解决了具有复杂结构空间对象的方向关系表达的多尺度问题[50]。我国学者曹菡等提出了一种方向关系描述的分层多级处理方法，在以点、线、面为参照目标的空间目标间建立方向关系描述的 3 层模式结构，每层模式又有基本方向描述、推理模型和方向关系描述推理细化模型，从而扩展了方向关系的描述[92,93]。杜世宏等提出了一种能够表达与参照物对象外接矩形内部有关信息的细节方向关系表达模型，研究了线/面、面/面和点/面拓扑关系和方向关系的组合表达问题，并给出了细节方向关系计算模型，能有效地描述参照对象的形状、岛屿等，提高空间关系的分辨率。杜世宏等还针对目前 GIS 数据模型不具备对模糊性进行描述、处理和分析的缺陷，把粗糙集和模糊集对空间数据的模糊性和不确定性处理的优势结合起来表达模糊对象，从而扩展了空间数据模型对模糊空间关系的表达能力[94-97]。

定性空间表达是和基于自然语言的空间表达分不开的。Shariff 等为了将空间关系的计算模型和人类自然语言空间关系的描述联系起来，标准化了 59 个英语语言空间描述句子[98]，为更高层次的使用自然语言的空间查询语言打下了基础。Xu 在她的博士论文中针对英语中线/线关系的表达，在问卷调查的基础上总结出了线/线空间关系的表达与提问方式[99]。

1.2 空间场景相似性空间分析的研究意义

1.2.1 传统空间分析存在的问题

1. 基于准确匹配的空间分析面临的问题

目前的 GIS 所提供的空间知识获取方法和空间分析手段是基于准确匹配的。基于准确匹配的空间分析从空间数据库中提取和空间分析约束条件完全准确匹配的数据，并从中获取空间知识。

一方面，基于准确匹配的空间分析是以GIS用户具有足够的空间数据库知识背景为前提条件的，这种严格准确匹配使空间分析缺乏足够的弹性，用户必须具备对空间数据库数据定义、数据值域、数据集分类、空间元数据等完整的知识，才能够提取所需的空间数据和知识。由于领域知识背景的差异、用户表达认知水平的高低、用户对数据的了解程度以及空间数据库可能存在的数据不确定性等因素，空间分析输入条件可能与地理信息空间数据库的定义是不一致的。所以，这一前提条件并不总是能得到满足。

另一方面，基于准确匹配的空间分析要求GIS用户对空间分析的限制条件的表达是精确定量的，这和人类的空间认知习惯是不一致的，人们对空间事物和空间场景的认知和描述不总是能精确定量的，而往往是以定性的描述和概略的描述为主的。基于准确匹配的空间分析在处理这种人类自然语言的空间分析限制条件的表达时无能为力。

由于上述原因，基于准确匹配的空间分析并不总是能为用户提供他所需要的空间数据和空间知识，基于准确匹配的空间分析较高的技术门槛，限制了地理信息数据的进一步使用。

2. 空间场景相似性分析存在的问题

虽已有文献提出了空间场景相似性的问题，但这类研究由于主要针对图形匹配而展开的，所以主要集中在空间关系相似性的分析上，忽略了空间专题、空间对象、空间语义、空间形状的相似性。

由于空间场景中的社会、经济因素不具有直观和明显的空间位置特征，这些因素的地理编码（geo-codding）较为复杂，所以以往的空间场景的相似性比较研究忽略了这些因素。

目前还缺乏对空间场景的相似性的系统研究，当前主要集中在对一个或几个相似性因子进行孤立地研究和评价，缺乏对诸多的空间相似性因子进行统一评价的计算框架。

3. 定性空间表达模型存在的问题

定性空间表达是对定量空间的一种概略和定性的表达，是一种接近日常生活中人们对空间事物和空间场景的表达方式，不是对定量空间简单地进行区间划分的结果。现有的定性空间表达存在以下不足。

（1）定性空间表达模型是对定量空间模型的简单离散化，这种离散化的处理过于生硬，不符合人们空间认知和表达的常识和习惯。定性空间表达模型缺乏空间认知测试的验证。

（2）定性空间表达模型表达能力不足，主要体现在对复杂空间对象之间的空间关系、对相隔距离较近对象的大小和形状不能忽略时空间对象间的空间关系、对相互缠绕对象之间空间关系的表达上，另外现有的空间表达模型无法解决空间关系“突变”的问题。

（3）缺乏对诸多定性空间表达统一的计算框架，定性空间表达包含了空间对象、空间专题、空间形状、空间拓扑关系、空间方向关系、空间距离关系等，这些定性表达方式都有相互独立的计算模型和方法，不仅计算复杂，还给多种空间表达方式的整合带来了不便。

（4）计算复杂度高，定性空间表达是对定量空间表达的一种概化，是一种对空间知识的粗略的表达，所以定性空间表达模型要求具有模型简单、获取速度快的特点，但目前的定性空间表达模型有复杂化的趋势，其计算复杂度也较高。

4. 空间相似性评价存在的问题

空间相似性的评价关键在于如何确定各个相似性评价因子的权重，目前对空间相似性评价还缺乏一个统一快速的计算模型，用户的操作也过于复杂和烦琐。评价模型缺乏人类认知测试的验证。

1.2.2 解决思路

1. 用基于相似性的空间分析方法拓展传统的基于准确匹配的空间分析方法

Egenhofer 和 Mark 在 1995 年提出了 Naïve Geography 的概念[100]，并指出简单、傻瓜式的 GIS 是未来 GIS 的发展方向。在 Naïve Geography 的研究中，最核心的问题是如何让用户能够通过一种简单、直观、快捷的方式获取地理信息知识。心理测试实验表明儿童从 2～6 岁，最多 9 岁就能基本掌握并使用相似于本民族母语中的语法、语义、语用的各种相似方法[9]，儿童并不能准确对语法语义语用进行语法学的分析，却能够很自然地根据语言之间的相似性，进行相似再创作，其创作的作品（语句）虽然可能不完全符合严格语法定义，但却能被使用本民族语言的人们所理解。同样，人们在描述地理事物和地理现象时，不可能完全按照严格的地理空间的数学定义进行描述，但这却不妨碍人们之间的交流，但在地理信息系统人机交互中，由于目前的计算机只能理解准确的、确切的定量信息，还无法理解定性的、模糊的信息，所以计算机并不能完全理解并执行人类自然语言的指令。如何对计算机的处理模式进行扩展，使其能够理解并执行相似于标准计算机语言的指令，是计算机科学研究的一个重要方向。相似性可以对非标准输入指令与标准输入指令之间相似程度进行度量，量化非标准输入指令与标准输入指令之间的偏离程度，扩展了输入指令的严格限制性，所以，利用相似性来扩展并度量地理信息中的空间查询和分析表达，能够解决地理信息系统使用门槛高的问题，符合当今地理信息科学发展的趋势。

研究相似性理论及其方法在地理信息科学中的应用，有助于解决处理地学领域及相关领域中与相似性有关的科学技术问题，有利于认识地学领域的各种相似性、探索未知相似性、再现相似性、创造相似性，用相似性解决地理信息科学中的问题。已经有越来越多的研究者认识到相似性在地理科学中的重要性，并试图用它来解决地理信息科学中遇到的问题。相似性在地理信息系统中的应用，核心是寻找一种能够对普遍存在于地理事物和地理现象之间相似性进行有效度量的方法。

空间分析是将“符合”空间分析查询条件的空间对象、空间场景及其所隐含的知识呈现给用户的过程。在传统的空间分析中，“符合”就是相等，只有那些和分析查询条件“完全相等”（完全匹配）的空间对象、空间场景和空间知识才能被提取出来。在基于相似性的空间分析中，将“符合”扩展为“相似”，不仅要将完全匹配的空间对象、空间场景及其所隐含的知识提取出来，还要将相似于分析查询条件的空间对象、空间场景及其所隐含的知识提取并呈现给用户。

基于相似性的空间分析是在相似性及其度量框架下进行的空间分析，包括空间分析输入条件在相似性框架下约束度的放宽（constraint relaxation），空间相似性度量的计算以及对空间分析结果相似性的大小评价定级（ranking）。

2. 建立空间场景相似性评价分析模型和基于相似性空间分析框架

空间场景的相似性分析包括空间专题的相似性、空间对象的相似性、空间语义的相似性和空间关系的相似性，空间关系的相似性主要包括空间拓扑关系的相似性、空间方向关系的相似和空间距离关系的相似性。此外还包括社会、经济等非自然因素的相似性，在对这些因子进行综合相似性评价时需要一个统一的计算框架进行相似性度量和计算。本书将建立一种直观、统一的快速计算模型，计算模型所表达的空间相似性与人类对空间关系的认知习惯一致，以解决具有多个相似元的空间场景相似性评价等问题。

在基于相似性的空间分析中，相似性的因子是多种多样的，各个不同的因子都对相似性的最后评价产生影响，不同的因子其对相似性评价的影响程度是不一样的。在相似性的评价中，有些属性（特征）是决定性的，有些是整体性的，只表现为统计性的特征。同时相似是分层次的，有的因子是在属性层次上，有的因子是在对象层次，有的因子是在空间场景的层次上，不同层次的因子对相似性评价的影响是不一样的。本书将建立空间相似性评价模型来综合考虑并确定各个因子对相似性评价的权重。模型要求对各因子的权重的确定具有直观和快速的特点，同时和人类空间相似性评价测试的结果相吻合。

3. 建立基于格网的多层次定性空间表达计算模型

本书在研究现有定性空间表达模型的基础上，提出基于格网的多层次定性空间表达计算模型，在这个模型中，将面向自然语言的空间专题定性表达、空间形状定性表达、空间关系定性表达统一在一个基于格网的多层次表达框架下，利用有利于计算存储、检索的计算格网索引技术，建立定性空间表达和计算模型，利用该模型进行空间场景的相似性计算和比较。基于多层次格网的定性空间表达模型将复杂的定性空间专题、定性空间形状和定性空间关系转换为数据库中标准的SQL查询语句，降低了计算复杂度、提高了检索效率；同时，由于多种定性空间关系表达统一在多层次的格网中，为多种定性空间关系表达的整合提供了条件。

4. 结合农业种植分析实践研发基于相似性的空间分析系统

基于相似性的空间分析系统是将基于相似性的空间分析在地理信息系统中实现，本书将结合农业种植分析实践，研发基于相似性的空间分析系统。将相似性空间分析应用到农业种植分析实践中，全面分析农业种植的相似性，综合考虑土壤地形等自然因素、社会经济因素和人文因素等，建立基于相似性的农业种植空间分析评价系统，为农业种植分析提供新的分析工具。

1.2.3 基于相似性的空间分析技术框架及关键技术

基于相似性的空间分析技术框架及关键技术（图 1.2）可分为四个部分。

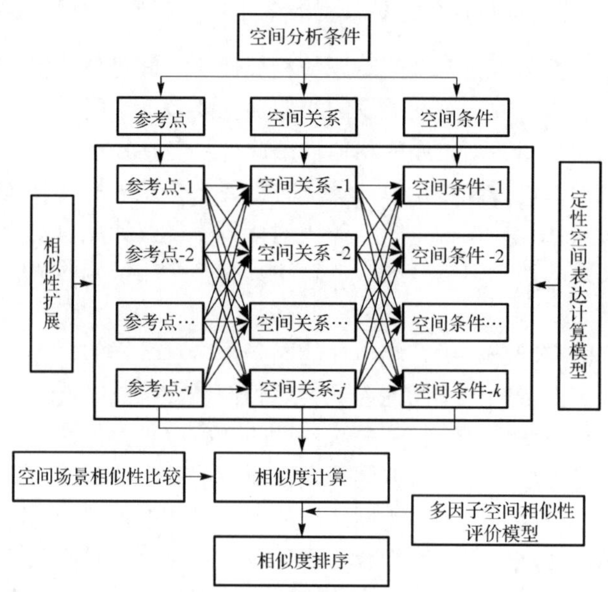

图 1.2　基于相似性空间分析技术框架及关键技术

1. 空间分析输入约束条件基于相似性的扩展

空间分析输入约束条件基于相似性的扩展，就是将用户输入的原始空间分析条件放宽到与之具有一定相似度的空间分析输入约束条件，原始约束条件是放宽后的约束条件的一个子集。这部分的关键技术是在定性空间表达计算模型基础上的空间分析条件的相似性扩展。

2. 空间分析计算

一般而言，一个空间分析计算由空间参考对象、空间关系和空间条件值三元组

（tuple）组成 STA（ref, rel, term）。在传统的基于准确匹配的空间分析中，三元组的每一个组分都只有一个确定的值，空间分析的结果也只有一组值，这一组值中可能包含多个空间分析结果，但这些分析结果的置信度是相等的。在基于相似性的空间分析中，空间分析条件三元组 STA（ref, rel, term）的每个元组在相似性的框架下可以分解为多个与原始输入条件具有一定相似度的组分（式（1.1）～式（1.3）），这些组分与输入条件并不是完全相匹配，而是具有一定的相似性。

$$\mathrm{ref}=\{\mathrm{ref}_1,\mathrm{ref}_2,\cdots,\mathrm{ref}_i\} \tag{1.1}$$

$$\mathrm{rel}=\{\mathrm{rel}_1,\mathrm{rel}_2,\cdots,\mathrm{rel}_j\} \tag{1.2}$$

$$\mathrm{term}=\{\mathrm{term}_1,\mathrm{term}_2,\cdots,\mathrm{term}_k\} \tag{1.3}$$

3. 空间相似性度量计算

基于相似性的空间分析计算会产生多个计算结果，每个计算结果都不同程度地相似于用户所期望的分析结果，每个分析结果计算条件的每个元组与原始输入条件都具有不同程度的相似性，其相似性由其计算元组与原始输入条件的相似性决定。

空间相似度的计算实际上是比较两个空间场景之间的空间相似性，从而可派生出两个空间场景相似性比较的应用。如果将空间场景相似性因子从单纯的自然条件因子扩展到经济社会因子，则空间场景相似性的比较就可以扩展到空间场景的综合相似性评价（如农业种植条件的评价）。

这一部分的关键技术包括空间场景相似性比较和在多因子空间相似性评价模型基础上相似性度量计算。

4. 相似度排序

将空间分析结果按一定的顺序排列并呈现给用户，有助于用户对备选的分析结果进行取舍，同时，对空间分析的过程进行基于相似度的过滤，提前对搜索树进行剪枝，可以加快空间分析的速度，增强相似性空间分析的用户体验感。

1.2.4 研究的理论意义和应用价值

基于相似性的地理空间分析的研究具有重要的理论意义，是当前地理信息科学研究的热点和前沿问题。基于相似性的地理空间分析拓宽了人们对地理现象的认知角度，丰富了地理分析手段，对地理信息系统的应用也具有重要的应用价值。

（1）拓展人们对地理现象的认知手段，相似性为空间分析提供了新的方法论，基于相似性的空间分析提供了一种新的地理信息知识获取手段。

相似性是人们认识事物的一个重要工具，运用相似性理论及其工程方法对地理信息进行查询和分析，无疑拓展了人们对地理信息知识的分析获取手段，拓宽了人们对地理现象的认知视野。利用相似性，一些过去看作孤立的现象，今天用新眼光看来都存在某种联系；过去迷惑不解的事物，由于相似性本质的揭示，我们豁然开朗。通过对相似性在地理信息科学中的研究和应用，了解地理现象中存在的大量相似性，阐明相似性形成原理和演变规律，认识地理现象背后所隐藏的事物本质。

基于相似性的空间信息的分析查询放宽了对地理信息查询分析输入语句的限制，使得用户在对地理信息数据库的元数据缺乏全面认识的情况下，也可以对地理信息数据进行查询和分析，从而能够获得用户所需的知识。由于具有处理不完备、不明确和不准确的空间分析条件和空间分析请求的能力，用户在无法准确表达空间分析请求时，可以通过逐步求精的方法渐进地达到最终的分析目标。通过对两个地理现象或地理系统之间进行相似性比较分析，有助于进一步认识地理现象的内部机制，为地理信息的知识获取提供了一种新的手段。

（2）基于相似性的空间分析是下一代面向自然语言地理信息系统的关键技术之一，相似性是沟通空间分析请求与空间地理计算语言之间的桥梁。

2008 年，美国微软公司（Microsoft）创始人之一的 Bill Gates 曾对未来的计算机做出了预言——“我们将使用语言（自然语言）和手势与计算机进行交流”。如何使计算机能够像人类自身一样理解人类所表达的请求，能够理解人类的自然语言，是计算机专家所要解决的问题。而如何使地理信息系统能够在自然语言的框架下有效地执行查询、分析等操作，是地理信息科学亟待解决的难题。运用相似性能够解决自然语言模糊性等带来的地理信息分析不确定性的度量问题，是解决面向自然语言的地理信息系统当前所面临困难的一个有效途径。

空间地理计算语言是一种计算机语言，它负责操作地理信息数据库，有严格的语法和语用，它不能理解人类的自然语言，需要通过一定的规则才能和人类自然语言相对应起来。由于 GIS 用户知识背景与地理信息空间数据库的语义背景存在差异、GIS 用户表达的空间分析查询受自然语言表达能力的限制以及空间分析查询条件可能无法详尽表达等原因，地理空间分析的查询条件具有不完备、不明确、不准确等特点，这些查询条件和空间地理计算语言及要查询的空间数据库之间会存在着差异，这些差异可能会导致用户空间分析的结果无法满足 GIS 用户的要求。利用相似性，可以建立空间分析请求和空间地理计算语言与空间数据库之间联系，通过相似性找到匹配用户请求的空间数据，从而最终通过空间计算获得用户所需的知识。

（3）研究基于格网的多层次定性空间表达计算模型，把定性空间专题、定性空间形状和定性空间关系纳入到一个统一的框架下进行表达和相似性计算，使基于相似性的空间查询分析具有扎实的计算方法做支撑。

定性空间表达是对定量空间表达在某种认知尺度上的概化的表达，反映了人们对空间知识的不同认知层次。定性空间表达需要在保持现有的空间数据组织方式不变的前提下，快速提取定性的空间专题属性、空间形状、空间拓扑关系、空间方向关系以及空间距离关系，且模型计算复杂度较低，符合人类定性化空间描述的原则和习惯。基于格网的定性空间表达都是对空间对象属性、形态及其空间分布的一种概化，是对原来连续的空间对象表达的一种离散化，它忽略了空间对象的部分几何细节特征，模糊化了部分空间关系细节，只表达了空间对象概略位置和对象间粗略的空间关系。基于格网的多层次定性空间表达计算模型由于建立了空间对象与各级空间格网之间的映射关系，空间对象的专题、种类、空间对象的形状和空间对象之间的空间关系都由空间格网进行描述。把定性空间专题、定性空间形状、定性空间拓扑关系、定性空间方向关系和定性空间距离关系纳入到一个统一的框架下进行表达和相似性计算，是基于相似性空间分析的计算基础。由于空间拓扑关系、空间方向关系、空间距离关系使用统一的表达和计算模型，三种空间关系都是通过格网进行表达和相似性计算，所以可以实现多种空间关系表达的整合和相似性的计算。研究这样一个表达和计算模型具有重要的理论意义和实用价值。

（4）基于相似性的空间分析为农业种植分析评价提供新的更加切实可行的分析手段，有效地促进地理信息数据的使用。

农业种植是一项涉及自然、经济和社会等诸多因素的人类生产活动，如何对农业种植进行分析评价，是一个难题。基于相似性的空间分析把与农业种植分析评价相关的自然、经济和社会因素用格网的方式进行集成，将地理对象之间诸多相似性因子的比较归一化为格网之间的比较，不仅实现了农业种植适宜区的查询分析等功能，还实现了指定区域农业种植条件的相似评价，并由此引申出对农业种植管理水平的评价，为农业种植的分析评价提供了新的分析手段。

基于相似性的空间信息的分析查询降低了地理信息查询分析的技术门槛、消除了知识背景障碍，使更多不具备地理信息专业知识的人进入到 GIS 的应用领域中来，将地理空间分析作为日常使用的一个便捷工具，同时，可以将复杂的空间分析嵌入到业务系统中，实现地理信息系统与业务系统之间的平滑对接，促进地理信息数据的使用。

1.3 本书的目的

1.3.1 研究目标

（1）将相似性及其相关理论引入到地理空间分析中，研究空间分析中相似性的来源和种类，并提出实现的关键技术。

本书拟将相似性理论引入到空间分析的研究中，对相似性理论在地理信息系统中的应用尤其是在空间分析中的应用进行拓展；分析空间分析过程中存在的相似性的种类、表现形态和度量方式。本书将全面研究和分析各种相似性的来源及其种类，以及如何度量它们对空间分析的影响。

要将相似性及其相关理论应用到地理空间分析中，就是要用基于相似性的空间分析拓展传统的基于准确匹配的空间分析，使空间分析在相似性的框架下工作。基于相似性的空间分析的关键技术包括空间分析条件在相似性条件下的拓展、定性空间表达、空间分析过程中相似性的度量和空间相似性的评价等。

（2）建立基于相似性的空间分析框架。相似性贯穿于空间分析的整个过程，空间分析的相似性来自于空间分析的输入条件、空间分析的计算过程以及空间分析结果的评价定级。空间相似性不仅包括空间语义的相似性、空间专题的相似性、空间拓扑关系的相似性、空间方向关系的相似性、空间距离关系的相似性等，还包括社会经济等因素的相似性，在这些众多的相似性因子中，必须要建立一个统一的相似性空间分析框架，将所有的相似性度量放在这个统一框架中进行计算。本书将建立多因子相似性的空间分析框架来进行空间相似性的评价和度量。

（3）建立基于格网的多层次定性空间表达和相似性计算模型。定性空间表达包括定性空间专题、定性空间形状和定性空间关系表达，定性空间表达是空间相似性计算的基础。空间关系的相似性是相似性空间分析中最复杂也是最困难的一个重要环节，空间关系相似性的基础是空间关系的定性化描述。空间关系的相似性分为空间拓扑关系的相似性、空间方向关系的相似性以及空间距离关系的相似性，以往的研究倾向于将这三种空间关系的定性化描述分开来研究，而且这些研究所提出的模型存在计算复杂度较高和与人类自然语言表达偏差较大等缺陷。本书提出在格网条件下，建立基于格网的多层次空间表达计算模型，通过对空间目标在不同层次的格网化，将空间专题、空间形状、空间拓扑关系、空间方向关系和空间距离关系都转化为空间格网的表达是它们之间的关系计算，不仅在同一个模型下同时实现多种空间表达的统一计算，还具有计算复杂度低、符合人类自然语言描述习惯和适合在计算机环境下实现等优点。

（4）开发基于相似性的空间分析系统。运用计算机软件工程的方法，开发一套基于相似性的空间分析系统，结合农业种植分析实践，初步验证本书的理论和技术方法。

1.3.2 研究内容和关键技术

基于相似性的空间分析将相似性理论引入到空间分析中，就是把空间分析的各个要素统一在相似性的框架下进行度量和计算。本书将集中在对如何运用相似性理论处理空间分析输入约束条件、研究空间分析中包括空间语义的相似性、空间专题的相似性、空间场景的相似性、空间分析结果相似性的评价、如何开发基于相似性的空间分析系统并将这一研究成果与农业种植生产实践相结合等问题上。

1. 空间分析输入条件在相似性框架下的拓展

由于受用户对 GIS 数据库和数据结构的了解程度、用户的空间认知水平、空间数据库语义和用户知识背景语义之间的差异、用户对空间分析条件表达能力等因素的制约，GIS 空间分析条件往往不能完全、全面和准确地表达 GIS 用户空间分析查询的真实意愿，空间分析条件必须在相似性的框架下进行放宽，放宽后的分析语句与原始分析语句之间的相似性是可以度量的。

2. 地理空间分析中空间相似性

空间相似性包括空间专题的相似性、空间语义的相似性和空间场景的相似性。空间场景的相似性还包括空间对象形状的相似、空间关系的相似。空间关系的相似性包括空间拓扑关系的相似性、空间方向关系的相似性和空间距离关系的相似性，本书将建立一个统一的框架来对这些相似性进行度量和评价比较，其计算结果和人类自然语言的空间关系描述基本一致。

3. 地理空间分析的相似性评价模型

基于相似性的空间分析中，不仅涉及空间对象种类、空间关系等自然条件相似性因子，还包括社会经济等非自然条件相似性因子，如何对这些众多的因子进行综合评价，并使其符合人类对空间相似性的认识，需要建立一个符合人类对相似性判断和评价习惯的多因子的相似性评价体系模型，在这个模型中，各个相似性因子根据相似理论中混合相似元的计算方法对空间分析结果进行综合评价。模型对空间分析各因子权重的确定既要直观又不能太烦琐。

4. 基于多层次格网的定性空间表达计算模型

要解决空间分析中相似性的度量问题，就必须解决定性空间表达的计算问题。本书提出一种基于格网的定性空间表达计算模型，与前人的模型不同的是，该模型基于空间场景的整体格网划分、对格网进行空间索引，将空间对象进行多层次离散化处理，空间对象的种类、形状、大小和空间位置均由各层次的格网映射表达。把定性空间专题、定性空间形状、定性空间拓扑关系、定性空间方向关系、定性空间距离关系放在统一的框架下计算。计算时只需统计和计算格网的编号和数量，将复杂的定性空间描述和空间关系计算转化为简单的、效率更高的数据库标准 SQL 执行语句。降低了计算复杂度，同时由于采用多层次格网分割，更符合自然语言空间表达夹杂定量和定性和具有多尺度的特征。

5. 基于相似性的空间分析系统的开发

基于相似性的空间分析系统将基于相似性的空间分析在现有的 GIS 平台中得以实现，开发这样一套空间分析系统以验证基于相似性空间分析理论的正确性与方法的可行性。

1.3.3　本书的整体思路

基于相似性的空间分析，核心在于对空间分析的各个环节出现的相似性进行分析、度量和计算，最后对空间分析的结果按照相似性的大小进行评价定级。相似性科学和空间分析相关理论和方法是基于相似性空间分析的基础；空间相似性的计算是基于相似性的空间分析的核心；基于格网的多层次定性空间表达计算模型是基于相似性空间分析系统实现的基础；空间专题相似性、空间语义相似性、空间形态相似性、空间关系相似性是相似性的具体表现形式，也是相似性度量计算依据（图 1.3）。相似性空间分析的难点在于相似性的度量，基于相似性的空间分析中涉及诸多的相似元，如何将这些相似元纳入到统一的计算模型中，是研究的难点。本书的总体思路如下。

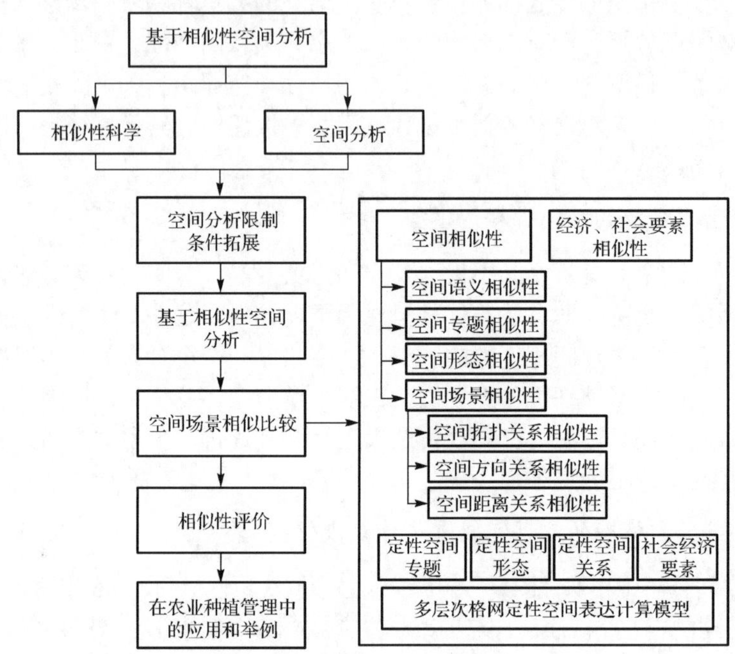

图 1.3　研究方法和技术路线

（1）用具有相似性的空间分析输入条件代替原始的空间分析输入条件，在相似性框架下对输入条件进行放宽，由放宽后的空间分析条件作为输入项进行空间分析计算。

（2）建立基于格网的多层次定性空间表达模型，模型符合人类空间认知特征（通过与空间认知测试结果相比较），计算复杂度低，且适合在计算机中实现。

（3）将原属于不同几何类型的点、线、面的地理空间对象根据其所“占有”的格网范围，归一化为面对象。将点-点、点-线、点-面、线-线、线-面、面-面的空间关系统一归为面-面对象之间的空间关系。

（4）建立多层次空间表达格网，将空间专题、空间形态、空间关系以及经济社会等非自然因素集成在格网中进行表达和相似性计算。

（5）建立空间场景相似性比较模型，基于相似性空间分析的一个重要功能是进行空间场景之间的相似性比较，其核心是确定各个空间分析相似性因子的权重，本书将通过重要性等级排序的方式确定空间场景相似性比较因子的权重，既符合人们对相似性的空间认知特征，又满足相似性空间分析所要求的快速获取空间知识的要求。

（6）在大数据环境下，研究如何运用数据密集型计算环境进行空间场景相似性计算和空间分析计算等，解决数据吞吐问题。

1.3.4　本书内容安排

本章是对本书研究内容的概述，主要包括相关研究的研究现状和存在的问题，本书问题的提出和研究内容及拟采取的技术路线和关键技术；第 2 章将介绍相似性科学的理论基础，讨论相似性度量、相似性的应用、相似性与信息系统、空间认知的相似性以及空间分析中存在的相似性等问题；第 3 章将在分析现有的定性空间关系表达计算模型及其存在缺陷的基础上，提出了基于格网的多层次定性空间表达计算模型；第 4 章研究空间相似性及其分析评价模型，分别从空间语义的相似性、空间专题的相似性、空间形态的相似性、空间场景的相似等方面进行阐述，并提出了一个多因子相似性空间分析的评价模型；第 5 章在前述研究成果的基础上对基于相似性空间分析进行了系统实现，研发了一套基于相似性的空间分析系统；第 6 章介绍基于空间从场景相似性的地理寻址技术；第 7 章介绍基于 Hadoop 的空间场景相似性计算，第 8 章探讨了数据密集型计算环境下的空间场景相似性技术等前沿技术，最后第 9 章对本书进行了总结（图 1.4）。本书各章节既有有机联系，又可独立成章。

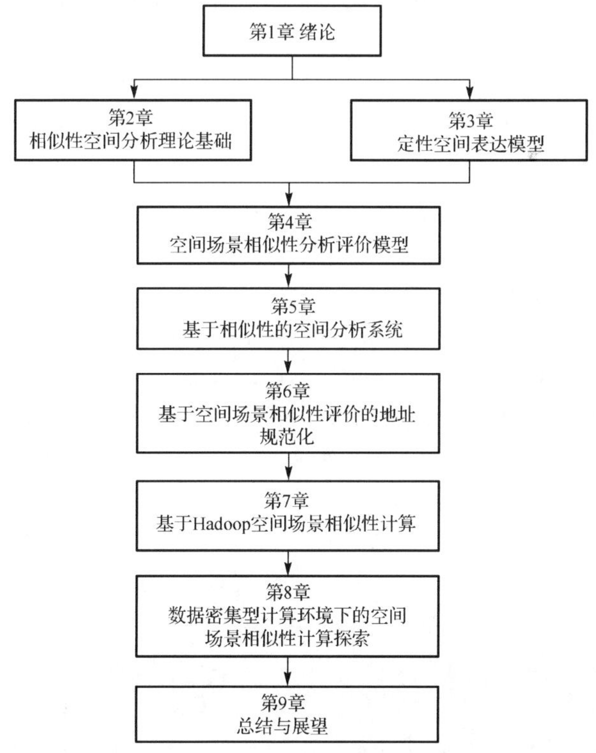

图 1.4　本书总体结构框架

参 考 文 献

[1] Goodchild M F. A spatial analytical perspective on geographical information systems. International Journal of Geographical Information Science, 1987, 1(4): 327-334.

[2] Goodchild M, Haining R, Wise S. Integrating GIS and spatial data analysis: Problems and possibilities. International Journal of Geographical Information Science, 1992, 6(5): 407-423.

[3] 刘湘南, 黄方, 王平, 等. GIS 空间分析原理与方法. 北京: 科学出版社, 2005.

[4] Goodchild M F. Geographical information science. International Journal of Geographical Information Science, 1992, 6(1): 31-45.

[5] D'Ulizia A, Ferri F, Grifoni P. Approximate Queries by Relaxing Structural Constraints in GIS. Advance in Conceptual Modeling-Foundations and Applications. Berlin: Springer, 2007: 398-408.

[6] 李德仁, 王树良, 史文中, 等. 论空间数据挖掘和知识发现. 武汉大学学报(信息科学版), 2001, 26(6): 491-493.

[7] 李德仁, 王树良, 李德毅, 等. 论空间数据挖掘和知识发现的理论与方法. 武汉大学学报(信息科学版), 2002, 27(3): 221-224.

[8] 李德仁, 程涛. 从 GIS 数据库中发现知识. 测绘学报, 1995, 1: 37-44.

[9] 张光鉴. 相似论. 南京: 江苏科学技术出版社, 1992.

[10] 陈骙. 文则. 北京: 人民文学出版社, 1962.

[11] 郭子章. 喻林. 上海: 上海辞书出版社, 1991.

[12] Janowicz K. Sim-DL: Towards a Semantic Similarity Measurement Theory for the Description Logic in Geographic Information Retrieval. On the Meaningful Internet Systems 2006. Berlin: Springer, 2006: 1681-1692.

[13] Janowicz K, Keßler C, Schwarz M, et al. Algorithm, implementation and application of the SIM-DL similarity server. International Conference on Geospatial Semantics, Berlin, 2007: 128-145.

[14] Janowicz K, Wilkes M, Lutz M. Similarity-based information retrieval and its role within spatial data infrastructures. International Conference on Geographic Information Science, 2008: 151-167.

[15] 周美立. 相似性科学. 北京: 科学出版社, 2004.

[16] Openshaw S, Cross A, Charlton M. Building a prototype geographical correlates exploration machine. International Journal of Geographical Information Science, 1990, 4(3): 297-311.

[17] Openshaw S, Mounsey H. Geographic information systems and the BBC's Domesday interactive videodisk. International Journal of Geographical Information Science, 1987, 1(2): 173-179.

[18] Openshaw S, Openshaw C. Artificial Intelligence in Geography. Chichester: John Wiley & Sons, 1997.

[19] Haining R. Spatial Data Analysis: Theory and Practice. Cambridge: Cambridge University Press, 2003.

[20] 邬伦, 刘瑜, 张晶. 地理信息系统——原理、方法和应用. 北京: 科学出版社, 2001.
[21] 郭仁忠. 空间分析. 武汉: 武汉测绘科技大学出版社, 2000.
[22] 郭仁忠. 空间分析. 北京: 高等教育出版社, 2001.
[23] 朱长青, 史文中. 空间分析建模与原理. 北京: 科学出版社, 2006.
[24] 崔伟宏. 空间数据结构研究. 北京: 中国科学技术出版社, 1995.
[25] Anselin L. Computing environments for spatial data analysis. Journal of Geographical Systems, 2000, 2(3): 201-220.
[26] 钱学森. 创立系统学. 太原: 山西科学技术出版社, 2001.
[27] Bertlanffy L V. General System Theory. New York: George Braziller, 1973.
[28] 哈肯. 协同学——自然成功的奥秘. 上海: 上海科学普及出版社, 1998.
[29] 张嗣瀛. 复杂控制系统的对称性和相似性. 控制理论与应用, 1994, 11(2): 73-74.
[30] 史尼斯, 索卡尔. 数值分类学. 北京: 科学出版社, 1984.
[31] 曲仲湘, 吴玉树, 王焕校. 植物生态学. 北京: 高等教育出版社, 1987.
[32] 孙儒泳. 动物生态学原理. 北京: 北京师范大学出版社, 1987.
[33] Tversky A. Features of similarity. Psychological Review, 1977, 84(4): 327-352.
[34] Rodriguez M A, Egenhofer M J. Comparing geospatial entity classes: An asymmetric and context-dependent similarity measure. International Journal of Geographical Information Science, 2004, 18(3): 229-256.
[35] Schwering A, Raubal M. Measuring semantic similarity between geospatial conceptual regions. Lecture Notes in Computer Science, 2005, 3799: 90-106.
[36] Schwering A. Evaluation of a semantic similarity measure for natural language spatial relations. International Conference on Spatial Information Theory, Melbourne, 2007: 116-132.
[37] Schwering A, Kuhn W. A hybrid semantic similarity measure for spatial information retrieval. Spatial Cognition and Computation, 2009, 9(1): 30-63.
[38] Nedas K, Egenhofer M. Spatial Similarity Queries with Logical Operators. Berlin: Springer, 2003.
[39] Nedas K A, Egenhofer M J, Wilmsen D. Metric details of topological line-line relations. International Journal of Geographical Information Science, 2007, 21(1): 21-48.
[40] Nedas K, Egenhofer M. Integral vs. Separable Attributes in Spatial Similarity Assessments. Berlin: Springer, 2008: 295-310.
[41] Gahegan M. Experiments using context and significance to enhance the reporting capabilities of gis. 7th International Symposium on Spatial Data Handling, Delft, 1997.
[42] Bruns H T, Egenhofer M J. Similarity of spatial scenes. 7th International Symposium on Spatial Data Handling (SDH 96), Delft, 1997.
[43] 李德仁, 邵振峰, 朱欣焰. 论空间信息多级格网及其典型应用. 武汉大学学报(信息科学版), 2004, 29(11): 945-950.
[44] Schwering A, Raubal M. Spatial relations for semantic similarity measurement. International

Conference on Spatial Information Theory, Pennsylvania, 2005.

[45] Rodriguez M A, Egenhofer M J. Image-schemata-based spatial inferences: The container-surface algebra. International Conference on Spatial Information Theory: A Theoretical Basis for GIS, Laurel Highlands, 1997.

[46] Jones C B, Abdelmoty A I, Fu G H. Maintaining ontologies for geographical information retrieval on the web. OTM Confederated International Conference CoopIS, DOA and ODBASE, Catania, 2003.

[47] Hjaltason G R, Samet H. Index-driven similarity search in metric spaces. ACM Transactions on Database Systems, 2003, 28(4): 517-580.

[48] Batko M. Distributed and scalable similarity searching in metric spaces. EDBT 2004 Workshops, Heraklion, 2005.

[49] Zezula P, Amato G, Dohnal V, et al. Approximate Similarity Search. Berlin: Springer, 2006.

[50] Goyal R K, Egenhofer M J. Consistent queries over cardinal directions across different levels of detail. 11th International Workshop on Database and Expert Systems Applications, London, 2000.

[51] Belussi A, Boucelma O, Catania B, et al. Towards similarity-based topological query languages. EDBT-2006, Munich, 2006.

[52] Belussi A, Catania B, Podesta P. Towards topological consistency and similarity of multiresolution geographical maps. Proceedings of 13th Annual ACM International Workshop on Geograph Map, Bremen, 2005.

[53] 丁虹. 空间相似性理论与计算模型的研究. 武汉: 武汉大学, 2004.

[54] Mehrotra R, Gary J E. Feature-based retrieval of similar shapes. IEEE 9th International Conference on Data Engineering, Vienna, 1993.

[55] Petrakis E G M. Design and evaluation of spatial similarity approaches for image retrieval. Image and Vision Computing, 2002, 20(1): 59-76.

[56] Heczko M, Hinneburg A, Keim D, et al. Multiresolution similarity search in image databases. Multimedia Systems, 2004, 10(1): 28-40.

[57] Hsieh S M, Hsu C C. Graph-based representation for similarity retrieval of symbolic images. Data & Knowledge Engineering, 2008, 65(3): 401-418.

[58] 魏淑秋, 刘桂莲. 中国与世界生物气候相似研究. 北京: 海洋出版社, 1994.

[59] 崔伟宏. 区域可持续发展决策支持系统研究. 北京: 宇航出版社, 1995.

[60] 张显峰, 崔伟宏. 建立面向区域农业可持续发展的空间决策支持系统的方法探讨. 遥感学报, 1997, 3: 231-236.

[61] 张显峰, 陈行星. 土地人口承载潜力及其与农业可持续发展的关系研究. 北京: 宇航出版社, 1995.

[62] 王欣, 何结望, 许自成, 等. 西南烟区烤烟质量状况及与巴西烤烟质量的相似性分析. 西南农业学报, 2007, 20(4): 747-751.

[63] 许自成, 黎妍妍, 毕庆文, 等. 湖北烟区烤烟气候适生性评价及与国外烟区的相似性分析. 生

态学报, 2008, 28(8): 3832-3838.

[64] 邵岩, 宋春满, 邓建华, 等. 云南与津巴布韦烤烟致香物质的相似性分析. 中国烟草学报, 2007, 13(4): 19-25.

[65] 顾晓鹤, 韩立建, 张锦水, 等. 基于相似性分析的中低分辨率复合水稻种植面积测量法. 中国农业科学, 2008, 41(4): 978-985.

[66] 马骏, 万方浩, 郭建英, 等. 豚草卷蛾在我国的生物气候相似性分析. 中国农业科学, 2003, 36(10): 100-106.

[67] Frank A U, Egenhofer M J. Computer cartography for GIS: an object-oriented view on the display transformation. Computers & Geosciences, 1992, 18(8): 975-987.

[68] Papadias D, Sellis T. Qualitative representation of spatial knowledge in two-dimensional space. The International Journal on Very Large Data Bases, 1994, 3(4): 479-516.

[69] Cui Z, Cohn A, Randell D. Qualitative and topological relationships in spatial databases. Advances in Spatial Database, Berlin, 1993.

[70] Franzosa R D, Egenhofer M J. Topological spatial relations based on components and dimensions of set intersections. Conference on Vision Geometry, Boston, 1992.

[71] Egenhofer M J, Herring J R, Smith T, et al. A Framework for the Definition of Topological Relationships and an Algebraic Approach to Spatial Reasoning within this Framework. Maine: University of Maine, 1991.

[72] Egenhofer M J, Altaha K K. Reasoning about gradual changes of topological relationships. International Conference Gis-from Space to Territory: Theories and Methods of Spatio-Temporal Reasoning, Pisa, 1992.

[73] Egenhofer M J. Spherical Topological Relations. Berlin: Springer, 2005.

[74] Egenhofer M J, Rashid A, Shariff B M. Metric details for natural-language spatial relations. ACM Transactions on Information Systems, 1998, 16(4): 295-321.

[75] Nedas K A, Egenhofer M J. Splitting ratios: Metric details of topological line-line relations. FLARS Conference, Miami Beach, 2004.

[76] 李成名, 陈军. 空间关系描述的 9-交模型. 武汉测绘科技大学学报, 1997, 22(3): 207-211.

[77] Chen J, Li C, Li Z, et al. A Voronoi-based 9-intersection model for spatial relations. International Journal of Geographical Information Science, 2001, 15(3): 201-220.

[78] Clementini E, Di Felice P. A global framework for qualitative shape description. GeoInformatica, 1997, 1(1): 11-27.

[79] Randell D, Cohn A, Cui Z. Computing transitivity tables: A challenge for automated theorem provers. CADE-11, New York, 1992.

[80] Cohn A. Calculi for qualitative spatial reasoning. Artificial Intelligence and Symbolic Mathematical Computation, 1996.

[81] Cohn A, Bennett B, Gooday J, et al. Representing and Reasoning with Qualitative Spatial Relations

about Regions. Berlin: Springer, 1997.

[82] Cohn A G, Bennett B, Gooday J, et al. Qualitative spatial representation and reasoning with the region connection calculus. GeoInformatica, 1997, 1(3): 275-316.

[83] Cohn A. Reasoning about qualitative representations of space and time. CADE-19, Miami Beach, 2003.

[84] Cohn A, Vaizi A. Modes of connection. International Conference on Spatial Information Theory, Melbourne, 1999.

[85] Hazarika S, Cohn A. Qualitative spatio-temporal continuity. International Conference on Spatial Information Theory, London, 2001.

[86] Wallgrün J, Frommberger L, Wolter D, et al. Qualitative spatial representation and reasoning in the sparq-toolbox. International Conference on Spatial Cognition, Bremen, 2008.

[87] Ang C, Ling T, Zhou X. Qualitative spatial relationships representation IO&T and its retrieval. International Conference on Database and Experts System Applications, Vienna, 1998.

[88] Jungert E. Qualitative spatial reasoning from the observer's point of view-towards a generalization of symbolic projection. Pattern Recognition, 1994, 27(6): 801-813.

[89] Zimmermann K, Freksa C. Qualitative spatial reasoning using orientation, distance, and path knowledge. Applied Intelligence, 1996, 6(1): 49-58.

[90] van de Weghe N, Kuijpers B, Bogaert P, et al. A qualitative trajectory calculus and the composition of its relations. International Conference on Geospatial Semantics, Mexico City, 2005.

[91] Bogorny V, Kuijpers B, Alvares L O. Reducing uninteresting spatial association rules in geographic databases using background knowledge: A summary of results. International Journal of Geographical Information Science, 2008, 22(4): 361-386.

[92] 曹菡. 空间关系推理的知识表达与推理机制研究. 武汉: 武汉大学, 2002.

[93] 曹菡, 陈军, 杜道生. 空间目标方向关系的定性扩展描述. 测绘学报, 2001, 30(2): 162-167.

[94] 杜世宏, 王桥. 不确定性空间关系. 中国图象图形学报, 2004, 9(5): 539-546.

[95] 杜世宏, 王桥, 李顺, 等. 模糊对象粗糙表达及其空间关系研究. 遥感学报, 2004, 8(1): 1-8.

[96] 杜世宏, 王桥, 秦其明. 空间关系模糊描述与组合推理. 北京: 科学出版社, 2007.

[97] 杜世宏, 秦其明, 王桥. GIS 中由多种方向关系推理拓扑关系的方法. 计算机辅助设计与图形学学报, 2005, 17(9): 1917-1927.

[98] Shariff A, Egenhofer M J, Mark D M. Natural-language spatial relations between linear and areal objects: The topology and metric of English-language terms. International Journal of Geographical Information Science, 1998, 12(3): 215-245.

[99] Xu J. Natural-language representation and query of linear geograpchic objects in GIS. Buffalo: State University of New York, 2005.

[100] Egenhofer M, Mark D. Naive geography. International Conference on Spatial Information Theory, Berlin, 1995.

第 2 章　相似性空间分析理论基础

人类对相似性的认识由来已久，但相似性理论作为一门较完备的学科是近二十年才发展起来的，相似性科学是以相似性现象和相似系统为研究对象，主要研究自然界、人类社会、工程技术和认知思维中相似性规律及其应用的科学，具有从理论上认识相似性、分析相似性，到实践上应用相似性、创造相似性的完整科学体系[1]。相似论是思维科学的理论之一，它的目的在于研究自然、社会和思维领域广泛存在的相似运动、相似联系与相似创造规律。在今天的科学研究中若不把握整体，不能去进行比较综合，而单纯地去进行分析，那就会在科研中迷失方向，无所适从[2]。

古往今来，人类运用相似性的思想和方法看待世界、认识事物、处理问题、取得了丰硕的成果，其影响深远。古希腊人试图从某些相似关系中去把握自然现象之间的联系，增强人类认识自然的能力。中国的《易经》《黄帝内经》等著作都有利用相似性观察相似性现象和对自然灾害预测的精辟描述。相似性科学（similarity science）不仅研究相似现象，还注重认识相似性和相似系统，探索相似性的由来，阐明相似性形成的原理和演变规律，分析度量相似性，进行系统相似性规律及其应用研究[1]。钱学森认为：两个系统之间或一个系统的不同层次，有相似也有相异；相似是宏观的，相似对于人们认识客观世界具有很大的推动力[3]。《黄帝内经》中也有类似的关于相似性对于认识世界重要性的论述——“智者求同，愚者求异，智者有余而愚者不足”。现代物理学、生物学、生态学、混沌学、分形理论、控制论、数值分析、工程技术都从相似性理论中汲取养料，并取得了大量的研究成果。客观世界存在大量的相似性和相似性描述，相似性对人们认识客观世界、利用客观世界、改造客观世界、创造人工自然界的巨大作用也被越来越多的事实所证明。然而，相似性科学作为一门专门以相似性为研究对象的科学是近二十年才发展起来的。我国的周美立教授是在国际上第一个正式提出相似性理论和相似学的人。通过对相似性的研究，明确相似性概念，建立相似性科学，寻求统一认识自然、社会、工程技术及思维中存在的大量的相似性，阐明相似性形成原理和演变规律，了解相似性的由来，揭开相似之谜，统一处理各种与相似性科学有关的科学技术问题，进行系统相似性规律及其应用的研究是相似性科学研究的意义所在。通过这些研究，一些过去被看做孤立的现象，今天用新眼光来看，都存在某种联系；过去迷惑不解的复杂事物，由于相似性本质的揭示，使我们豁然开朗[1]。

2.1　相似性的特征

相似性科学的理论基础是相似学和相似系统理论，核心是一门研究系统相似性规律及应用的科学。相似性科学把已有的从不同角度、不同方面的相似性研究内容加以深入研究，从理论上升华，扩展实践应用的原理和方法。相似性科学对相似性认识的发展，为人类认识自然界中的相似现象，进行基于相似性形成原理和相似性分析方法的科学技术实践，提供了新的科学理论，具有深刻的科学意义和广泛的应用前景[1]。

总结起来，相似性在相似性研究和应用中有以下几个重要特征。

（1）相似的普遍性：不同类型、不同层次的系统间的要素及特征既不完全相同，也不完全相异，而是部分相同或相异，相似是普遍存在的。

（2）相似的系统性：相似性是系统的特征相似，相似度是系统相似性的度量，不是个别要素或特征相似性的度量。

（3）相似的层次性：由于系统的层次性，系统的相似性也具有层次性。

（4）相似的可度量性：系统之间的相似性是可以度量的，相似性分析是分析相似性程度大小及其本质联系。

（5）相似的有机联系性：相似系统的各要素间相互关联、相互制约、呈现有机的联系。

2.2　相似性分析

相似性本质上是系统间客观特性的相似性。由于系统属性和特征的客观性，相似性不依赖于人们的感性认识而存在。相似性分析的目的不仅在于用语言描述事物间客观存在的特性相似，而且要通过对系统的共有特性及其特征值的差别识别相似性，分析度量相似性。相似性的程度称为相似度，记为 S，相似度的大小和系统之间相同、相似、相异定义的关系可用式（2.1）表示。如果把 S 的值域扩展为[0,1]，则系统之间的关系可以统一表达为“相似”，其中相同和相异分别是 S=1 和 S=0 的特例。

$$\text{系统相似性}=\begin{cases}\text{相异,} & S=0\\ \text{相似,} & 0<S<1\\ \text{相同,} & S=1\end{cases}\tag{2.1}$$

相似性根据不同分类标准和应用领域，可分为以下几个方面。

（1）一般相似性和具体相似。一般相似性指广义上的事物间普遍存在的相似性，目前以定性分析和以定性分析与定量计算相结合的研究方法为主；具体相似性是指系统之间具体的属性和特征的相似性，包括结构相似性、功能相似性、信息作用相似性、几何特征相似性、物理特征相似性、化学特征相似性、生物特征相似性、行为特征相似性等，具体相似性可进行定量相似性分析[1]。在地理信息科学中，主要是研究系统之间的具体相似性，核心在于具体相似性的定量分析。

（2）他相似性与自相似性。他相似性指不同系统之间的相似性，自然界存在的各式各样的系统间、自然系统与社会系统间都存在相似性；自相似性是数学中基本概念之一，在空间上表现为：一个系统不同层次的子系统之间不能完全互相重叠，但任一部分与整体是相似的，在空间尺度上呈比例的缩小。自相似性在时间上表现为：描述事物运动规律在一个阶段上服从某个数学规律，则在其他阶段上也服从同样的规律。在混沌学和分形理论中，自相似性是跨尺度的对称性。他相似性与自相似性是相对不同尺度而言的，有些相似性，既是他相似性，也是自相似性，这主要取决于研究的条件。在地理信息科学中，系统间的他相似性和系统的自相似性都具有研究价值，通过系统的自相似性的分析找出影响地理现象和地理事件的内部机制；他相似性的比较和研究可为比较两个不同空间场景的相似性，从而为科学选址等服务。源于同一地理数据源的不同综合程度的地图之间的对比是典型的自相似性比较的实例，而比较某两个区域特定作物种植条件是他相似性比较的实例。

（3）精确相似性、可拓相似性、模糊相似性和混合相似性。精确相似性要求性质同质，可以用相同的方程组来描述；系统的各个属性特征可以精确识别；能用经典数学理论确定特征值，度量相似程度；各对应特征值满足各单值量的线性变换系数相等，如几何学中的相似三角形；在自然界很难找到完全满足精确相似性条件的系统。自然界存在着大量看似有相似性，但又不符合精确相似性的系统；对于相似特征一方面可精确度量相似程度，另一方面又不满足一切特征都是精确相似，难以精确度量，甚至有的特征相似程度为零的相似性，这就是可拓相似性。可拓相似性可运用可拓几何概念和可拓相似元来解决[1]。模糊集[4]是 1965 年由 Zadeh 提出并建立的，模糊数学为处理模糊相似现象，解决模糊相似性的定量分析提供了一种新的手段。地理现象中许多事物区别界限并不是绝对分明和固定不变的，系统之间的相似特性不能用经典数学理论描述，其相似性都带有一定模糊性。模糊性是客观事物之间差异的中间过渡性所引起的划分上的一种不确定性。混合相似性不是单一性质相似，而是一种综合性的系统相似性；系统的相似性有不同层次，有精确的相似性、有模糊的相似性，有相似度很大的相似性，也有相似度极小的相似性，对于地理系统间多个不同性质的相似特性分别用相应的方法去识别和分析，有效处理相似性，能精确度量的用精确相似性度量，不能精确度量的用可拓相似性和模糊相似性处理，达到能够比较精确分析系统相似性的程度。

Tversky 根据集合理论认为[5]，两个系统之间存在相似性的元素集合 $S=\{S_0,S_1,S_2,\cdots,S_m\}$，也存在差异性的元素集合 $\delta=\{\delta_0,\delta_1,\delta_2,\cdots,\delta_n\}$，相似性与差异性归一化后之和等于 1.0（式（2.2））。所以，相似性的度量常是通过计算系统间的不相似性（差异性）来实现。

$$S+\delta=1.0 \tag{2.2}$$

2.2.1 相似性分析方法

相似性一般分析方法为：通过获取相似特性的特征量分析，得出特征相似度大小，找出系统间特性相似程度的大小与本质共性程度的联系，进而为探索未知相似特性，进行相似特性的再现，创造相似特性提供理论依据。系统相似性一般用集合论来表达，系统是由一个或多个要素所组成的集合体；构成系统的组成要素间存在一定的联系和相互作用，有一定的秩序，其关系不是简单的累加，而是形成一个具有完整结构和功能统一的整体。所以有：设系统有 m 个要素组成，A_i 表示第 i 个元素在孤立状态下时所具有属性的全体所组成的集合 $(i=1,2,\cdots,m)$，A 表示系统属性的全体所组成的集合。

$$A=(A_1,A_2,\cdots,A_i,\cdots,A_m) \tag{2.3}$$

则

$$A\supset\bigcup_{i=1}^{m}A_i \tag{2.4}$$

且

$$A\not\subset\bigcup_{i=1}^{m}A_i \tag{2.5}$$

分析相似性的一般方法是从辩证法的角度考察相似性、从相似性的客观存在考察相似性、用类比的方法认识相似性、从系统的角度分析相似性和从动态过程考察相似性[1]。

1. 精确相似特性分析

精确相似性，一般用经典集合表示：

$$f_A(a)=\begin{cases}1, & a\in A\\ 0, & a\notin A\end{cases} \tag{2.6}$$

根据相似正定理，对于相似现象，物理量的相似比综合约束关系即相似指标数值若为 1，相似准则相等[6,7]。相似特征是相似系统中多个特征的组合，是一个无量纲的综合数，是不变量，而非“常量”。常用的分析方法有应用相似 Π 定理的分析方法和应用相似逆定理的分析方法等。其核心在于相似比线性变换和求解量纲方程。

设系统或要素有 m 个相似特征，其特征总集为 W（式（2.7））。其中系统 A、B 中同一特征 S_j 的一个特征值用特征函数表示，记为 $U_j(A)$、$U_j(B)$。其对应的特征值比例系数 r_j 由式（2.8）计算，这样即可以计算出系统 A、B 的相似性。

$$W=\{S_1,S_2,\cdots,S_j,\cdots,S_m\} \tag{2.7}$$

$$r_j=\frac{\min(U_j(A),U_j(B))}{\max(U_j(A),U_j(B))} \tag{2.8}$$

2. 模糊相似特性分析

模糊相似性，可以建立模糊集合的隶属函数，计算其隶属度：

$$U_{\tilde{A}}:\Omega \to [0,1],\quad a \to U_{\tilde{A}}(a) \tag{2.9}$$

对于某个特性 j 而言，系统 A、B 中第 j 个特性用 $\tilde{U}_j(A)$、$\tilde{U}_j(B)$ 表示，其模糊相似比为

$$\tilde{r}_j = \frac{\min(\tilde{U}_j(A),\tilde{U}_j(B))}{\max(\tilde{U}_j(A),\tilde{U}_j(B))} \tag{2.10}$$

式中，$0 \leqslant \tilde{r}_j \leqslant 1$，其数值大小反映特征相似程度大小。当考虑模糊相似特征比例系数的一般情况时有[1]

$$\tilde{r}_j = \begin{cases} 1, & \tilde{U}_j(A_i) = \tilde{U}_j(B_i) \\ 0 < \tilde{r}_j < 1, & \tilde{U}_j(A_i) \neq \tilde{U}_j(B_i), \tilde{U}_j(A_i) \neq 0, \tilde{U}_j(B_i) \neq 0 \\ 0, & \tilde{U}_j(A_i) = 0, \tilde{U}_j(B_i) = 0 \end{cases} \tag{2.11}$$

3. 可拓相似特性分析

可拓相似性，用可拓集合表示为 $\overline{x}$，其关联函数表示为

$$K\overline{x}(u) \in (-\infty,+\infty) \tag{2.12}$$

系统中的一些特性可精确分析识别，获取特征值。另外一些可通过近似方法或模糊数学方法获取特征值。对于某个特性 j 而言，系统 A、B 中第 j 个特性分别用 $\overline{U}_j(A)$、$\overline{U}_j(B)$ 表示，其可拓相似比 $\overline{r}_j$ 由式（2.13）计算，式中 $0 \leqslant \overline{r}_j \leqslant 1$，其数值大小反映特征相似程度大小。

$$\overline{r}_j = \frac{\min(\overline{U}_j(A),\overline{U}_j(B))}{\max(\overline{U}_j(A),\overline{U}_j(B))} \tag{2.13}$$

2.2.2 相似性度量

在相似性科学中，两个系统之间的相似性，不是系统之间特征相似性的简单累加，而是系统的相似，系统相似性度量是基于系统组成要素及其特征相似程度大小的度量。系统之间的相似性，是系统间存在的要素数量相似以及特征相似的函数，而不仅仅是要素数量相似或特征相似的某一方面。因此，应从系统的全部组成要素及其属性和特征、系统间相似要素数量多少和特征相似程度大小方面考察系统间相似性，计算系统相似程度，实现相似系统的度量。

不同的学科领域，对相似性的度量方法有所不同。在数值分类学中，以个体类之间共有性状数量作为相似系数分析的基础[8]；在人工智能领域，两个对象之间相似度

定义为两个对象的属性集合的交集大小[9]；在信息技术领域（尤其是地理信息图像图形领域），常用聚类分析方法（cluster analysis）进行相似性度量[10,11]。

两个系统 A、B 的系统相似度 Q 是一个多元函数，表达式为

$$Q = f(K, L, N, q(u_i)) \tag{2.14}$$

式中，K、L 分别是系统 A、B 的要素个数，每个系统的各个要素是在同一层次划分的，是具有相对独立的边界和一定的结构和功能的要素组成的。两个系统之间的要素的属性和特性如果存在相似性，对应要素则为相似要素，这样两个系统要素之间就组成相似元，对应相似元之间可以进行比较分析。设 N 为两个相似系统的相似要素的个数，$s(u_i)$是每一个相似元要素的相似程度。系统要素数量相似度 s_n 是系统 A、B 间共有不重复元素数量与系统 A、B 间相似要素数量的比值，即

$$s_n = \frac{\#(A \cap B)}{\#(A \cup B)} = \frac{N}{K + L - N} \tag{2.15}$$

在组成系统的要素中，有的要素对系统相似性的影响程度大，有的要素影响程度小，分别对相似元 $s_1, s_2, \cdots, s_N$ 设立权重 $\omega_1, \omega_2, \cdots, \omega_N$，由相似元数值确定的系统特征相似度为

$$S_u = \omega_1 s(u_1) + \omega_2 s(u_2) + \cdots + \omega_N s(u_N) = \sum_{i=1}^{N} \omega_i s(u_i) \tag{2.16}$$

式中，$0 \leqslant S_{ui} \leqslant 1$，$0 \leqslant \omega_i \leqslant 1$，且 $\sum \omega = 1$。一般相似性比较中权值确定的方法有层次分析法（analytic hierarchy process，AHP）、专家评分法和粗糙集方法。其中层次分析法应用较广，周美立在其专著《相似性科学》中给出了应用 AHP 方法进行相似性权值确定的算法，其具体计算方法如下[1]。

（1）以相似元作为评价因素，建立评价因素集

$$U = \{u_1, u_2, \cdots, u_i, \cdots, u_N\} \tag{2.17}$$

（2）用 u_{ij} 表示相似元 u_i 对相似元 u_j 的相对重要性数值（$j = 1, 2, \cdots, N$），构建相似判断矩阵 P：

$$P = \begin{bmatrix} u_1 & u_2 & \cdots & u_j & \cdots & u_N \\ u_{11} & u_{12} & \cdots & u_{1j} & \cdots & u_{1N} \\ u_{21} & u_{22} & \cdots & u_{2j} & \cdots & u_{2N} \\ \vdots & \vdots & & \vdots & & \vdots \\ u_{i1} & u_{i2} & \cdots & u_{ij} & \cdots & u_{iN} \\ \vdots & \vdots & & \vdots & & \vdots \\ u_{N1} & u_{N2} & \cdots & u_{Nj} & \cdots & u_{NN} \end{bmatrix} \tag{2.18}$$

式中，$u_{ii}=1$，$u_{ij}=1/u_{ji}$，$u_{ij}=u_{ik}/u_{kj}$。比值标度可分别用 1, 3, 5, 7, 9 表示“同等重要”“稍

微重要”“明显重要”“强烈重要”和“极端重要”。和用2, 4, 6, 8分别表示介于上述的两个标度之间中值时的标度。

（3）计算权值。

①将判断矩阵每一列进行归一化：

$$\bar{u}_{ij} = \frac{u_{ij}}{\sum_{k=1}^{N} u_{kj}}, \quad i, j = 1, 2, \cdots, N \tag{2.19}$$

②将每一列归一化后的判断矩阵按行相加

$$\bar{\omega}_{ij} = \sum_{j=1}^{N} \bar{u}_{ij}, \quad i, j = 1, 2, \cdots, N \tag{2.20}$$

③对列向量 $\bar{\omega} = (\bar{\omega}_1, \bar{\omega}_2, \cdots, \bar{\omega}_N)^{\mathrm{T}}$ 进行归一化处理

$$\omega_i = \frac{\bar{\omega}_i}{\sum_{i=1}^{N} \bar{\omega}_i}, \quad i = 1, 2, \cdots, N \tag{2.21}$$

由此得到特征向量 $\omega = (\omega_1, \omega_2, \cdots, \omega_N)$，即为权值。

④使用一致性指标（consistent index，CI）判断权值分配的合理性。

$$\mathrm{CI} = \frac{\lambda_{\max} - N}{N - 1} \tag{2.22}$$

式中，$\lambda_{\max}$ 为 P 的最大特征值，对于多阶判断矩阵，还需引入判断矩阵的平均随机一致性指标RI，随机一致性比率CR为

$$\mathrm{CR} = \frac{\mathrm{CI}}{\mathrm{RI}} \tag{2.23}$$

当CR<0.10时，可认为判断矩阵具有满意一致性。其中RI可由判断矩阵的阶数确定（表2.1）。

表2.1　判断矩阵的RI值

阶数（n）	1	2	3	4	5	6	7	8	9
RI	0	0	0.58	0.9	1.12	1.24	1.32	1.42	1.45

（4）最后得到系统相似度计算公式为

$$S_{(A,B)} = \frac{N}{K + L - N} \sum_{i=1}^{N} \omega_i s(u_i) \tag{2.24}$$

2.2.3 几种常见的相似性度量计算方法

在数据挖掘和机器学习中，也常常需要计算不同样本直接的相似性独立，通常采用的方法就是计算样本间的距离，本书摘录常用的相似性距离供参考，每种距离的具体定义请参阅相关参考文献。

（1）欧氏距离。两个 n 维向量 $a(x_{11},x_{12},\cdots,x_{1n})$ 和 $b(x_{21},x_{22},\cdots,x_{2n})$ 间的欧氏距离：

$$d_{12}=\sqrt{\sum_{i=1}^{n}(x_{1k}-x_{2k})^2}$$

（2）曼哈顿距离。两个 n 维向量 $a(x_{11},x_{12},\cdots,x_{1n})$ 和 $b(x_{21},x_{22},\cdots,x_{2n})$ 间的曼哈顿距离：

$$d_{12}=\sum_{k=1}^{n}|x_{1k}-x_{2k}|$$

（3）切比雪夫距离（Chebyshev distance）。两个 n 维向量 $a(x_{11},x_{12},\cdots,x_{1n})$ 和 $b(x_{21},x_{22},\cdots,x_{2n})$ 间的切比雪夫距离：

$$d_{12}=\max(|x_{1i}-x_{2i}|)$$

（4）闵可夫斯基距离（Minkowski distance）。两个 n 维向量 $a(x_{11},x_{12},\cdots,x_{1n})$ 和 $b(x_{21},x_{22},\cdots,x_{2n})$ 间的闵可夫斯基距离：

$$d_{12}=\sqrt[p]{|x_{1k}-x_{2k}|^p}$$

（5）马氏距离（Mahalanobis distance）。有 m 个样本向量 $X_1\sim X_m$，协方差矩阵记为 S，其中向量 X_i 与 X_j 之间的马氏距离定义为

$$D(X_i,X_j)=\sqrt{(X_i-X_j)^{\mathrm{T}}S^{-1}(X_i-X_j)}$$

若协方差矩阵是单位矩阵（各个样本向量之间独立同分布），则变成了欧氏距离了。

（6）夹角余弦（Cosine）。机器学习中借用两个向量的夹角余弦衡量两个向量方向的差异。在二维空间中向量 A（x_1, y_1）与向量 B（x_2, y_2）的夹角余弦公式：

$$\cos\theta=\frac{x_1x_2+y_1y_2}{\sqrt{x_1^2+y_1^2}\sqrt{x_2^2+y_2^2}}$$

两个 n 维向量 $a(x_{11},x_{12},\cdots,x_{1n})$ 和 $b(x_{21},x_{22},\cdots,x_{2n})$ 间的夹角余弦为

$$\cos(\theta)=\frac{\sum_{k=1}^{n}x_{1k}x_{2k}}{\sqrt{\sum_{k=1}^{n}x_{1k}^{2}}\sqrt{\sum_{k=1}^{n}x_{2k}^{2}}}$$

（7）汉明距离（Hamming distance）。两个等长字符串 S_1 与 S_2 之间的汉明距离为将其中一个变为另外一个所需要做的最小变换次数。

（8）杰卡德相似系数（Jaccard coefficient）。两个集合 A 和 B 的交集元素在 A，B 的并集中所占的比例，称为两个集合的杰卡德相似系数，用符号 $J(A,B)$ 表示。

$$J(A,B)=\frac{|A\cap B|}{|A\cup B|}$$

2.3　相似性应用

相似性科学对多个学科领域中出现的相似性研究都有指导意义，具有从理论上认识相似性、分析相似性，到实践上应用相似性、创造相似性的完整科学体系[1]。运用相似性科学理论和方法，有助于解决处理多个学科领域与相似性有关的科学问题，有利于认识各种相似性、探索未知相似性、再现相似性、创造相似性。相似性的应用主要包括相似性工程和相似性创造两大类。

（1）相似性工程：基于相似性形成原理和相似系统分析方法，建立一套具有共性思路的认识相似性和应用相似性的手段与方法，处理一切与系统相似性有关的科学探索、工程技术和组织管理问题，寻求工程实践效果的优化。其中包括相似模拟、相似推理、相似调控、相似再现、相似管理和相似设计等。

（2）相似性创造：人类在向自然学习的过程中，运用相似规律，将自然界经济社会优化、和谐有序的理性，应用于人工系统中，相似创造出与自然系统有相似性的优越特性。自然界是统一的客观存在的世界，具有整体性、自律性和自组织性。无论自然界的创造自我，还是人类的创造活动，大都是基于相似规律进行的。人类在知识和信息的基础上，运用“系统相似特性受统一规律的支配”的原理，相似创造出人类所期望的物质系统、信息系统、运动系统、生命系统及理论体系和方法等。其中模仿相似创造律、相似创新律和相似启示创造律是相似性创造的理论基础[1]。

2.4　相似性与模糊集

模糊集（fuzzy set）理论[4]是对传统集合论的扩展，扩展的目的是为了克服经典集合“非此即彼”的精确二值逻辑，使得集合元素与非集合元素之间有一个平滑的过渡，一个元素可以部分地属于某个集合，而不是完全属于或完全不属于该集合。相似与模糊都是对事物之间完全匹配的偏离，两者既有区别，又有统一的一面。

相似是完全匹配的近似，模糊是匹配的不确定边界。从数学上讲，概念的形成是把差异的一方与另一方区别开来，以形成一定的范畴。但是，在划分上的不确定性，也会有“中间过渡性”，而形成模糊性的过程。模糊性侧重于描述单个事物相对于某种分类标准或集合的隶属程度，而相似性除了可以表达特定事物与某种分类标准的隶属度，还可以表示事物之间的相似程度。和相似性类似，事物也可能具有多个模糊的属性，事物的多个模糊属性可由模糊推理规则来归一化，但模糊推理规则的内部机制比较复杂，模型计算复杂度较高；事物（系统）多个相似性可以用归一化的相似性计算模型进行度量，相似性的可计算性较高，计算复杂度相对较低；相似性计算模型较模糊推理模型更直观，可操作性强。

模糊性和相似性又存在着统一性的一面，对事物和系统的某些相似特性的定量分析，有时带有模糊性，很难精确化。大自然中有许多事物的区别界限并不是绝对和固定不变的，系统之间的相似特性随演化而变。相似系统理论已经阐明，系统间不少相似特性不能用经典数学描述，其相似性都带有一定模糊性。模糊相似的特性相似，又称模糊相似性。模糊相似性不符合精确相似条件，不能用经典数学理论描述，只能用模糊数学理论确定其相似程度。

2.5　相似性与信息系统

信息有多种定义，相似性科学将信息定义为：直接或间接地促进系统有序或无序，保持或改变系统序结构状态的作用。信息是系统中各要素之间相互作用的一种方式，它促进各种要素相互联系、相互配合，使系统内要素活动协调一致，富有规律性。信息作用的相似性表现为：各种事物都能发出信息并形成信息场，其他事物从信息场接收信息，当信息有共性时会形成相似性。不同信宿可以从信息场接收不同信息，给信宿以一定的影响，系统间相似特性的发生都与万有信息的共性相关联。常见的信息相似性包括听觉信息相似性、视觉信息相似性和化学信息场相似性。不同的系统，其信息场分布是不一样的，但在相似的系统中，其信息场分布规律存在相似性。根据不同信息场不同点位信息内容和强度不等，不同部位信息产生相应的信息的特性，体现有序结构的相似性。

信息作用促进序结构的形成；信息作用共性形成相似性。人们把处理问题的方式方法的知识和信息，存在于大脑信息场中，以便应用。当人们在处理和解决问题时，调用已有的信息。当调用信息内容、性质和作用过程相似时，会有相似的思维过程与方式，出现相似行为方式，有相似的解决问题方式和方法。在计算机信息系统中，计算机同人脑结构与功能具有相似性，计算机与人脑在信息存储与处理上具有相似性，计算机与大脑的记忆、运算、推理过程具有相似性[12-14]。

2.6 相似性与地理信息系统

人类的空间认知过程具有相似性，由于获取信息和人脑对信息的处理存在共性，客观存在的特征信息具有相似性，认识事物过程中信息处理和思维过程性具有相似性，从而达到空间认知上的相似性。相似性是认知的基础。同时，认知在不同语境、不同的文化的背景下也存在着差异性，但在相同的语境、相同的文化背景下呈现较大的相似性[15]。相似性在人们空间认知过程中起着基础而重要的作用。知觉的相似性是人们思考的基础和根本[16]。

不同的人有不同的空间认知和空间表达的特点，年龄、性别、文化程度、是否有地理学的教育背景、占用的交通工具等，都对空间认知和描述方式有影响[17-26]。例如，中国南方人在进行空间描述时，更倾向于以描述人为中心的“前、后、左、右”路径描述方式（route），中国北方人更倾向于以地理方位“东、南、西、北”的纵览式（survey）的描述方式；以亲身经历获得的空间认知，在脑图（mental map）中存储的是以路径方式为主的空间场景，而从地图等媒介上获得的空间认知，在脑图中的存储是以纵览式为主的空间场景。在一定情况下，这两种方式还可能发生转化。

地理信息系统依赖于不同空间场景的空间相似性提取信息，在不同的空间数据库中提供链接，对不同的空间对象和空间现象进行分类。空间相似性的评价与一般的相似性评价不同，空间相似性包含多个不同的要素，如空间关系、空间分布、几何属性、专题属性和语义关系。不同的应用对相似性要素有不同的要求和不同的优先级。空间相似性的评价还必须和人类认知相一致。目前空间认知心理相似性模型包括几何模型、特征比较模型、结构一致模型、转换模型和TDD（topology-direction-distance）模型[16]。空间相似性评价在空间数据检索、空间数据归一化和空间数据挖掘中起着重要的作用。

强调相似性比绝对符合更具有重要意义，这对地理信息系统而言是至关重要的。对于地理信息系统而言，存在以下的一些原因而导致相似性对于地理信息系统具有特别重要的意义。

（1）数据提供者与数据使用者之间存在对空间数据知识的差异，人们对所要查找的空间数据只知道近似的概况，所以需要一个对空间数据探索性的获取方法。例如，为了满足不同用户层次的需要，GIS常使用多种比例尺的方案，理想的情况是所有比例尺的数据都源自于同一个数据源而通过综合算法而得到的。不过这样的算法经常会改变空间对象的几何特征和它们之间拓扑关系，对同一地方进行查询而使用相同的几何和拓扑关系约束条件在不同的比例尺的数据情况下得到的结果会不同。

（2）使用空间信息的人与空间信息系统模型之间空间知识背景的巨大差异，由于现在的GIS已经不是少数地理学专家的专用工具，背景越来越广泛、数量越来越多的人都将GIS作为日常工作的一个基础工具，不可能要求所有的GIS用户都具备相同的地理空间知识背景和视角。

（3）由于缺乏标准的、易于认知的地理现象空间属性的形式化定义，要支持对空间信息提取易用且灵活的方法几乎是不可能的，目前，只存在一些少量的、相互孤立的针对人们如何解释空间属性和理解空间的概念。

（4）知识背景和专业领域的多样化加之不统一的空间信息标准是造成在对同一部分地理现实进行建模时的语义、结构、结构层次异质。随着地理信息互联网用户的大量增加，也迫切需要更高层次的有效地理信息提取技术的出现。

（5）谓词和可视化的比较，在空间信息的查询中，谓词方式需要把将空间认知转化为谓词的表达所带来的额外负担强加给用户，传统的空间查询由于被句法和语义相等的方法替代，本身并没有空间表达能力，但一些替代的可视化的形态，如草图，常比谓词更能够帮助人们揭示用户对空间顺序的脑图模型。但同时，空间信息提取的可视化查询请求本身是不精确的，带有很大的含糊性。

2.7　空间分析与空间相似性

2.7.1　空间分析

空间分析通过对空间数据和空间模型的联合分析来挖掘空间目标的潜在信息[27]。空间分析是地理学的精髓，是地理信息系统区别于其他信息系统最显著的标志之一。

根据所作用的数据性质不同，空间分析可分为：①基于空间图形数据的分析运算；②基于非空间属性的数据运算；③空间数据与非空间数据的联合运算。空间分析赖以进行的基础是地理空间数据库，其运算手段包括各种几何的逻辑运算、数理统计分析、代数运算等数学手段，最终的目的是解决人们所涉及的地理空间的实际问题，提取和传输地理空间信息，尤其是隐含信息，以辅助决策[28]。

空间目标是空间分析的具体研究对象，空间目标具有空间位置、空间分布、空间形态、空间关系（包括拓扑关系、角度关系、距离关系和相关场等）等基本特征[27]。空间目标在三维空间的定位是空间目标的位置；空间目标在三维空间的不同位置聚合是空间目标的分布，空间位置和空间分布是共生的；不同类型的空间目标具有不同的形态结构描述，对形态结构的分析称为形态分析；空间关系是地理实体之间存在的与空间特性相关的关系，是地理信息系统数据组织、查询、分析和推理的基础。空间分析的核心是根据不同的空间数据，利用数学的方法，建立针对各种应用的空间分析模型。

空间分析主要包括空间叠置分析、缓冲区分析、网络分析、统计分析、地形分析，此外还包括空间查询与量算、趋势面分析、三维空间分析、空间插值方法、几何分析及其他应用分析。其中使用最频繁的是空间查询分析。

空间分析过程充满了相似性。传统的空间分析假设用户能够准确地了解数据库并能够准确地表达空间查询的输入条件，并且分析结果只包含和用户输入条件完全准确匹配的检索结果。这种假设使得用户实际上很难总是能够正确地猜到数据库所存储的值，而通过遍历得到可接受的理想结果是一个很乏味的过程，在有些情况下常常是不可能完成的任务。实际上，数据库所存储的值往往是一些偏离用户输入条件但和输入条件存在某种相似性的值。

2.7.2　空间相似性

空间相似关系是空间关系（包括距离、方位、拓扑、相似和相关）中的一种[29]，由于空间相似关系的可计算性差，其所揭示的是地理空间事物深层次的信息，需要复杂的分析过程和专门的领域知识，所以其研究一直被忽视。几何形态上和结构上的相似在很多情况下只是地理空间事物的一个表象，可能是一个偶然的现象，也可能是某种空间规律和空间事件影响的综合结果。

郭仁忠认为空间相似关系具有两方面的含义[29]，一是指空间物体形态上的相似。在一些情况下，相似性分析仅仅是对表象相似的计算和认可，例如，德国地球物理学家 Wegener 根据大西洋两岸大陆轮廓线的吻合特征，经过分析提出的板块学说理论基础之一的大陆漂移说[30]。在这里，海岸线图形的相似性仅仅是表面现象，而形成这一表象的原因是大陆的漂移；在另外的一些情况下，形态相似性分析本身就是分析的目的，例如，在卫星影像识别中常利用图形相似性对体育场、公路等地物进行识别。图形形态参数的计算是基于图形形态参数的聚类分析或相关分析的关键技术，平面图形的各种参数描述方法在文献[31]有详细的论述。二是指空间结构的相似性，是指地理现象的空间分布和布局，以及地理实体的内部结构。这些地理现象的空间分布和布局以及地理实体的内部结构存在的相似性，是图形分类的基础。空间结构的相似又称空间场景相似[32]，是智能化空间分析的一个重要研究内容。

本书作者认为，空间相似性除了文献[29]所述及的空间形态相似和空间结构相似，还包括空间专题相似和空间属性相似。

空间专题相似，又称空间主题相似，是指在指定的空间场景所要表达的专题内容之间的相似性，这是一种用空间形态和空间结构无法表达的相似性。如在图 2.1 中，(a)、(b)两幅图表达的是农田地块的大小分布专题，虽然两个空间场景从形态和结构上都表现出很低的相似性，但从两个空间场景中农田地块大小的分布上看，其农田的最大面积、最小面积、平均面积和标准差都很接近（图 2.1(c)、(d)），所以这两幅地图在反映的农田地块大小分布专题上，两者的相似性很高。

空间属性的相似性，是空间相似性比较中非常重要的因子之一，空间属性是影响空间形态和空间结构的内因，是揭示地理现象背后隐藏规律的本质。由于空间属性较空间形态更确定，比较算法也更简单，所以空间属性的比较一般使用准确匹配的比较方法，其相似性反而被忽视。空间属性的类型一般包括字符型、逻辑型和数值型，字符型属性值之间相似性常用语义相似性进行度量，数值型属性值之间存在的相似性，常用数值之间的距离大小（差值）对相似性进行计算。

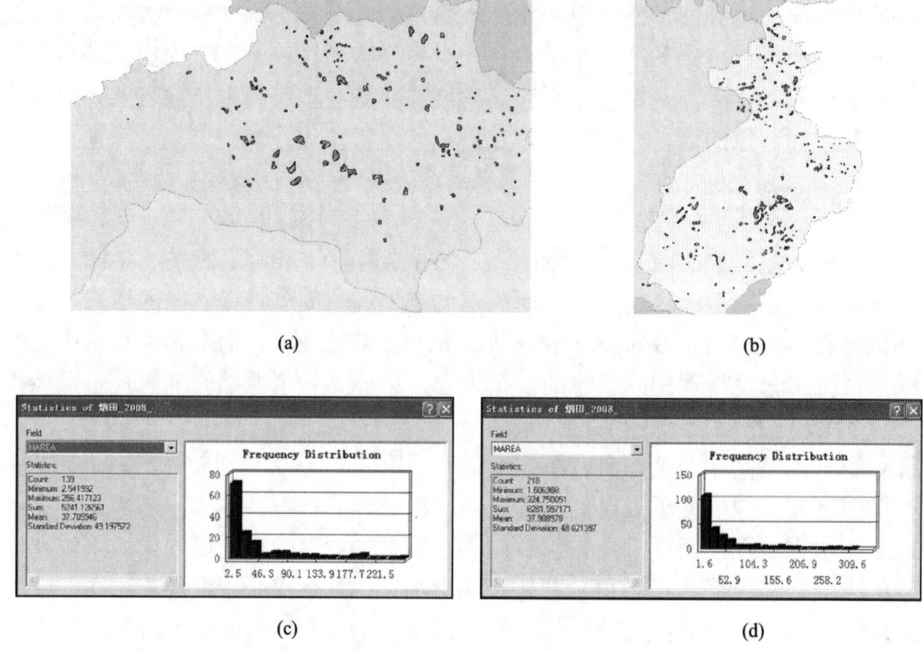

图 2.1　反映相同农田地块大小分布的不同地区的地图（见彩图）

由于地理信息系统设计者与地理信息系统用户之间对空间认知和表达存在的差异，地理信息系统与用户之间存在知识共享的障碍和矛盾[33]。在以往 GIS 仅作为少数几个科学家桌面上的科学分析工具时，这种矛盾并不突出，当 GIS 走进千家万户的日常生活时，这个矛盾日益凸显出来，而图形由于其信息传输上的快速、直观和便捷性，是人与人之间交流的理想工具。用草图描述所要进行空间分析的空间场景的方式，要比用语言描述地图场景中各个对象之间复杂的空间关系的方式要简单得多。基于空间场景的相似性空间分析不仅是从一幅图形中寻找与查询条件（一般是草图）图形结构相匹配的所有子图形，还包括寻找与查询分析条件图中所有空间专题相似、空间属性相似乃至非空间属性（经济社会属性）相似的空间场景。由此还可引申出对两个空间场景进行相似性比较的空间分析。

2.8　相似性与大数据

大数据目前还没有一个统一的定义，对于“大数据”（big data）研究机构 Gartner 给出了这样的定义。“大数据”是需要新处理模式才能具有更强的决策力、洞察发现力和流程优化能力的海量、高增长率和多样化的信息资产。根据维基百科的定义，大数据是指无法在可承受的时间范围内用常规软件工具进行捕捉、管理和处理的数据集合。

大数据处理的关键技术，在于以有效地处理大量的时间可容忍内的数据。适用于大数据的技术，包括大规模并行处理（MPP）数据库、数据挖掘、分布式文件系统、分布式数据库、云计算平台、互联网和可扩展的存储系统。

大数据分析的核心在于发现数据之间存在的关联性，而弱化因果关系，而度量因果关系其中一个重要的手段就是相似性。如利用海明距离计算海量文本之间的相似性，从海量文本中抽取出相近的文本，这是搜索算法的一个重要方向；利用出行者轨迹的相似性，得出两个出行者的轨迹，进行好友推荐；利用不同社交媒体用户对兴趣点关注的重叠和相似。

2.9　本 章 小 结

相似性科学具有坚实的理论基础和方法论基础，具有较完整的计算体系。本章在概述相似性科学的基础上，对相似性的分析方法和相似性度量的方法进行了分析；相似性的应用非常广泛，相似性工程和相似性创造只是其广泛应用的一部分；相似性和模糊性都是对准确匹配的偏离，但两者的侧重点、表现方式和计算度量方式都有所区别，在实际应用中应予以辨识。相似性和模糊性又存在辩证的统一，其代表就是模糊相似性；在相似性科学理论中，信息当做属性之间的相互作用，相似性是维系信息系统之间有序结构的纽带；空间认知和地理信息系统中存在广泛形式的相似性，相似性对地理信息系统、对存在着大量不完备、不准确信息输入条件的空间分析具有特别重要的意义。

参 考 文 献

[1] 周美立. 相似性科学. 北京：科学出版社, 2004.
[2] 张光鉴. 相似论. 南京：江苏科学技术出版社, 1992.
[3] 钱学森. 创立系统学. 太原：山西科学技术出版社, 2001.
[4] Zadeh L A. Fuzzy set. Information and Control, 1965, 8(1): 338-353.
[5] Tversky A. Features of similarity. Psychological Review, 1977, 84(4): 327-352.
[6] 李之光. 相似与模化. 北京：国防工业出版社, 1982.
[7] 徐挺. 相似方法与应用. 北京：机械工业出版社, 1995.
[8] 史尼斯, 索卡尔. 数值分类学. 北京：科学出版社, 1984.
[9] 田盛丰. 人工智能原理与应用. 北京：北京理工大学出版社, 1993.
[10] 邸凯昌. 空间数据挖掘与知识发现. 武汉：武汉大学出版社, 2001.
[11] 李德仁, 王树良, 李德毅. 空间数据挖掘理论与应用. 北京：科学出版社, 2006.
[12] 宋彧, 张贵文, 党星海. 相似理论内容的扩充与分析. 兰州理工大学学报, 2004, 30(5): 123-125.
[13] 王敏, 阴国恩, 曹瑞. 图形的相似性与差异性判断的关系及机制的研究. 心理与行为研究, 2007, 5(2): 145-149.

[14] 赵博. 关于相似性判断过程的研究. 天津: 天津师范大学, 2007.

[15] 周国梅, 傅小兰, 鞠实儿. 相似性比较的诊断性原则与文化的影响作用. 中山大学学报(社会科学版), 2002, 42(4): 10-17.

[16] Li B, Fonseca F. TDD: A comprehensive model for qualitative spatial similarity assessment. Spatial Cognition & Computation, 2006, 6(1): 31-62.

[17] Tversky B. Cognitive maps, cognitive collages, and spatial mental models. European Conference on Spatial Information Theory, Mariana, 1993.

[18] Mark D M, Egenhofer M J. Calibrating the meanings of spatial predicates from natural language: Line-region relations. 6th International Symposium on Spatial Data Handling, Edinburgh, 1994.

[19] Goldstone R. Similarity. Massachusetts: The MIT Press, 1999.

[20] Bell S. Spatial cognition and scale: A child's perspective. Journal of Environmental Psychology, 2002, 22(1/2): 9-27.

[21] 马林兵, 龚健雅. 面向自然语言的空间数据库查询研究. 计算机工程与应用, 2003, 39(22): 16-19.

[22] 马林兵, 龚健雅. 空间信息自然语言查询接口的研究与应用. 武汉大学学报(信息科学版), 2003, 28(3): 301-305.

[23] Heap D, Keith B. Spatial Variation (Geolinguistics). Oxford: Elsevier, 2006.

[24] Guo D, Cui W. Quickly location determination based on geographic keywords of natural language. Geoinformatics 2007: Geospatial Information Technology and Applications, Nanjing, 2007.

[25] Stokes N, Li Y, Moffat A, et al. An empirical study of the effects of NLP components on geographic IR performance. International Journal of Geographical Information Science, 2008, 22(3): 247-264.

[26] Thomas R, Donikian S. A spatial cognitive map and a human-like memory model dedicated to pedestrian navigation in virtual urban environments. International Conference on Spatial Cognition, Bremen, 2008.

[27] 刘湘南, 黄方, 王平, 等. GIS 空间分析原理与方法. 北京: 科学出版社, 2005.

[28] 邬伦, 刘瑜, 张晶. 地理信息系统——原理、方法和应用. 北京: 科学出版社, 2001.

[29] 郭仁忠. 空间分析. 北京: 高等教育出版社, 2001.

[30] Wegener A. Die entstehung der kontinente. International Journal of Earth Sciences, 1912, 3(4): 276-292.

[31] 张根寿, 祝国瑞. 面状地图表象的形态研究. 武汉测绘科技大学学报, 1994, 19(1): 29-36.

[32] Bruns H T, Egenhofer M J. Similarity of spatial scenes. 7th International Symposium on Spatial Data Handling (SDH 96), Delft, 1997.

[33] 孙玉国. 拓扑空间关系描述与 2DT-String 空间关系表达. 武汉: 武汉测绘科技大学, 1993.

第3章　定性空间表达模型

定性空间表达（qualitative spatial representation，QSR）是基于相似性的空间分析的基础。定性空间表达不仅更加符合人类对客观地理世界的常理性认识，而且是空间相似性计算的基础。

空间表达中不仅涉及大量的定量空间信息，还涉及大量的定性空间信息，而且，定性空间表达的方式更符合人类日常生活中对地理空间的表达。在计算领域，定性空间表达因其信息获取的快速性在空间推理和空间检索中具有定量空间表达无法取代的优势。近年来，定性地理学的研究越来越成为地理信息科学研究的热点，包括定性空间位置表达、定性拓扑关系表达、定性方向关系表达、定性距离表达、定性推理等[1-10]。

3.1　定性空间表达与推理

定性空间表达和推理不仅关注于客观世界日常的常理性知识，还关注科学家和工程师为解释复杂的客观现象而大量使用等式来构建的定量模型。定性空间表达的原则性目标就是解释这些复杂的空间知识并使之明了化，这样在给定了恰当的推理技术后，计算机可以做出解释、诊断和预言物质系统在定性方式下的行为，而不需要求助于往往很难求解或不可能求得有效解的定量模型。定性表达的核心在于找到方法用离散的符号系统来表达真实世界的连续属性[11]。

在定性表达的处理中，一般有一个与定量空间相关的（部分或全部地）自然排序算法和一种简单但有效的利用顺序关系的传递性推理算法，一般而言，这些方法都会产生模糊的结果。另一个在传统的定性推理中重要且普遍的工作就是假设变化是连续的，这个假设的推论就是在变化中，定量值必须通过所有的中间值。尽管纯粹的定性空间表达似乎能够在一些物质系统中获得成功，但实际上在开发纯粹的有关空间和动态的机制以及基于贫乏推测的定性推理机制少有成功的案例，因为实际上并不存在纯粹的定性推理机制。

定性空间表达及推理的研究包括以下领域的应用推动：地理信息系统、机器人漫游、高层次可视化、自然语言的空间位置语义、工程设计、物质系统的常识推理、特定可视化语言的句法和语义。在机器人导航上，定性空间表达与推理可以作为在得到进一步精确行动计划之前的层次计划的一个补充或权宜之计的方案；在高层次的可视化中，使用定性符号投影，可能推理出空间对象的形状和轮廓去匹配地理对象；使用定性推理可以帮助确定在自然语言中语义上近似的场景，有统一的或至少非常相似的描述；在自然语言中，空间介词的使用和解释趋于模棱两可。自然语言的空间介词有多种使用的方式，这也是为寻求一些正式的表达这些介词的方法的定性空间表达的驱动力之一；在工程设计中，最终需要的是一个全部的尺度精确描述，然而，在设计的初始阶段，一个可行的定性描述可能就可以满足要求。

空间对象的定性表达和空间关系定性表达是对空间对象的形状、大小和相互关系在合适的粒度层次进行扩展性的描述。空间对象及其关系的定性表达为自然语言的空间表达提供了语义，为自然语言表达提供一定范围内足够准确的定义，同时由于能够通过有效抽象机制过滤局部特征而保留全局属性，也对地理数据不确定性处理提供了肯定的影响，并为空间查询语言提供了基础[4]。Naïve Geography[12]是 Naïve Physics 在地理信息系统中的扩展和延伸，下一代的地理信息系统是以 Naïve Geography 为基础的，Naïve Geography 将使用定性空间表达和定性空间推理技术。

3.2　定性空间表达模型

定性空间表达包括定性空间专题表达、定性空间形状表达和定性空间关系表达。空间关系是空间分析、空间查询的基础，是连接 GIS 地理空间数据库与分析应用的桥梁[13]。空间关系的描述与表达，直接影响着 GIS 系统的设计、开发与应用，也是 GIS 空间数据组织与处理的复杂和难点之所在[14]。空间关系是指地理实体之间存在的与空间特征有关的关系，如度量关系、方向关系、顺序关系、拓扑关系、相似关系、相关关系等，是刻画数据组织、查询、分析和推理的基础[15]。定性空间关系表达模型一般包括定性空间拓扑关系表达模型、定性空间方向关系表达模型和定性空间距离关系表达模型[11]。

3.2.1　定性形状描述模型

定性表达实际上是一个概化的过程，在这个概化建模过程中，只使那些和建模领域的整体形态相关的突出点突出出来。在对客观地理世界空间建模的研究和实践中，有两个不同但又相互补充的研究方向和研究领域：对象在地理空间的形状和它们之间的相对位置。地理信息科学领域对空间对象之间的位置研究较多，而人工智能领域对定性形状的有较多的论述（参考文献[4]）。

传统的定性空间对象形状度量，可追溯到文献[16]，文献中设计了许多方法提取一个简单的值来描述面状地物的形状，尤其作为参考对象的对象形状。文献[17]提出的方法可用来度量两个形状之间的相似性（式（3.1）），但这个方法是将对象的形状和原对象进行比较的作为基础。其形状紧密度定义为[18]

$$\mathrm{FR} = 1.27(A / L^2) \tag{3.1}$$

式中，A 是多边形的面积，L 是多边形相距最远两点之间的距离。FR 值越小，表示多边形越延展，越大表示多边形越紧凑。

形状也许是对象的最重要的特征之一，同时或许是最难定性化描述的特征之一。在纯粹的拓扑理论中，只能得出关于面域的非常有限的描述：是否有空洞或有内部缝隙，Galton 已经证明可以利用 RCC-8（region connection calculus）空间拓扑约束关系来（粗略地）约束刚体的形状[19]。然而如果需要更精确地确定空间对象形状的差异，必须加入一些准尺度的信息。如果需要一个更详细的形状描述，需要超越拓扑，添加一些形状信息进行定性表达。空间对象形状的抽象模型如外接矩形和凸外接多边形通过在 9-交模型中计算空间对象形状的外接凸多边形与空间对象形状本身不同组成部分的拓扑关系，可以区分不同凸形状刚体的不同类型。

延伸率（elongation）和紧密度（compactness）是有效且计算复杂度较低，可用来描述空间对象形状的两个参数，其中延伸率等于最小外接矩形①（minimum bounding rectangle，MBR）的高与宽的比值：

$$\text{elongation} = \frac{\text{height}_{\text{mbr}}}{\text{width}_{\text{mbr}}} \tag{3.2}$$

紧密度等于对象面积与最小外接矩形面积比值：

$$\text{compactness} = \frac{\text{Area}_{\text{shape}}}{\text{Area}_{\text{mbr}}} \tag{3.3}$$

需要指出的是，延伸率和紧密度和最小外接矩形的选择有关，所以上述两个计算值与坐标系统的选择有关，如图 3.1 所示，由于 MBR 的选择不恰当（图 3.1(a)），可能会得出该空间对象是紧凑的错误结论，为避免此类错误，MBR+的概念应运而生，MBR+是所有可能的 MBR 中面积最小的（图 3.1(b)），这样就避免了由于坐标系统的选择不同而导致同一空间对象紧凑度不一致的结论。

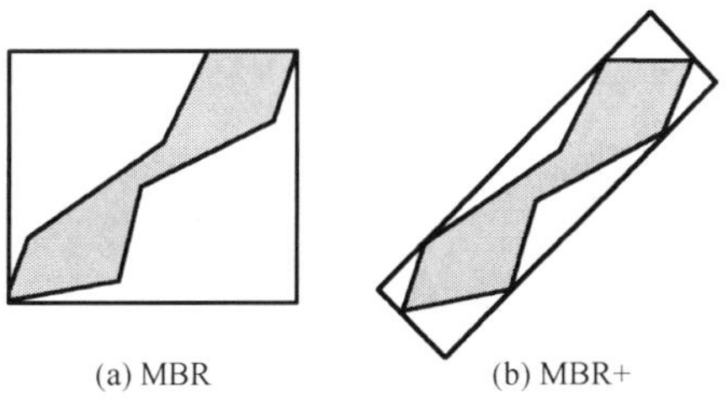

图 3.1　MBR 和 MBR+比较

大地长度 G_A 也是描述空间对象形态的一个重要参数，大地长度是面对象 A 任意点对间大地距离的最大值；而大地距离的定义为：设 x_1, x_2 为 A 中任意相异的两点，其间的大地距离为包含于 A 中的两点间通道的最短者。

---

① 此处的 MBR 就整个空间对象而言并非最小外接矩形，而是包络矩形(Rang)，但在以往文献（Guttman A. R-Tree: a dymamic index structure for spatial searching [J]. Proceeding of ACM SIGMOD, 1984）中，仅就空间数据中数据检索而言，在固定的空间坐标系统下，一般称该矩形为最小外接矩形(MBR)，本书沿用以往文献的名称。

多边形的凹凸部分面积与总面积的比值，也是定性空间对象形态描述的一个参数，如图 3.2 所示，多边形的凹面积等于所有凹顶点与两个相邻顶点组成的三角形面积之和与多边形面积的比值。

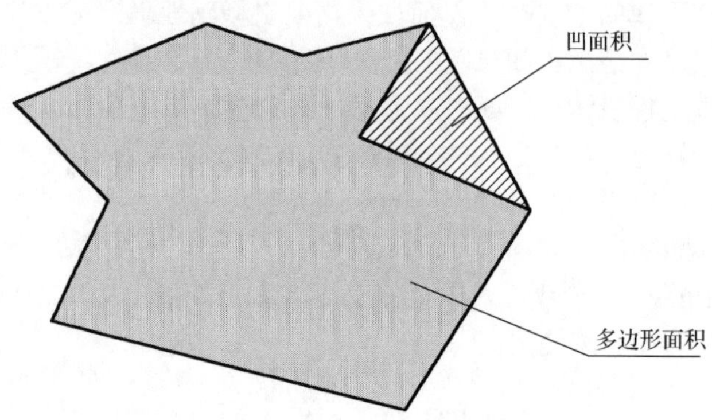

图 3.2　多边形凹面积与总面积比较

定性空间形态描述除了上述的延伸率、紧密度和大地长度，还有定性对称性。定性对称实际上是定量对称（严格对称）在定性框架下的放宽。在严格对称中（以轴对称为例），空间对象的任何部分与其对应的部分离对称轴距离相等，而在定性对称的概念中，空间对象在给定定性距离区间范围内部分与其对应的部分落在相同的定性距离区间，认为是定性对称的（图 3.3）。当然，如果改变定性空间距离的粒度，图 3.3 中对象的对称属性可能会发生改变。

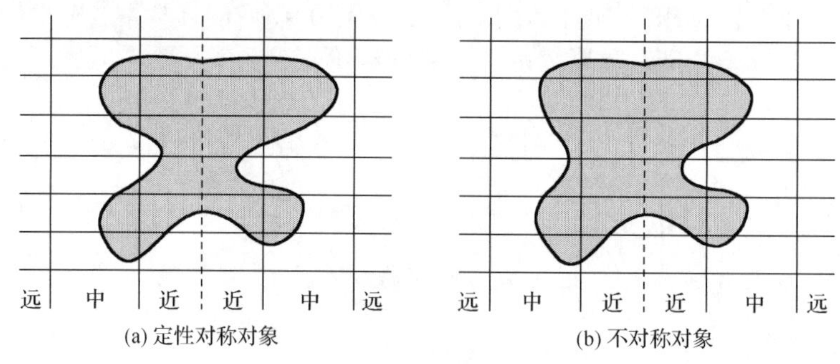

图 3.3　给定定性距离区间[4]

坡向、坡度是 3D 曲面空间形态的一个重要参数。对于复杂的面状对象，最大内切圆、最小外接圆和最小凸包是常用来对其进行概括描述的简单对象。

空间形状定性描述模型应该看做可以代表空间形状一般知识的模型，而不是要代替定量模型[4]。一个理想的空间定性形状描述模型应该至少应具备以下三个特点。

(1) 能够处理空间数据所具有的不确定性，能够在效率和正确性之间有一个平衡，因为定性形状匹配和准确形状识别一样重要。

（2）有必要得到一个能够表达空间形状的所有几何形状特点的通用框架，目前的模型都有某些局限性而不能表达所有的形状。如基于连通性和和凸形状的模型能够很好地表达拓扑和凹凸性，但不能很好地表达其他几何特性（如一个延展性的对象）。还有一些模型关注于根据定性空间形状提取空间对象的分类信息[18]。

（3）大部分目前现存的角度和距离的定性模型对相隔较远的对象有效，即对象可以近似成为点[3]。当对象间非常接近时，必须考虑对象的形状和大小。没有合适的模型是无法突破这个局限的。

文献[4]提出了一个包含“三维”（拓扑、方向和距离属性）的对象形状描述模型，其中拓扑、方向和距离属性组成形状描述模型的构型空间，定性差异根据不同等级的粒度进行结构化，有粗略的层次也有精确的层次；每个层次相对于其他层次是独立的；该框架提供了一种抽象机制以过滤个体属性而强调了全局属性从而构成定性形状描述。全局属性能够抓住对象作为一个整体的特性，局部属性是只有在靠近观察时才可观察到的较小的特性。

拓扑：表达对象连通性的基本属性，如对象是否连接成一个整体、是否有空洞。

方向：有些属性不能通过纯粹的拓扑属性进行表达，但还不需要用尺度属性进行表达（比尺度属性更直观）文献[18]和[20]对此进行了深入的研究。上述研究成果综合起来是利用投影几何学作为基础研究该属性。投影变换会使角度和长度产生变形，但会保留线是直线、曲线和多边形顶点的数量。

距离：根据 Jean Piaget 的心理测试实验，人们的空间概念不是欧氏几何（如线和角度）的基本元素，而是拓扑概念（如包含和顺序关系等）。心理测试还表明儿童在开始用眼睛观察事物时，就认识了物体之间角度等拓扑关系，而只有在他（她）懂得了距离和移动之后才认识距离。所以在人们认识空间对象，拓扑优于距离[4]。

定性空间形状的描述模型可以视具体的要求选择不同的定性空间形状描述参数。当只需对空间对象的形状进行概括性描述时可选择延伸率和紧密度，当需要对空对象进行更详细的描述时，可选择拓扑、方向和尺度进行描述，还可视应用的具体需要选择空间对象的对称性、三维对象的坡向、坡度等进行描述。

3.2.2　定性空间拓扑关系模型

空间拓扑关系是指在拓扑变换（如旋转、等比缩放等）中不变的属性，如部分重叠（overlap）、相交（touch）、包含（contain, contained by）或分离（disjoint）[21]。空间拓扑关系的研究对象一般是两个空间对象，空间拓扑关系反映了空间对象之间最基本的相互关系，吸引了众多研究者涉足其中[21-41]。

根据 Sharma 的观点，一个理想的空间拓扑关系模型定义必须满足以下两个要求：一是所定义的空间关系定义必须包含所有可能的空间分布形态，二是所有的空间形态必须对应一种且只有一种空间关系定义[42]，即独立且完备 JEPD（jointly exhaustive, pairwise disjoint）。空间拓扑定义要求定义之间具有排他性，这样空间拓扑关系定义之间只存在唯一的逻辑运算符“或”(OR)。但实际上这个要求在空间拓扑关系中不容易满足，例如，上述的 overlap/touch/contain/disjoint 关系组描述两个完全相等且完全重合的对象的空间拓扑关系就会出现不唯一性。为了满足空间拓扑关系定义的完备性和排他性，需要对拓扑空间关系进行全面系统地区分和定义。其系统分析结果就是一对空间对象 A，B 之间所有可能二元关系的最小集合。

在众多的空间拓扑关系模型中，比较有影响的是 Egenhofer 等提出的 4-、9-交模型，Randell 等提出的 RCC 模型以及 Abdelmoty 等发展的用几何理论定义任意维数和形状的空间对象间的拓扑关系的方法[43-46]，本书将重点介绍 4-、9-交模型和 RCC 模型。

1. 4-、9-交模型

4-、9-交模型（也称 4 元组、9 元组）其理论基础是点集（point-set）拓扑理论。

在欧氏拓扑空间 (X,τ) 中，设 M 是一任意子集。根据拓扑结构 τ，可将 X 的点分为三种类型。

（1）内部点，记作 M°，即所有被 X 所包含的集合的并集。

（2）外部点，记作 M^{-}，即所有不被 X 所包含的集合的交集。

（3）边界点，记作 ∂M，即所有被 X 所包含的集合的并集的补集与不被 X 所包含的补集的交集。

4-交模型用两个对象 A、B 的内部（A°）和边界（∂A）是否相交来刻画对象间的拓扑关系：

$$R(A,B)=\begin{bmatrix} A^{\circ}\cap B^{\circ} & A^{\circ}\cap\partial B \\ \partial A\cap B^{\circ} & \partial A\cap\partial B \end{bmatrix} \tag{3.4}$$

4-交模型可以看作两个空间实体点集的内部与内部的交集、内部与边界的交集、边界与内部的交集、边界与边界的交集构成的 2×2 矩阵。根据集合理论，集合有空（$\varnothing$）和非空（$\neg\varnothing$）的两种情况，所以 4-交模型可以区分出 2^4=16 种关系。排除掉现实世界不具有物理意义的情形，可得出 8 种面/面空间关系、16 种线/线可能关系、13 种线/面可能关系、3 种点/线关系、3 种点/面关系和 2 种点/点关系[47]。由于式（3.4）中对线/线、线/面两种情况，同一组取值可能会对应多种物理解释，即基于点集拓扑学的 4-交模型对线/线、线/面之间的关系描述不具备唯一性[48]。

为了将简单线/线、线/面空间实体的每一种拓扑关系描述能够对应唯一的一种物理解释。9-交模型将空间实体的“补”作为空间实体的外部引入空间关系描述框架，同空间实体的内部、边界构成简单空间实体的基本组件，三个元组两两之间的交集构成了空间关系的 9-交模型（3.5）。

$$R(A,B)=\begin{bmatrix} \partial A\cap\partial B & \partial A\cap B^{\circ} & \partial A\cap B^{-} \\ A^{\circ}\cap\partial B & A^{\circ}\cap B^{\circ} & A^{\circ}\cap B^{-} \\ A^{-}\cap\partial B & A^{-}\cap B^{\circ} & A^{-}\cap B^{-} \end{bmatrix} \tag{3.5}$$

集合有空（∅）和非空（¬∅）的两种情况，所以 9-交模型有 $2^9=512$ 种可能取值，即两个简单空间实体之间存在 512 中可能的拓扑关系，但绝大部分能区分的关系是和空间实体是“凸且连续”的前提相矛盾而没有实际意义。9-交模型中能区分且唯一的面/面拓扑关系有 8 种（图 3.4），线/面拓扑关系有 19 种，线/线拓扑关系有 33 种[48]。此外还有非简单线对象、非简单面对象之间的拓扑关系，由于超出了本书的讨论范围，不在此叙述。

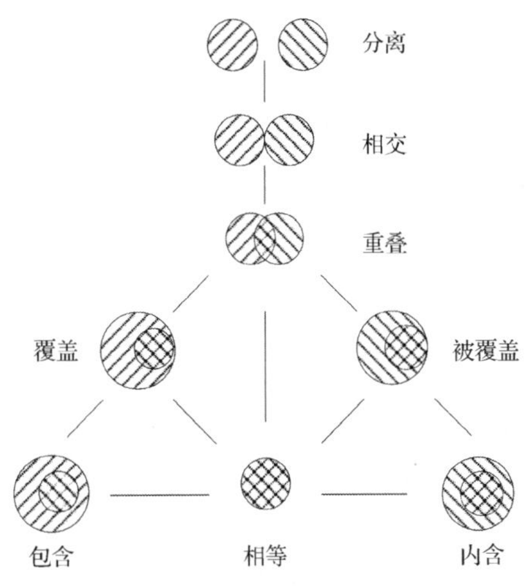

图 3.4　拓扑关系概念邻居图[49]

李成名等在分析 9-交模型存在的缺点和不足及其产生的原因（“补”的范围太大且不明确）后，提出了用空间实体的势力范围（A^V）代替原 9-交模型的“补”作为空间实体的外部，构成新的基于空间实体势力范围的空间关系描述 9-交模型（NIV），在保持原 9-交模型优点的同时，由于重叠的范围缩小，易于操作，可以描述占空间拓扑关系中绝大部分的分离关系；同时由于可以有效地处理带环、带空洞的非简单空间实体，扩大了其适用范围[48]。Chen 等还提出利用 Voronoi 区域代替原 9-交模型的外部而构建 Voronoi-based 9-intersection model（V9I），不仅在理论层面上得到了改进，还可以识别一些超越了拓扑关系的空间关系[50]，V9I 实际上是拓扑关系和尺度关系的一个混合体。杜世宏等将粗糙集（rough set）、模糊集（fuzzy set）等理论引入空间拓扑关系的描述中，通过寻求拓扑关系概念中的每个元组的隶属度，对 9-交模型进行了扩展[51-55]。Kurata 等通过对 9-交模型矩阵进行扩充使之可以描述在不同空间的任意对空间对象的拓扑关系[56]。

2. RCC 模型

RCC（region connection calculus）模型[57]是 Randall 等在 Clarke 基于连接的独立个体计算方法[58]的基础上发展起来的，RCC 模型被认为是对客观世界进行定性推理和模拟的符合客观事实的模型[42]，广泛运用在定性空间表达、定性空间推理、人工智能和机器人导航中[57,59-61]。其基本思想是每个自然空间实体都占有一定的区域，区域是一个不可再分的最小单元，而不像在点集理论中一样可以在被分为内部、边界和外部等，其理由是避免在试图将对象分解成如边界的划分（尤其在对诸如自然物体的“临近”等概念进行建模时）时导致不必要的复杂和困难。在点集理论中，当两个物体拥有若干个共同边界点，就认为是两个物体是“临近”（adjacent）的，然而在自然界，如桌子和墙也可能是“临近”的，显然桌子和墙不可能拥有任何共同的边界点，因为这两者是物理性质完全不同的实体。RCC 理论在处理这些问题比基于点集的模型更合理。

RCC 理论的核心是对两个物体相互连接的定义，RCC 理论认为：若面对象 x 和 y 共享一个点的条件成立，则两个对象是相连的，记作 $C(x, y)$。和 4-交模型类似，RCC 理论给出了 8 对独立且完备的基础关系，简称 RCC8。

在 RCC8 和 4-、9-交模型中 8 个面/面关系有一个细微但却重要的差别。基于点集理论中的 meet（图 3.4）与 RCC8 中的 EC(x, y)（图 3.5）都表示两个面对象靠近且相连的。meet 暗含着两个面至少有一个边界共同点，而 EC 则意味着空间至少存在一个点，在这个点上不能在面对象 x, y 之间插入任何面对象。这点细微的差别在基于格网的空间索引、离散空间和栅格空间中对二元拓扑关系进行建模时很有用[32,62]。EC 对应着面对象 x，y 有个临近的格网（或像素），而不必须要有共同的格网（或像素点）。

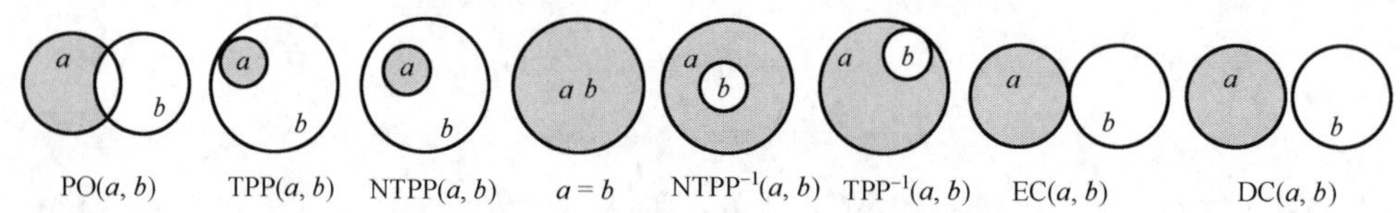

图 3.5　RCC 的 8 种基本关系[57]

3.2.3　定性方向关系描述模型

空间方向关系的研究对象是空间对象在空间中的次序关系，在现实生活中，人们经常使用诸如“前”“后”“左”“右”或“东”“南”“西”“北”等方向概念来进行空间方向语义描述，实际上这是一种空间方向关系的定性化概念[63]。面向 GIS 和空间分析的定性空间方向关系描述模型应既能反映人们对方向关系的认知，同时又能够在 GIS 系统和空间数据库中得以实现。

方向关系描述有定量与定性之分，前者基于笛卡儿坐标系，用物体的空间对象的坐标精确计算得到，是一种精确的描述方法，但这种方法与人们日常生活的认知和交流方式是不一致的；人们常使用数量较少的、预先定义好的概念描述空间方向关系，而不是精确的数字。由于空间信息固有的不确定性[64]，要完全克服数据的随机性、模糊性和不完整性而获得精确的信息是困难的，在有些情况下也是没有必要的。因此方向关系的定性表达和推理也就成了必然。当空间信息能够以定性的方式获得，人们常常使用定性空间表达和推理来理解、分析和做出有关空间环境的结论[65]。

1. 方向描述参考系

方向关系描述一个对象相对于另一个对象的位置，可以通过三个基本的概念进行定义，主对象（primary object，PO）、参考对象（reference object，RO）和参考系（frame of reference，FofR）。空间方向定义为：连接主对象和参考对象连线与参考系坐标轴之间的夹角。也有文献认为方向关系由视点（viewpoint）、主对象、参考对象三者组成[42]，这两种观点并没有本质的区别。其统一点在于：后者认为视点和参考对象共同组成参考系；前者的描述更倾向于从总体认识方向关系，常和绝对方向关系联系在一起，例如，A 在 B 的北边；后者的描述更倾向于从观察者的角度认识方向关系，一般和相对关系联系在一起，如 A 在 B 的后面。

方向参考系的选择对方向描述和推理有着重要的意义[66]。方向参考系的选择不同，方向关系的描述也不同，方向关系的参考系选择原则一般有三种[67]。

（1）使用参考对象自身的方向特性，如建筑物、汽车有前后之分，花园在房子的后面。

（2）使用外在的约定俗成的方向，如将地球子午线作为南北的基准线，重力的方向作为垂直方向。

（3）使用观察者视点方向，通常是以观察者视点与参考点之间的连线作为基准线，这种直接的方向描述方式常用在路径描述中，如你站在体育馆的门口，面向广场的旗杆，游泳馆就在你的左边。

在上述三种方向参考系的选择中，第一种和第三种都较适合较大比例尺的空间场景描述，其复杂性除了方向描述本身的复杂性还有空间认知和心理学等问题，不属于本书讨论的范畴，方向参考系的选择请参考文献[66]，本书讨论以基准方向（cardinal direction）为参考基准的方向。

2. 定性方向关系描述

定性空间方向描述的实质是在确定的方向关系系统中，对参照对象所在的空间范围进行划分，使基于这种划分所得到的方向概念与人们认知概念较为一致。目前广为接受的划分方法主要有基于投影和基于锥形的方法及其相应的变种[68]。定性方向系统的划分还取决于划分的粒度，粒度越小，划分的方向级数就越多。图 3.6 是基于投影的 4-方向系统，图 3.7 是基于锥形的方向系统，其中(a)、(b)是 4 方向系统，(c)是 8 方向系统。

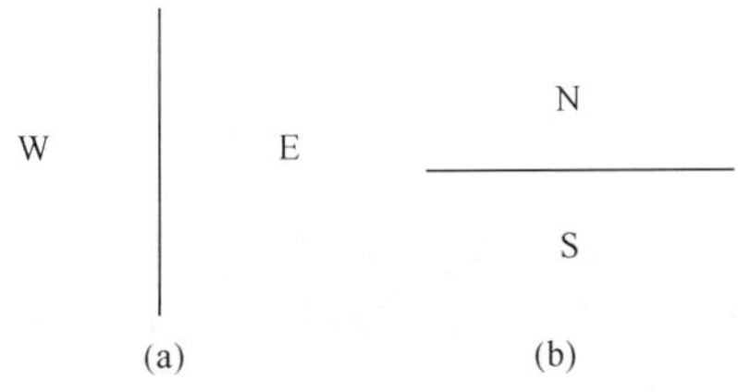

图 3.6 基于投影的 4-方向系统[68]

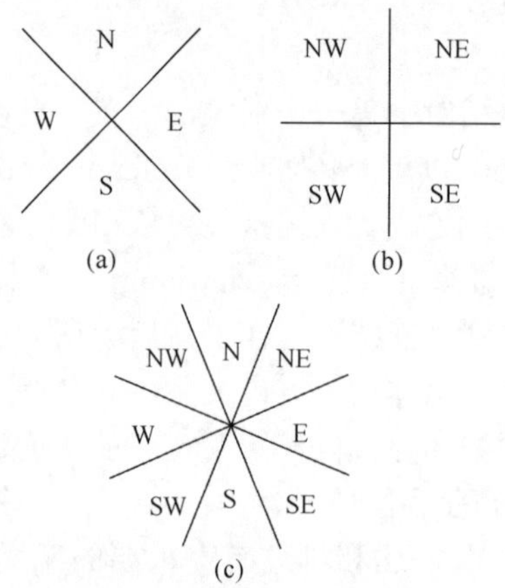

图 3.7 基于锥形的方向系统[68]

一般而言，基于锥形的方向系统忽略了参照物本身的大小和形状，基于投影的方向系统将参照物本身的大小和形状纳入考虑范围内；基于投影的方向系统可扩充性不及基于锥形的方向系统，基于锥形的方向系统可扩展性更好，一般常见的除了 4-方向系统、8-方向系统，还有 16-、32-方向系统。在计算机系统中，基于锥形的方向系统的计算复杂度高于基于投影的方向系统的计算复杂度，前者需要计算对象与参考点之间的方向线的角度值，而后者只需通过与参考对象的投影线进行坐标比较即可获得定性方向值（图 3.8）。

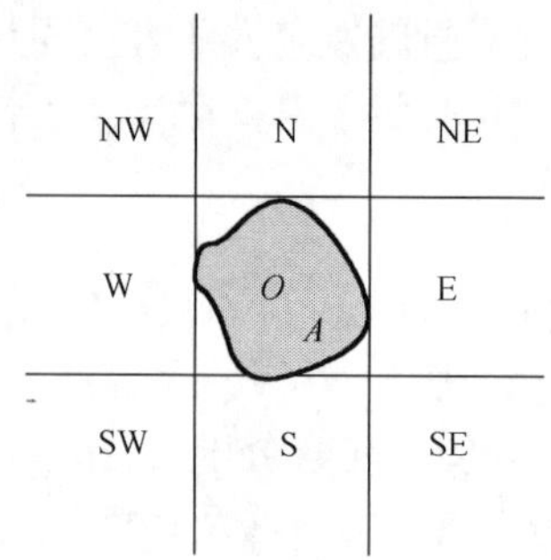

图 3.8 基于投影的 9 元组方向系统[68]

1）粗略方向矩阵

Frank 提出的 9 元组方向模型是基于投影的方向模型，除了有 N，E，S，W，NE，SE，SW 和 NW 8 个方向，还增加了一个 O 方向，用以表示主对象和参照对象在同一个投影区域（图 3.8）。通过参考方向区域与主对象的集合逻辑运算，其值域为{0, 1}（1-相交，0-不相交），可以得到一个 3×3 的方向矩阵（3.6），通过构建方向矩阵，可以在计算机中方便地进行存储和计算。

$$\operatorname{dir}(A,B)=\begin{bmatrix} A_{\mathrm{NW}}\cap B & A_{\mathrm{N}}\cap B & A_{\mathrm{NE}}\cap B \\ A_{\mathrm{W}}\cap B & A_{O}\cap B & A_{\mathrm{E}}\cap B \\ A_{\mathrm{SW}}\cap B & A_{\mathrm{S}}\cap B & A_{\mathrm{SE}}\cap B \end{bmatrix} \tag{3.6}$$

2）详细方向矩阵

粗略方向矩阵忽略了主对象不同部分分布比重不同对方向矩阵的影响，图 3.9 中 B 与 B'虽然明显地属于不同的方向区间，但其粗略方向矩阵都是$\begin{bmatrix} 0 & 1 & 1 \\ 0 & 0 & 0 \\ 0 & 0 & 0 \end{bmatrix}$，这不符合人们的日常描述习惯。为了弥补这一缺陷，Goyal 对粗略方向矩阵进行修正和扩充，用主对象与方向矩阵划分区域交集的面积与主对象面积的比值代替原来矩阵中集合的逻辑运算值，构建新的方向关系矩阵（3.7），为了区别 Frank 提出的粗略方向关系矩阵，把新的方向关系矩阵称为详细方向关系矩阵，详细方向关系矩阵各元素的值域为[0, 1]，所有元素值的和为 1。图 3.9 中 B 与 B'的详细方向矩阵分别是$\begin{bmatrix} 0 & 0.15 & 0.85 \\ 0 & 0 & 0 \\ 0 & 0 & 0 \end{bmatrix}$和$\begin{bmatrix} 0 & 0.95 & 0.5 \\ 0 & 0 & 0 \\ 0 & 0 & 0 \end{bmatrix}$，这样的描述不仅把这种粗略方向矩阵无法有效区分的情况进行了区分，并且较符合人们描述的习惯，描述能力有所增强[69,70]。但这种方法仍存在描述能力的局限性，即在同一个方向区域里，不管目标对象所占空间范围和位置有多大的差异，它们仍然是相同的方向关系；而在不同的方向区域里，不管目标对象在空间范围和位置上有多相近，它们的差异性却是一致。

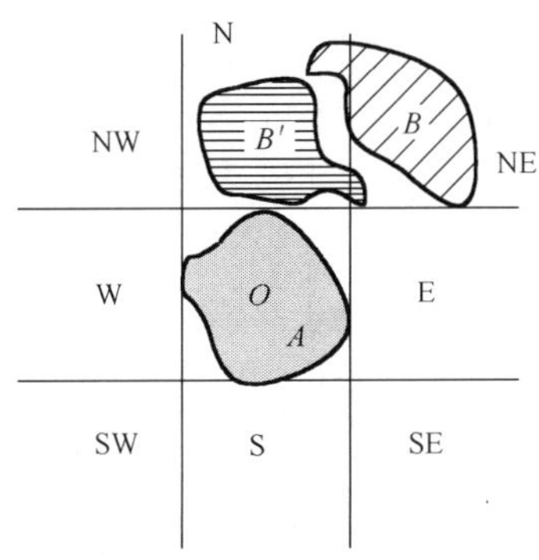

图 3.9　粗略方向矩阵不能区分 B 和 B'相对于 A 的方向关系

$$\mathrm{dir}(A,B)=\begin{bmatrix}\dfrac{\mathrm{area}(A_{\mathrm{NW}}\cap B)}{\mathrm{area}(B)} & \dfrac{\mathrm{area}(A_{\mathrm{N}}\cap B)}{\mathrm{area}(B)} & \dfrac{\mathrm{area}(A_{\mathrm{NE}}\cap B)}{\mathrm{area}(B)}\\ \dfrac{\mathrm{area}(A_{\mathrm{W}}\cap B)}{\mathrm{area}(B)} & \dfrac{\mathrm{area}(A_{O}\cap B)}{\mathrm{area}(B)} & \dfrac{\mathrm{area}(A_{\mathrm{E}}\cap B)}{\mathrm{area}(B)}\\ \dfrac{\mathrm{area}(A_{\mathrm{SW}}\cap B)}{\mathrm{area}(B)} & \dfrac{\mathrm{area}(A_{\mathrm{S}}\cap B)}{\mathrm{area}(B)} & \dfrac{\mathrm{area}(A_{\mathrm{SE}}\cap B)}{\mathrm{area}(B)}\end{bmatrix} \tag{3.7}$$

3）深度方向矩阵

上述两种方向矩阵对面对象的方向关系描述比较有效，但扩展到任意点、线和面对象对时，不能有效地识别一些方向关系（如点、线在参考对象 MBR 及其延长线时），为此 Goyal 等发展了深度方向关系矩阵[71]。深度方向矩阵将参考对象的几何类型和目标对象的几何类型纳入考虑范围，增加了“边界”的概念，将 3×3 方向矩阵扩展到 5×5，（也可以将各边界线的交点纳入考虑，将方向矩阵扩展到 7×7，）为了简化其计算和存储，Goyal 用一个 9bit 的“邻居编码”（neighboring code）来记录方向区域与对象的相交边界情况（图 3.10）。

x_8	x_7	x_6	x_5	x_4	x_3	x_2	x_1	x_0
TL	T	TR	R	BR	B	BL	L	DP
256	128	64	32	16	8	4	2	1

图 3.10　深度方向矩阵 9 字节邻居编码[71]

扩大方向矩阵描述的细节可以增加方向矩阵的表达能力，但同时也会为后续的计算增加存储和计算的复杂度。本书认为，定性空间表达不是对定量空间表达的替代，而是空间表达在一种更粗略层次上的补充，过于复杂的定性表达模型会增加计算机存储的数据量和计算的复杂度，反而失去了定性空间表达本身的优势。

4）三角形方向模型

三角形方向模型以参考对象中心为顶点朝向目标对象的三角形区域作为定性角度的分区（图 3.11(a)），这个模型具有较好的知觉显著度[72]。当两个物体之间的距离相对于物体的大小较接近时，三角形的顶点就向后移动，使三角形的两条边和参照物的上顶点和下顶点吻合（图 3.11(b)）。这个模型比较适合对象之间没有重叠和缠结的情况。

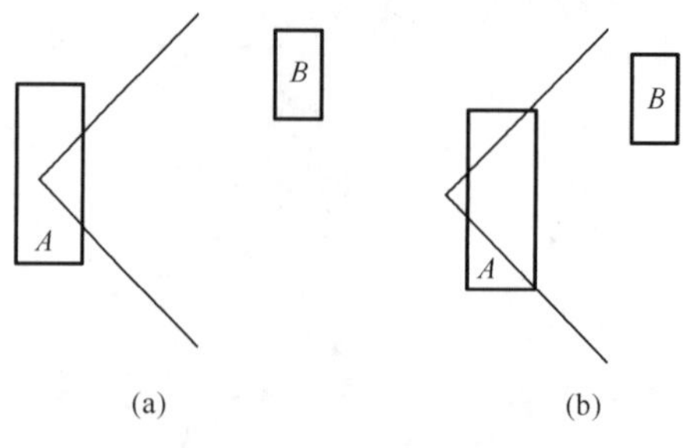

图 3.11　方向三角形模型[72]

2DString 模型是一种基于坐标轴投影的方向模型，基本思路是将对象分别投影到 x 轴和 y 轴，这样就可以用两个字符串（string）表达投影物体的相对位置[73]，2DString 实际上并没有表达空间方向关系，只是表达了空间对象的一种顺序关系，最初是针对图像数据检索而设计的[74]。

5）基于 Voronoi 的空间方向关系描述模型

基于 Voronoi 的方向关系描述模型是三角形方向模型在 Voronoi 空间模型上的扩展，空间实体 A 和 B 之间的方向关系可以利用空间实体的最小矩形边和 Voronoi 多边形的边界线构成的 5×5 矩阵形式化描述表达式(3.8)，其中 NE_B 表示实体 B 的北-东线，B_A 表示空间实体 A 的最小矩形的边，其余类似[75,76]。

$$\mathrm{dir}(A,B)=\begin{bmatrix} \mathrm{NE}_A\cap\mathrm{NE}_B & \mathrm{NE}_A\cap\mathrm{NW}_B & \mathrm{NE}_A\cap\mathrm{SE}_B & \mathrm{NE}_A\cap\mathrm{SW}_B & \mathrm{NE}_A\cap B_B \\ \mathrm{NW}_A\cap\mathrm{NE}_B & \mathrm{NW}_A\cap\mathrm{NW}_B & \mathrm{NW}_A\cap\mathrm{SE}_B & \mathrm{NW}_A\cap\mathrm{SW}_B & \mathrm{NW}_A\cap B_B \\ \mathrm{SE}_A\cap\mathrm{NE}_B & \mathrm{SE}_A\cap\mathrm{NW}_B & \mathrm{SE}_A\cap\mathrm{SE}_B & \mathrm{SE}_A\cap\mathrm{SW}_B & \mathrm{SE}_A\cap B_B \\ \mathrm{SW}_A\cap\mathrm{NE}_B & \mathrm{SW}_A\cap\mathrm{NW}_B & \mathrm{SW}_A\cap\mathrm{SE}_B & \mathrm{SW}_A\cap\mathrm{SW}_B & \mathrm{SW}_A\cap B_B \\ B_A\cap\mathrm{NE}_B & B_A\cap\mathrm{NW}_B & B_A\cap\mathrm{SE}_B & B_A\cap\mathrm{SW}_B & B_A\cap B_B \end{bmatrix} \quad (3.8)$$

6）CYCORD 模型

CYCORD（cyclic order of directions）理论模型[18,77-83]实际上表达的是对象之间的方向顺序关系。在一个二维平面中，以参考点作为圆心，属于同一个平面的三个主对象点 X, Y, Z 与参考点 P 之间的连线 Px, Py, Pz 用来代表相应的主对象点的方向（也可将 X, Y, Z 扩展为三条没有长度的射线），X-Y-Z 表示连线 Px, Py, Pz 是从 $Px\rightarrow Py\rightarrow Pz$ 按顺时针方向进行排列的。CYCORD 模型满足 5 个特性：自反性、不对称性、传递性、闭合性和旋转性。CYCORD 以其简洁的表现形式在定性空间表达、定性空间推理、机器人导航等应用中得到了广泛的应用。

定性空间方向关系表达也具有多层次的特性。尺度不同，空间方向关系的表达也不同，这就要求地理信息系统在对方向的解读和处理中需要有多层次的能力。

3.2.4 定性距离描述模型

距离的空间表达可以分为两种：一种是在“绝对”尺度上对距离进行量化和表达；另一种提供一些相对的度量，表达是相对于某个“刻度”的接近程度。定性推理的研究者常用一个带数量等级的算子来表达空间距离 $X(>, d)Y$，表示 X 比 Y 大 d 的距离[84]。

和方向关系表达一样，定性距离关系也需要一个三元组来表达:主对象、参考对象和参考框架，两点之间的距离表示为

$$d_{AB}=d(A,B) \quad (3.9)$$

在定性空间推理研究领域，最早的定性距离关系的相对表达是 CanConnect(x, y, z)，用来通过表示简单的变换（没有缩放、旋转或形状的改变）对象之间的连通关系

来定义距离关系，而从这个原理中可以很容易地定义距离相等、较近和较远等。这个原理还可以定义一个简单的关于区域大小的尺度：如果一个区域 A 可以连接到另一个不同的区域 C，而另一个区域 B 不能，则区域 A 与 C 的接近程度大于 B 与 C 的接近程度。另一种确定两对象的距离相对大小在于是否能够通过简单转换（假设形状和大小不变）和拓扑变换而使一个对象 A 转换为另一个对象 B 的一部分，如果这个转换是存在的，那么对象 A 就小于另一个对象 B。

定性空间距离有粒度层次的概念，在不同的粒度空间中，定性距离有不同的等级划分。如图 3.12 所示，平面空间在不同的距离粒度上被分别划分为不同的层次。

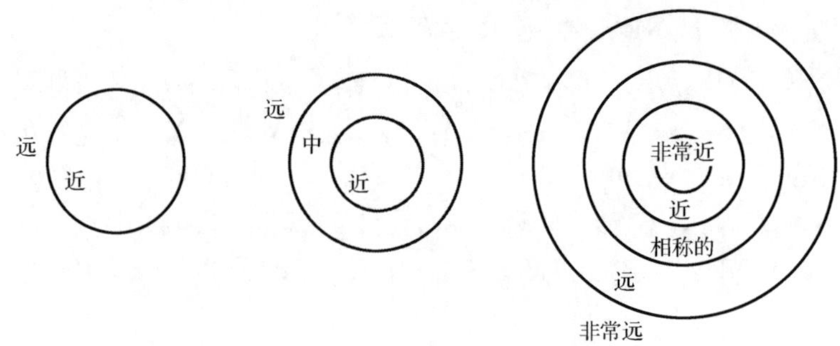

图 3.12　不同层次的定性距离表达[3]

一般而言，在给定的粒度等级，参考对象周围的空间根据一组由小到大的距离值被划分为若干个区域块（式（3.10））。

$$Q=\{q_0,q_1,q_2,\cdots,q_n\},\quad q_0<q_1<q_2\cdots<q_n \tag{3.10}$$

距离关系系统（distance relations systems）一般由两个部分组成：一是一系列的距离关系（distance relations），二是描述距离关系之间相互关系的结构关系（structure relations）。

定性距离约束条件的划分一般有三种（图 3.13）：一是单调递增距离区间（式（3.11）），即每一个区间都大于等于其前一个区间；二是任一区间大于其之前的所有区间之和（式（3.12））；三是当前区间远远大于前区间（式（3.13））。

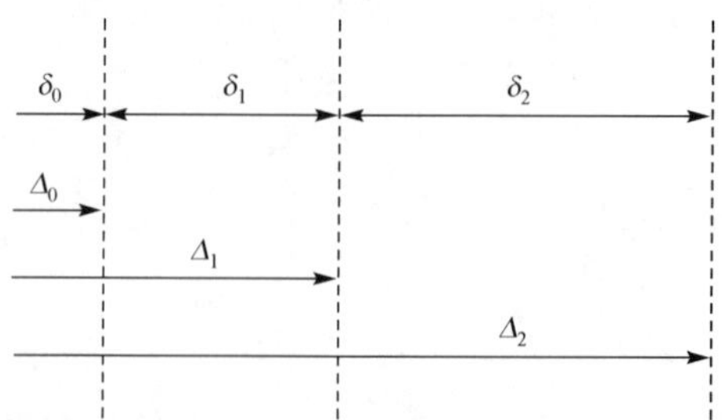

图 3.13　距离范围与从原点起算的距离[3]

$$\delta_0 \leqslant \delta_1 \leqslant \delta_2 \leqslant \cdots \leqslant \delta_n \tag{3.11}$$

$$\Delta_i \geqslant \Delta_{i-1}, \quad \forall i > 0 \tag{3.12}$$

$$\delta_j \pm \delta_i \simeq \delta_j \tag{3.13}$$

在定性空间距离表达中，在不同的尺度或语境环境下，定性距离关系（如“附近”）有不同的含义。更重要的是，在某些场景或空间中，距离表现出“非数学”的特性，例如，距离可能不是“对称”的，由于飞行航线、道路规划与建设等原因，*A* 地到 *B* 地距离并不等于 *B* 地到 *A* 地的距离；在某些情况下两点之间的最短距离不一定是直线（由于在此路线中可能有湖泊或建筑物阻隔，有的还可能是由于政治界限的阻隔）。人们对空间距离的概念与文化和经验等有关，*A* 地离 *B* 地“近”不仅取决于它们之间的绝对距离，还与它们的相对大小、形状以及对象的位置、描述的参考系、交通方式等有关[85]。换而言之，距离概念是和语境相关的。有些定量的研究方法试图通过降低所有距离信息到一个绝对的尺度空间而避免语境相关。但这个方法不总是有效，语境是一个不能轻易忽视的重要因素。文献[3]通过使用参考系来获取语境信息而定性化空间距离关系。

在自然语言的空间关系表达中，距离的描述可能需要跨越多个不同的参考系。理想情况下，是将所有不同的参考系转换到一个统一的参考系中，但正如前面所述，不同的距离参考系对应不同的尺度或粒度，将对应不同尺度或空间粒度的参考系转换为一个绝对的参考系实际上是很困难的[3]。有学者提出通过咬合法则（articulation rules）来对两个特定的参考系进行比较[3]。参考系比较信息主要包括参考系重要性的排序，这些信息是显式地保存在知识库中的。但咬合法则机制还需要进一步的研究，以导航系统为例，在单一道路层次（小尺度环境）、城市层次（城市尺度）、区域层次（地理尺度）上，需要不同尺度和不同粒度的信息，将不同尺度和不同粒度的信息咬合在一起在理论上是有缺陷的，在实践中也是困难的。

空间距离模型必须具有以下特点：在不同层次的粒度上具有灵活可变的距离分辨度，具有能够处理不确定性的内在能力，还应具有相应推理机制。当前空间距离描述模型的缺陷（或需改进的地方）有以下几个方面。

（1）距离是位置信息的一个要素，另一个要素是方向，需要将距离和角度合并起来处理，将两者约束在一个模型中，并确实能够简化推理过程。

（2）模型只考虑各向同性的情况，还需要研究更通用的与认知距离概念相对应的而不需要先验约束条件的实例。

（3）忽略了延伸对象的情况，空间对象的延伸部分，也对空间距离概念有着影响。考虑空间扩展性的空间距离描述一般可分三种情况：一是如果空间距离的描述可以忽略空间对象的延展性，则空间对象可抽象为一个点；二是如果空间对象延伸部分的方向和距离参考系的方向在同一方向，则物体之间的距离是计算物体之间的边界距离；三是如果两个对象相交，将计算两个对象中心点的距离。

空间距离和空间方向的定义紧密相连，如距离常常不能相加，除非它们在同一个方向；点和面之间的距离因方向的不同而不同。正因为此，有大量的实际应用和算法都是基于结合距离和方向信息的原理的。其中一个最简单的例子就是将方向表达为罗盘上的刻度，以刻度盘上简单的距离尺度（远、近）来表达方向。Liu 详细地定义了定性距离、定性方向角度的语义和一个定性三角法的表达方法，提出了用一个符合表来提供结合定性距离和定性方向的算子，并运用模拟退火算法（simulated annealing algorithms）[86]计算定性距离的可视化方法[87]。

3.2.5　定性空间表达的含糊性、不确定性和粒度特征

含糊性、不确定性和粒度性这些信息特性几乎贯穿知识表达的任何领域。含糊性和不确定性在某些应用领域是特有的，如不确定的多边形边界。空间知识的表达在某些应用中只需要概略的描述就足够了，而在另一些应用中可能需要尽可能精确的描述，因此空间表达的粒度性问题就随之而产生。

空间概念的含糊性与空间对象位置及其占有区域的含糊性是有所区别的，空间概念的含糊性不仅要考虑空间位置的含糊性，也要考虑空间关系的含糊性。尽管关于是否存在着含糊对象仍有许多哲学上的争论，但目前还没有建立正式的关于处理含糊性的理论。

定性空间表达的不确定性的研究和处理相对较多。RCC 理论的扩展和 9-交模型在不确定性的扩展上采取了相似的方法。RCC 模型将原来的刚性面对象进行了模糊扩展，并且比较了两个面对象的刚性程度。Cohn 等通过这个模型定义 RCC 关系的变种，即 egg-folk 模型[88,89]，本质上，它将面对象建模成一对不确定的边界，蛋黄代表不确定边界的最小边界，而蛋清代表最大外边界，egg-folk 模型有 252 个 JEPD，可分为 40 个组。9-交模型的扩展和 egg-folk 模型很相似，但在空间关系的粒度上不及 egg-folk 模型，9-交模型假设了 44 个 JEPD 关系，可分为 18 个组，但需通过复杂的计算才能获得[90]。空间位置的不确定性也给定性空间表达带来了不确定性。空间对象准确、部分准确、粗略的位置构成了客观现实世界对空间对象位置的观察和度量产生了粗略位置的知识，一个模糊定义的对象 O 其坐标由三个同轴的面（粗略、部分准确的和精确）组成[11,59]。

定性空间表达的粒度特性不仅源于空间数据本身具有的粒度特征，还源于定性空间表达对连续客观世界认识的概化程度，不同的概化程度产生定性空间表达粒度特征。

3.2.6　定性空间表达的多尺度和多层次特性

尺度是客体在容器中规模相对大小的描述。尺度在不同的环境和学科背景下有着不同的含义，空间数据处理中的尺度可以理解为：抽象程度（或研究对象的相对大小），距离的比率（或表达对象与实际对象本身之间的比例）[13]。尺度是空间数据的重要特征，是指表达数据的空间位置、大小、形状、方位、关系、时间的相对长短、质量的

相对高低。空间尺度是指空间数据表达空间范围的大小层次。空间尺度包括比例尺（scale）、分辨率（resolution）和详细程度（detail）。尺度是地理空间数据处理过程中一个非常重要的因子，尺度问题是地理信息科学中最重要的基本问题之一，但至今尚未很好地解决[91,92]。

分层的思想在信息学、控制论和管理学等学科领域早已广为应用。人类在解决复杂问题时，由于受获取手段、处理能力的局限等原因通常不是一次性地考虑问题的全部细节，而是将问题进行分解和简化，忽略其中的部分细节，然后从较抽象的层次开始，一层层地深入到其中的细节。这种由粗到细、从全局到局部的解决问题的方法，通称为分层方法[93]。采取分层的原因在于在解决一个具体问题采取分层的结构可以提高效率。人类的推理是以一种有序的方式对思维对象进行各种层次的抽象，以便使自己既能看清楚细节，又不被枝节问题干扰。正如 Miller 所言：在超过了一定的详细程度，一个人看到的东西越多，他对所看东西能表示的和得到的知识就越少[91]。

空间关系隐含着尺度的变化和数量级上的差异，空间关系语义表达具有层次性。空间关系的表达存在多尺度表示的问题[94]。拓扑、方向、距离三类空间关系之间并不完全独立的，它们之间存在一定的联系。空间距离关系表达了空间数据间的一种约束最为强烈的空间关系，方向关系次之，拓扑关系最弱，它体现了不同空间关系之间的一种层次关系。表面上看，拓扑关系独立于任何定量测度，因而是空间关系中较为稳定的关系。但实际上，满足某种拓扑关系的目标之间更进一步的细化需要其他类型的空间关系（如方向和距离关系），以 9-交模型为例：9-交模型显示作为空间关系的正确、完整特征的同时，数学上本身是无法证明这种区分是否有意义，是否遗漏了有意义的划分[95]。众多学者对 9-交模型的细化，细化到什么程度、如何衡量空间表达的细致程度，实际上是不同层次表达空间关系引起的争论，在不确定空间关系表达的尺度和层次前提下，空间关系的表达就缺乏统一的衡量标准。另外，就同一对客观世界的地理对象而言，不同的尺度下，两者的拓扑关系也可能不同，以图 3.14 为例，在图(a)中由于地图的比例尺大，水库 A 与水库 B 中间有一条小路，A 与 B 的拓扑关系 $R_{top}(A, B)$= disjoint，而在较小比例尺的图(b)中，A'与 B'的拓扑关系 $R_{top}(A', B')$=meet。

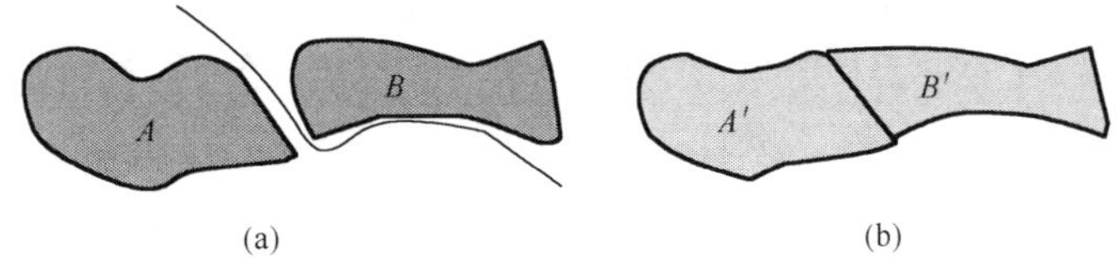

图 3.14　相同的两个水库在不同的尺度下有不同的拓扑关系

在定量空间方向关系表达中，方向关系是不随尺度的改变而改变的，在定性方向关系中，尤其在自然语言的方向表达中，尺度是一个很重要的概念，它直接影响方向关系的表达，例如，在一定尺度范围内，可以表述 dir(‘武汉’，‘北京’)=NE，在较大尺度上，可以表述为 dir(‘武汉’，‘北京’)=N。

定性空间距离表达的尺度特征比定性拓扑关系和定性方向关系表现得更明显。空间尺度直接影响定性空间距离表达的分级，从而影响定性空间距离的表达。在城市一级的中观尺度上，dist(‘武汉’，‘北京’)=“远”，在全球一级的宏观尺度上看 dist(‘武汉’，‘北京’)=“近”，而如果在宇观的尺度上看 dist(‘武汉’，‘北京’)=“非常近”。

在地理空间分析中，用户的空间分析的请求并不显式地表达空间关系的粒度，也不显式地表达地理空间对象在数据库的几何类型（点、线、面），如在查询语句“请找出昆明以北的所有云南省的县级市”中，并没有指明“昆明”在地理信息数据库中的存储形式（点、面），这在客观上要求地理信息系统在对空间对象表达、空间关系的解读中具有多尺度、多层次的能力。近年来有研究开始关注空间关系的多层次模型的表达计算[96-99]。

3.2.7 现有定性空间表达模型存在的不足

尽管有许多关于定性空间表达的文献，但在定性空间表达中仍然有许多问题需要解决。不是所有的算法模型都由它的提出者给出了一个正式的语义；就算有些模型给出了语义，但该语义是否就是最好或最简单的语义仍存在疑义；定性空间表达必须具有认知的有效性，一般的空间推理模型都声称与人类认知和推理是相似的，但缺乏足够的以观察或实验为依据的检验。

定性空间信息表达和定量空间信息表达是对空间信息在不同认知层次的表达，定性表达和定量表达应该是融为一体，至少是一致的，如何使定性空间信息表达与定量空间信息表达融为一体，重点在于如何保持定性空间信息表达和定量空间信息表达的一致性和连贯性，并设立有效的机制对其进行检查。空间数据处理的定性方法的基本目的是提高地理信息系统在缺乏完整信息时处理问题的能力，当来自不同来源或方法（一种是通过推理得到，另一种是根据定量信息通过计算得到的）的定性化信息相矛盾或有轻微差异时，问题就来了。其不一致的来源和原因包括：①与定量信息相比，定性信息分辨率较低、精度较差；②定性信息也存在不准确性和误差（如对象的位置信息）；③地理信息系统中空间关系在信息使用时和信息采集时所使用的空间关系模型不匹配。

第一种不一致性的来源（低分辨率的信息）可以导致通过推理和通过计算得到的空间关系信息不一致，原因在于推理方法可以产生系列的可能性，而计算只能产生一个结果。解决这个冲突的方法很简单，就是把计算结果作为推理结果的一个子集。

在第二种情况：计算结果不总是推理结果的一个子集，特别是如果用来计算的定量信息接近“刻度”（即在某个范围界限的边缘）时，这种定量信息在定性空间关系中就显得非常重要了。设定性距离定义为

$$qd = \begin{cases} \text{near}, & d \in [0,100) \\ \text{far}, & d \in [100,1000) \\ \text{very far}, & d \in [1000,10000) \end{cases} \tag{3.14}$$

假设 A、B 和 C 在同一条直线上，且

$$\begin{cases} d(A,B) \simeq 0 \\ d(B,C) \simeq 100^- \end{cases} \tag{3.15}$$

则通过定性推理，$qd(A, C)$是落在“near”的范围内；而通过计算，由于计算误差的原因，$qd(A, C)$是落在“far”范围内。

第三种情况的不一致，来自于心理模型层面，相对比较难解决。例如，地理信息系统使用投影模型（projection-based）方向模型定义定性方向关系，而地理信息系统用户却把方向看作圆锥体系（cone-shaped）。这种不一致在两种模型（推理模型、计算模型）中都可能出现。由于系统得出的结论和用户期待的结果有差异，用户很容易怀疑系统的可靠性。这个问题目前还没有很严密的解决方案[42]，通过针对不同人群进行空间认知测试而得出不同的人群有着相互相同而与其他群体不同的认知模型可能是一种行之有效的方法。

目前的定性空间表达模型应用于相似性的比较时计算复杂度高，以方向关系矩阵为例，两个方向关系矩阵转换的求解过程相当复杂，目前只能采取简化方法，但这种方法离计算机实现和达到业务化处理的程度还有一定的差距。

目前的定性空间表达模型主要关注于定性空间关系模型，对定性空间专题、定性空间形态的研究较少，而这两类定性表达在定性空间表达中也很重要。

目前的定性表达模型不是面向自然语言的，仅仅是对定量表达模型在定性模型上的离散化。目前的定性表达模型与自然语言查询语句的映射关系缺乏认知测试的认可，以“查找昆明以北县级市”这一查询为例，有人认为“北”是昆明方向矩阵中的“north”区，另外的人也许认为是“north”“northwest”“northeast”的并集。

定性空间关系的计算复杂度较高，且三种空间关系缺乏统一的定义和计算模型。空间拓扑关系、空间方向关系和空间距离关系是定性空间关系最重要的也是应用最广的三种关系，目前的定性空间关系模型对这三种空间关系的计算复杂度都比较高，需要进行较复杂的和重复量较大的运算。三种空间关系的定义没有一个统一的框架，不仅给计算和存储带来了一定的困难，还给空间关系之间的融合带来困难。

3.3　基于格网的多层次定性空间表达计算模型（GHQ）

在面向自然语言的空间描述中，包含空间专题的描述、空间对象形状等特征的描述和空间对象之间空间关系的描述。同一个空间描述语句既有对空间场景的定性描述也有对空间场景的定量描述；同时，在一个描述语句中，并不限定在单一尺度空间中，同一语句可能是多种尺度混合的；各种空间关系的表达不是孤立的，而是相互限制或相互印证的，拓扑关系和方向关系相混合，拓扑关系与距离关系相结合方向关系和距离关系相结合等。

本书在研究前述定性空间表达模型的基础上，提出了基于格网的多层次定性空间

表达计算模型（grid-based hierarchical qualitative spatial representation and calculation model，GHQ），在这个模型中，将面向自然语言的空间专题定性表达、空间形状定性表达、空间关系定性表达置于一个统一的基于格网的多层次表达框架下，利用有利于计算存储、检索的计算格网索引技术，建立定性空间表达和计算的模型，将空间对象的定性空间表达转换为通过空间对象所占格网的表达，并利用该模型对空间场景的相似性进行计算和比较。

3.3.1　GHQ 定性空间表达框架

1. GHQ 建模

格网法是空间数据空间索引方法的一种，格网法将研究区按照一定的规则划分为大小相等或不相等的格网，记录每个格网内所包含的空间实体，所有的空间格网实际上是构成一个记录空间数据的矩阵，为了将空间格网进行有效地存储和检索，一般可以将二维的格网进行线性编码[100-102]。线性编码的实质是将二维的编码通过一定的编码规则进行排序或记录的方法，图 3.15 列举了几种常见的格网编码方法，其中 Morton 编码和 Peano-Hilbert 编码因其局部图形和全局图形的相似性是应用较广的两种编码方式。本书为表述方便，采用格网的行号（Grid_Y）和列号（Grid_X）对格网进行记录，不对其进行线性编码。

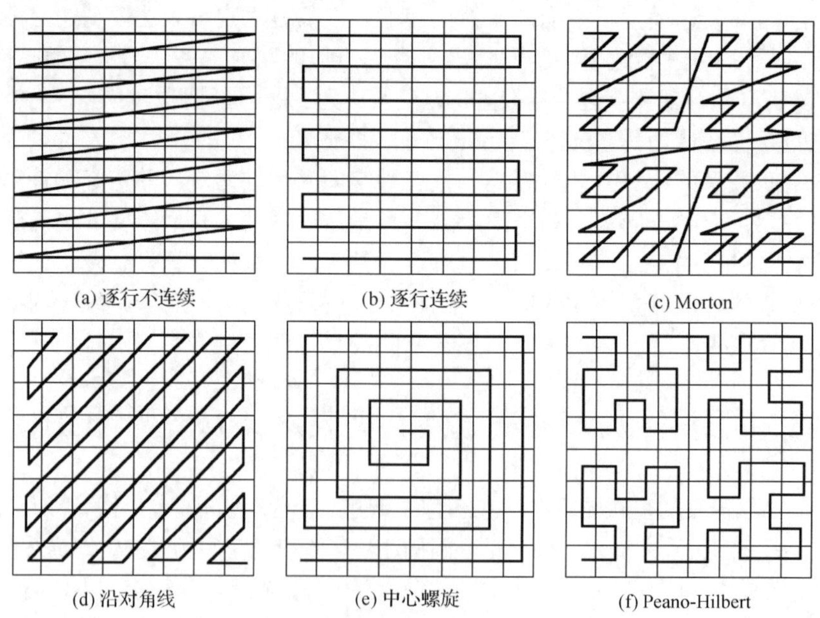

(a) 逐行不连续　(b) 逐行连续　(c) Morton

(d) 沿对角线　(e) 中心螺旋　(f) Peano-Hilbert

图 3.15　几种格网线性编码的方法[102]

在对研究区域进行格网编码后，研究区域被分割成若干个由 Grid_X 和 Grid_Y 标识的格网(Grid),由 Grid_X 和 Grid_Y 也可以反推出该格网所占空间位置的坐标范围;根据建立的格网对研究区域的空间对象进行索引，只记录该空间对象的对象编号 ObjectID、图层 FeatureClass 名称和对象名称，由此可建立研究区域（图 3.16）的对象-格网索引表（表 3.1）。

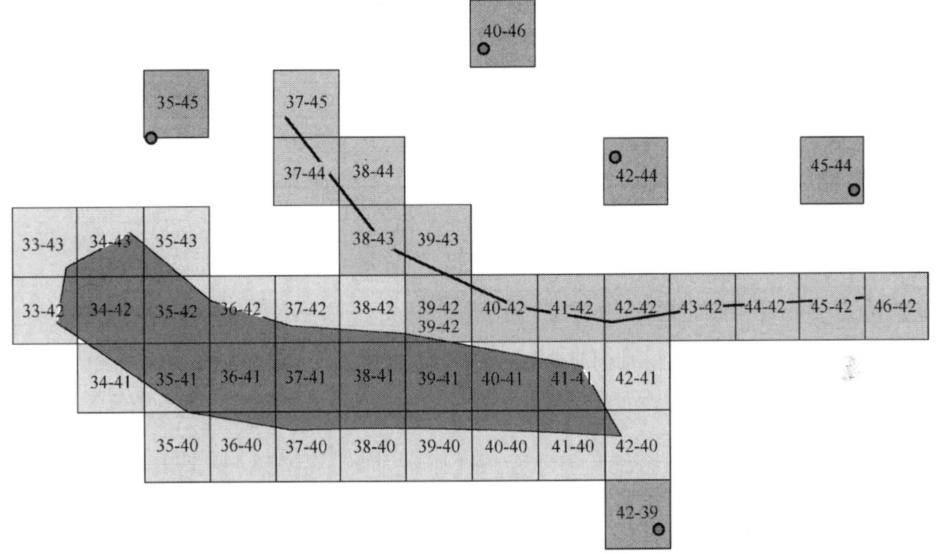

图 3.16　点、线、面对象在格网条件下的索引

对象-格网索引表（表 3.1）记录了每个空间对象（点、线或面）在格网中的索引号，这样就建立了空间对象与格网之间的映射关系，即通过空间对象的 ID 号在对象-格网索引表中检索到该空间对象在空间中所占的格网或格网集合;如果对对象-格网索引表（表 3.1）根据 Grid_X 和 Grid_Y 进行再排序，派生出格网-对象表，就可以得到空间格网与空间对象的映射关系，即通过空间格网的索引号可以检索到落在（包含、相交)该格网的空间对象。例如,我们可以得到在图 3.16 中落在格网 39-42(Grid_X=39,Grid_Y=42，下同）有 ObjectID=4 的 G323 的道路（FeatureClass）和 ObjectID=6 的名为小梅子水库的湖泊（FeatureClass）。

表 3.1　对象-格网索引表

对象编号	对象类别	描述信息	Grid_X	Grid_Y
点对象				
1	居民地	XX 镇	35	45
3	育苗点	NULL	40	46
4	农业管理站	XX 农业管理站	42	39
5	居民点	小哨	42	44
6	水窖	532401-SJ10234	45	44
…				

续表

对象编号	对象类别	描述信息	Grid_X	Grid_Y
		线对象		
4	道路	G323	37	44
4	道路	G323	37	45
4	道路	G323	38	43
4	道路	G323	38	44
4	道路	G323	39	42
4	道路	G323	39	43
4	道路	G323	40	42
4	道路	G323	41	42
4	道路	G323	42	42
4	道路	G323	43	42
4	道路	G323	44	42
4	道路	G323	45	42
4	道路	G323	46	42
…				
		面对象		
6	湖泊	小梅子水库	33	42
6	湖泊	小梅子水库	33	43
6	湖泊	小梅子水库	34	41
6	湖泊	小梅子水库	34	42
6	湖泊	小梅子水库	34	43
6	湖泊	小梅子水库	35	40
6	湖泊	小梅子水库	35	41
6	湖泊	小梅子水库	35	42
6	湖泊	小梅子水库	35	43
6	湖泊	小梅子水库	36	40
6	湖泊	小梅子水库	36	41
6	湖泊	小梅子水库	36	42
6	湖泊	小梅子水库	37	40
…				

2. 格网大小的确定

在基于格网的空间索引中，格网大小的确定是一个比较困难的问题，格网尺寸越大，格网数越少、存储量越小，但空间对象的细节被概化，不能反映相应的对象细节，空间索引的效率降低（因为还需在同一个格网中对多个空间对象进行再索引）；格网越小，空间对象的细节描述得越细致，但同时格网数的增加会带来计算的存储量增大，检索效率降低等负面影响。在定性空间表达中，人们对空间的表达和认知是分层次的，多层次的空间表达符合人们对空间的定性表达和认知习惯。

空间格网大小的确定要充分考虑格网的划分与地理空间数据的表达尺度和人们空间认知习惯的一致，一般有两种确定最低层级格网大小的参考方法。

一是根据地理数据的表达尺度，地理数据的采集是根据一定的空间粒度进行的，一般是根据地图的基本比例尺进行数据采集[103,104]，不同空间粒度的数据具有不同的空间分辨率和空间对象表达精度，格网的大小应大于该比例尺地图数据表达的最小精度。以国家基本比例尺 1∶50000 地形图为例，该地图的最大分辨率为 5m，该地图的矢量对象的精度不大于 5m，格网尺寸小于该分辨率没有实际的意义，所以一般可以采用最小分辨率的 10 倍作为基础格网的大小，如在比例尺 1∶50000 地形图，对应格网大小为 50m。根据地图空间比例尺计算格网大小的计算公式如式（3.16）所示，其中 ScaleM 为地形图比例尺的分母，计算结果单位为 m。

$$\text{Height}_{\text{Cell}-a} = 10 \times (0.1 \times 10^{-3}) \times \text{ScaleM} = \text{ScaleM} \times 10^{-3} \tag{3.16}$$

二是根据人的认知特征，人对空间认知有一定的尺度特征，根据不同的认知尺度，人们关注地理信息的细节有所不同，一般而言，不同的认知尺度也对应相应的地形图的比例，只是表达空间认知的概念不使用比例尺的概念表达而已，不同的空间专题对空间格网大小的要求不同，格网的大小以能够区分空间对象的空间关系为宜，一般可设为略小于空间对象之间的最大可分辨距离。以农业种植为例：在水窖专题中，水窖分布较密集，最小的水窖距离约为 5m，所以针对水窖所划分的基础空间格网大小可设为 5m 或略小；农田地块分布较分散，地块间距离一般大于 20m，所以针对农田所划分的基础空间格网的大小可设为 20m 或略小。

上述两种确定空间格网大小的方法实际上是辩证统一的，前者着眼于针对基础地形图中空间分辨率一致的空间数据进行的格网划分，后者着眼于空间对象本身的空间分辨率进行的格网划分。不同的空间对象采集时一般是按照一定的空间精度进行的，其空间精度可以换算成地图的空间比例尺。

GHQ 是一种具有层次结构的空间表达模型，在不同格网大小下，相同的空间对象具有不同的格网表达尺度，格网单元越小，空间对象的细节描述得越清晰，越接近空间对象原本的形状，对象之间的关系分辨得越清楚，每个单元格内空间对象的种类越单一（最理想的情况是一个单元格中只有一个空间对象），但空间表达所需的计算机存储空间也越大，单层次检索的效率越低；格网单元尺寸越大，空间对象的表达越概略，空间对象之间的关系越模糊，空间表达所需的计算机存储空间也越小，单层次格网的检索效率越高，但单元格网内检索效率低。这与人们日常描述空间对象时，空间尺度的概念是一致的。以图 3.17 为例，图 3.17(a)～(d)中格网大小关系为式（3.17）所示，在图 3.17(d)中，面对象 R1 占 5 个格网，而在图 3.17(a)中，面对象 R1 占 114 个格网，P1～P5、L1 和 R 相互之间的空间关系能够清楚地表达，只有 L1 和 R1 有 1 个公共格网，而在图 3.17(d)中，对象之间的空间关系不能完全分辨，多个对象都占有相同的格网，且多个同名格网由不同的对象占用。

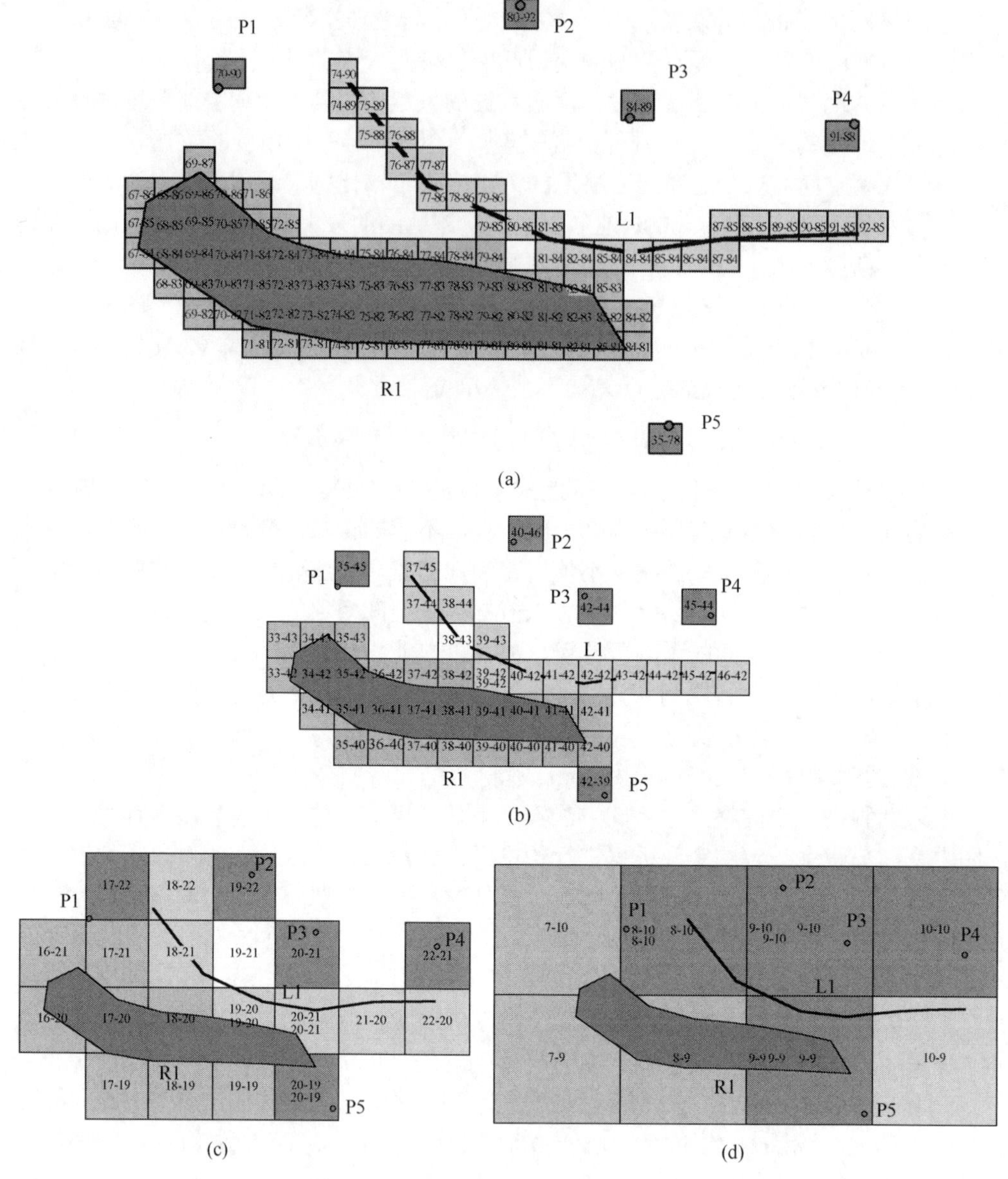

图 3.17　格网具有不同尺度的表达能力

$$\text{Height}_{\text{Cell}-d} = 2 \times \text{Height}_{\text{Cell}-c} = 4 \times \text{Height}_{\text{Cell}-b} = 8 \times \text{Height}_{\text{Cell}-a} \tag{3.17}$$

值得注意的是，空间格网大小的确定，还跟 GIS 应用的物理介质不同而不同，本书讨论主要的是 PC 为介质的应用，文献[101]讨论了在以掌上电脑（personal digital assistant，PDA）为介质的空间格网划分的格网大小的确定方法。

3. 不同几何类型的空间对象归一化

地理信息系统中，一般将二维空间对象抽象为点、线、面等几何类型，这在定量的空间表达和计算中取得了较好的效果。从某种意义上而言，地理实体都占有一定的面积，都应该是面对象，点和线都是对空间对象在一定比例概念上的抽象。人们对地理空间对象的认知是具有尺度属性的，例如，在大尺度下，河流的宽度性质被忽略，被表示成一条没有宽度的线，在中尺度下，河流的形状被简化，宽度被忽略，表示成为一条具有相等宽度的线，而在更小的尺度下，河流的形状和宽度都无法忽略或抽象，表示为面对象[104]。实际上任何空间对象在足够大的比例尺下都可以表示为面对象。

在 GHQ 模型中，地理实体由其所占的格网来代替，所以除了原有的面实体，点、线实体也转化为实体所占有的格网，也相当于面对象（图 3.18）。这样转换的方法不仅符合人们对地理空间对象的认知习惯，还原地理实体的本来面目，同时，这种转换方法可以使得在空间对象形态和空间关系计算中，不必区分空间实体的抽象几何类型，将不同抽象几何类型实体的形态统一为面对象，将原有的六种不同几何类型的空间关系（点与点、点与线、点与面、线与线、线与面、面与面）统一为一种面与面（region-region）之间的关系，简化了空间形态和空间关系的表达和计算。

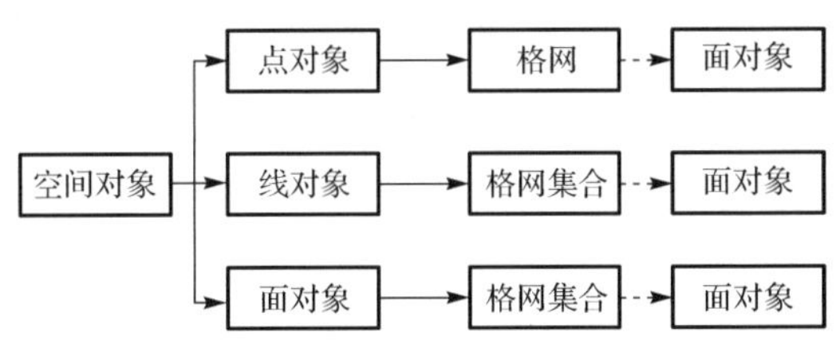

图 3.18　不同几何类型空间对象的统一为面对象

4. 建立空间对象-格网映射关系

建立空间对象格网并对每个空间对象所占有的格网进行记录，实际上是建立了空间实体对象与层次空间格网之间的映射关系。在空间对象格网的属性表中，除了要记录格网的行列编号，还要记录占有该格网的实体的类型、名称和唯一识别号（ObjectID），同时，由于格网是按层次结构进行划分的，所以还要记录格网的等级、和格网大小（表 3.2）。

表 3.2　空间格网属性表字段

字段名	数据类型	描述	是否可为空
ObjectID	Int	格网 ID	N
Grid_X	Int	列号	N
Grid_Y	Int	行号	N
Grid_Size	Smallint	格网大小	N
Grid_Level	Smallint	格网等级	N

续表

字段名	数据类型	描述	是否可为空
Ptype	nvarchar(50)	实体类型	Y
PName	nvarchar(50)	实体名称	Y
IsBoundary	Smallint	是否边界	Y
PID	Int	空间对象 ObjectID	N

对于由面对象形成的空间格网，还分为边界格网（boundary grid）和内部格网（interior grid）。边界格网和内部格网有着不同的物理意义，必须对其进行区分并记录，目的是为提高后续计算和检索的效率。边界格网，是由所有与空间对象的边界线相交格网组成的格网集合；内部格网是空间对象所占有的所有格网剔除边界格网后的格网集合（图 3.19(a)）。边界格网反映地是地理空间实体的边界，所有的外边界格网相连，并组成该对象的轮廓线格网；空间实体对象部分填充了边界格网，换言之，就单个边界格网而言，一部分属于空间实体对象，另一部分不属于空间实体对象；内部格网反映的是地理实体内部的性质，内部格网一定包含在实体格网内部，换言之，内部格网是完全属于空间实体对象的。内部格网实际上是空间对象的一个约等于格网宽度单位的向内做缓冲区分析结果的近似，边界格网是空间对象的一个约等于格网宽度单位的向外的做缓冲区分析结果的近似(图 3.19(b))，这一点和 egg-folk 模型[88,89]有类似之处。面对象面积的估算中有以下特性（式（3.18））：

$$\text{Area}_{\text{Interior Grid}} \leqslant \text{Area}_{\text{Region}} \leqslant \text{Area}_{\text{Interior Grid}} + \text{Area}_{\text{Boundary Grid}} \tag{3.18}$$

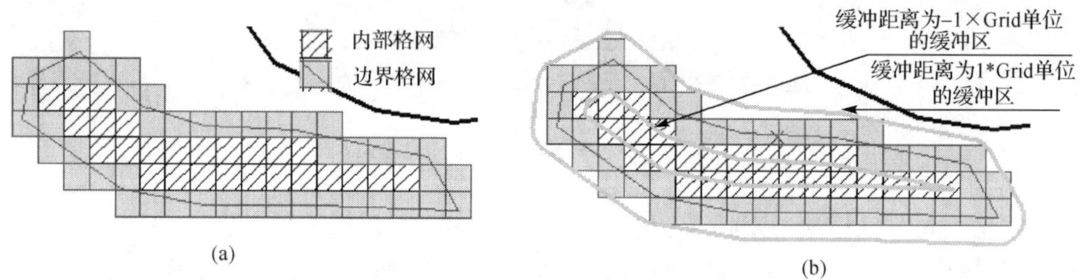

图 3.19　边界格网与内部格网

在对研究区域内所有空间对象进行格网化后，就将研究区域的空间对象及其空间关系这些复杂的多维数据，转化为简单的二维关系数据表，将这些空间对象格网存储在关系数据库中，就可以使用诸如 SQL 语句这样的标准数据库访问技术对数据进行定性空间数据提取和定性空间信息检索。

3.3.2　GHQ 模型的特点

1. 定性化空间表达模型

GHQ 是一种定性化的空间表达模型，从图 3.17 中可以看出，不管格网如何细分，用格网对空间对象的表达都是对空间对象形态及其空间分布的一种概化（generalization），是对原来连续的空间对象表达的一种离散化，它忽略了空间对象的部分几何细节特征，模糊化了部分空间关系细节，只表达了空间对象概略位置和粗略的空间关系。

2. 一体化的定性化空间表达模型

GHQ 是一种集空间专题、空间形状、空间拓扑关系、空间方向关系、空间距离关系于一体的定性空间表达计算模型。由于建立了空间对象与各级空间格网之间的映射关系，空间对象的专题、种类、空间对象的形状和空间对象之间的关系都由空间格网进行描述。格网本身实际上是一组由格网的行号和列号组成的矩阵，在确定了格网的命名（编码）和排序规则后，由格网的编号就可以确定格网的空间位置，其中隐含了空间拓扑关系、空间方向关系和空间距离关系，如格网 Grid（72-81）与 Grid（74-83）的空间拓扑关系是相离（disjoint）的；空间方向关系：Grid（74-83）位于 Grid（72-81）的东北方向；空间距离关系：Grid（72-81）与 Grid（74-83）质心的欧氏距离为 $2\sqrt{2}$ 倍的格网高度（图 3.20）。所以，将空间对象用其所占有的多层次的格网进行表达，可以将空间专题、空间形状、空间拓扑关系、空间方向关系、空间距离关系统一在一个框架下进行计算和表达，将计算复杂度高的定性空间表达转化为单一的空间格网的表达。本书将在后续的章节中给出空间专题、空间形状和空间关系的定性表达的计算模型和具体的算法。

72-83	73-83	74-83
72-82	73-82	74-82
72-81	73-81	74-81

图 3.20　由空间格网编号推导出格网间的空间关系

需要指出的是，本书和龚健雅提出的一体化数据结构的概念与多级格网的方法[105]有所区别，龚健雅提出用“填满线性目标路径和充满面状目标空间的表达方法”作为矢量栅格数据一体化数据结构的基础，使空间数据既有矢量数据的特征又有栅格数据的优点，在此基础上很容易实现遥感影像数据、DEM 数据与矢量数据的一体化；他提出的用多级格网对空间对象进行逼近的思路和本书的思路有异曲同工之处。但他的研究侧重于空间数据对象的描述和数据的融合，本书侧重于空间格网的描述，即前者致力于建立对象→格网的映射关系，后者致力于建立所有等级格网与对象的映射关系；前者在对涉及多个图层进行空间分析时，仍然要对多个图层进行读取，后者由于将各个图层的数据统一在格网对象中，在涉及多个图层的空间分析时，不需要进行多个图层的读取，只需在格网内部或格网之间进行计算；在进行如空间叠置分析等空间分析时，前者是执行栅格数据的逻辑代数运算，后者是执行格网属性的SQL逻辑查询。前者的目的在于提出利于数据融合实现矢量栅格数据的一体化的数据模型；本书所提出的模型其重点在于通过空间对象和空间关系的格网化快速提取定性空间描述信息，并在此基础上进行相似性比较。前者所言的“一体化”是指栅格矢量数据的一体化，本书所指的“一体化”是空间对象、空间关系表达计算模型的一体化。

3. 多尺度的定性与定量相结合的空间表达计算模型

在GHQ模型中，格网即是空间对象的空间位置和空间形态的定性表达，同时也是空间位置和空间形态的定量表达（有准确的坐标位置范围）。以格网对空间对象的空间位置进行表达，既可以表达其定性信息，也可以表达其定量信息（格网尺寸越小，其定量表达的精度也越高，当格网尺寸足够小，格网可以对空间对象进行足够详细的表达，其表达趋向定量化），通过格网大小的选择，实现定性与定量表达的转换。图3.17(d)中点状地物的位置表达是粗略的，只表达了点状地物大致的定性的范围，图3.17(a)中格网与点状地物的实际位置比较接近，表达了点状地物更接近量化的信息，如果格网继续细分，就能够达到和点状地物原始采集的精度（超过此精度，已无意义。如原始数据采集的点位精度为1m，格网大小为0.1m就没有实际的意义）一样高的定量精度；再如图3.17(c)中只表达了线状地物L_1的大致范围，但在图3.17(a)中，L_1的轮廓已经很清晰，比较接近L_1本来的形状。

在基于多层次格网的空间描述模型中，格网记录了落在该格网中地物的信息，由此可以得到地理空间中定性与定量的专题信息，例如，在图3.17中，可以容易得出诸如“居民点小哨（图中点P_2）的南边有条G323公路（图中线L_1）”和“小哨交通便利，水资源丰富”的定性专题信息，当格网尺寸足够小时，专题信息的表达将趋向定量化。

同样的，空间拓扑关系、空间方向关系和空间距离关系在多级格网中也呈现类似的定性与定量结合的特征。

4. 适合多种空间关系表达的整合

空间拓扑关系、空间方向关系和空间距离关系在空间关系的表达中并不是孤立的，很多研究者也注意到了在表达一种空间关系时需要综合考虑其他的空间关系[34,106-108]，如拓扑关系和距离关系的结合、方向关系和距离关系的结合、拓扑关系和方向关系的结合等。但由于当前的定性空间关系表达模型中三种空间关系表达模型是相互独立的，其计算模型也相差甚远，所以在多种空间关系的整合上实现起来比较困难。

在GHQ模型中，由于空间拓扑关系、空间方向关系、空间距离关系使用统一的表达和计算模型，三种空间关系都是通过格网进行表达和计算，格网编号本身就隐含了格网对象之间的拓扑、方向和距离关系，其表达是一体化的，所以可以实现多种空间关系的整合。例如，在方向关系和距离关系的整合中，可以将主空间对象格网与参考对象格网的距离作为确定格网单元方向关系权值的因子，在方向关系的计算考虑距离给其带来的影响，实现空间方向关系和空间距离关系的整合。

5. 较低的计算复杂度和适合数据库存储和并行计算

GHQ 对空间进行格网划分，能够将研究区域进行分割，在分割后的相对较小的区域内对空间对象进行研究，提前对搜索空间进行剪枝，避免了在较大空间范围内进行数据检索、降低了计算复杂度。同时由于对数据进行了格网划分，每一个格网（在某个尺度下）对应于磁盘的一个存储单元，这种方法可以有效地提高数据的检索效率[109]。格网与格网之间是相对独立的，可以单独进行检索和维护。所以，基于格网划分的空间数据组织有利于并行计算（parallel computing）和网格环境下的计算（gridding computing）。如对某个区域进行某个专题计算时，可以根据服务器的数量对研究区域的格网进行划分，每个服务器负载一定格网范围内的计算和检索，各服务器之间的运算是相对独立和并行的。

6. 利于空间相似性的比较和计算

空间相似性的计算涉及空间场景中对象的类型、形状和空间对象间空间关系的相似性比较和计算，其计算复杂度随着空间场景中对象的数量呈指数级的增长（以空间方向关系为例，一个含有 n 个空间对象的空间场景中存在着 $P_n^2 = n \cdot (n-1)$ 对空间方向关系）。GHQ 将空间表达中的空间专题、空间形状、空间关系通过格网的形式进行表达，空间场景相似性的计算和比较转化为空间格网之间空间相似性的计算和比较，每个格网只包含数量较少的空间对象或空间对象的部分，空间相似性的计算复杂度较低。例如，在基于相似性的空间分析的查询分析中，由于每个空间专题被划分为大小、等级不等的格网，可以先根据不同的空间专题先行对空间格网进行过滤，提取包含指定空间专题的空间格网，再通过提取后的空间格网与查询场景之间空间形状、空间关系进行相似性计算和比较，大大减少了计算量，提高了空间分析的效率。

7. 面向自然语言的定性化空间表达模型

自然语言是描述空间对象、空间现象、空间关系的最直观的手段。人类在远古时代就学会了利用语言对所处的地理环境进行描述，“在河的对面有猎物”，就是对地理信息自然语言描述的典型例子。根据人类学家的研究，人类在 1 岁左右会使用本民族的语言，在 3 岁左右就会使用语言进行地理环境的描述，在 4 岁以后，可以根据记忆对地理环境进行详细的描述。自然语言是人类所使用的对地理信息进行描述最直观最有效的方式之一，也是一种几乎人人都已经掌握的“技术”。自然语言的数据库操作界面是近几年数据库研究的一个热点，基于自然语言的地理信息系统接口也是地理信息科学领域研究的一个难点和热点，它是下一代 GIS 的一个重要技术基础，也是 Naïve Geography[12]发展的重要基石。

基于自然语言的地理信息系统接口，就是在地理信息系统中使用人类日常使用的语言（自然语言）作为操作的指令，其中基于自然语言的地理信息系统数据库检索是其研究的核心。地理信息系统自然语言查询与其他计算机查询语言（如 SQL）相比，具有表达直观、符合人类空间认知常识的表达习惯、用户只以应用领域的概念访问数据库、无需了解数据库的逻辑和存储结构、具有很强的非过程性、使用者不需要或只需要很少的培训就能直接查询数据库信息、用户可以简单明了地提出模糊概念的查询请求等优点[110-113]。同时，自然语言的含糊性、不完整性和不确定性是利用自然语言进行空间数据查询和知识获取需要注意的问题[85,114]。

基于自然语言的空间场景描述，实际上是对存在人们头脑中空间认知知识的一种表达，人对空间认知的知识有些是定量的（北京离昆明直线距离是 2200km），有些知识是定性的（昆明位于中国的西南）；有些是准确的（世博园公交车站的北面就是世博园），有些是模糊的（世博园车站边上有一幢房子）；有些是宏观尺度的（北京-昆明距离 2200km），有些是中观尺度的（昆明世博园离昆明机场 15km），有些是微观尺度的（世博园公交车站离世博园大门 143m）；有些是基于空间主方向关系的（昆明在北京的西南面），有些是以观察者为中心的角度关系描述的（在世博园公交站下车后，向前步行 140m）。而且，在同一个空间场景的表达语句中，这些描述方式是交互使用的。

在 GHQ 模型中，定性与定量空间表达可以通过格网层次的变换实现，尺度的变化也可以通过不同级别的格网层次的变换实现，多种空间关系（拓扑、方向和距离关系）可以在统一的模型下由格网进行推导。在基于多层次格网的空间描述模型中，格网之间是正交关系，由此计算主方向关系，是比较容易的；在自然语言中常常使用的以观察者为中心的方向关系或基于某一个地物中心的非主方向关系的计算可通过格网的旋转来实现，由于格网的框和高是相等的，所以基于某一个格网为中心点的以观察者为中心的方向关系表达时，只需将格网进行旋转即可实现方向参考系的变换，其算法为

$$\mathrm{dir}(\mathrm{Grid}_A,\mathrm{Grid}_B)=\mathrm{dir}_{\mathrm{Cardinal}}(\mathrm{Grid}_A,\mathrm{Grid}_B)-\theta \tag{3.19}$$

式中，θ是 Grid_A 与 P 之间的夹角（实际上，自然语言空间描述中，描述者是以另一个地物为定向方向的），表示为

$$\theta=\arctan\left(\frac{Y_P-Y_A}{X_P-X_A}\right) \tag{3.20}$$

Grid_A 与 B 的主方向表示为

$$\mathrm{dir}_{\mathrm{Cardinal}}(A,B)=\arctan\left(\frac{Y_B-Y_A}{X_B-X_A}\right) \tag{3.21}$$

将式（3.20）和式（3.21）代入式（3.19），并对式（3.19）取正切函数，并运用三角函数公式 $\tan(\alpha-\beta)=\dfrac{\tan\alpha-\tan\beta}{1+\tan\alpha\cdot\tan\beta}$ 进行分解得

$$\tan(\mathrm{dir}(\mathrm{Grid}_A,\mathrm{Grid}_B))=\frac{\dfrac{Y_B-Y_A}{X_B-X_A}-\dfrac{Y_P-Y_A}{X_P-X_A}}{1+\dfrac{Y_B-Y_A}{X_B-X_A}\cdot\dfrac{Y_P-Y_A}{X_P-X_A}} \tag{3.22}$$

式中，*X*, *Y* 分别为格网的 *X* 方向和 *Y* 方向的编号，为整数，整个计算复杂度低。适合自然语言定性方向关系表达对计算复杂度低的要求。

综上所述，本书建立的 GHQ 模型是一个符合自然语言认知表达习惯的、定性与定量结合、多级空间尺度相混合的，结合了空间专题、空间形状、空间拓扑关系、空间方向关系、空间距离关系的多层次的定性空间表达计算模型。该模型具有适合计算机存储和管理，适合并行计算，具有较小的计算复杂度等优点。

3.3.3　GHQ 的实现

1. 定性空间专题表达计算模型

空间专题的表达是定性空间描述中的一个重要内容，空间专题的描述主要解决空间专题的定性空间分布问题，在人类的日常空间描述中，空间专题是一个很重要的概念，例如，在“北京有个奥运村”的描述中，描述者表达了北京有“奥运村”这个专题，但奥运村在北京的位置、方位、大小等其他属性没有表达。空间专题的定性表达实际上是建立研究区域所包含的空间专题的索引，定性空间专题的表达是回答“该区域有什么”的问题。在 GHQ 中，每个格网包含一定数量的空间专题，获取指定层级定性空间专题表达的 SQL 语句代码为

```
SELECT Grid_X+ '-'+ Grid_Y "格网编号", PType + ':'+ PName "包含专题"
 FROM <Table Name>  Where Grid_Level= <Grid_Level Number>
```

空间专题的定性表达对空间检索起着非常重要的作用，根据空间专题的分布，可以在较大的空间尺度内将研究区域分为若干个较小的区域，每个区域根据空间专题的分布情况，标识“有”或“无”，再在更小的空间尺度范围内对含有该空间专题的空间区域进行进一步详细的检索，这样可以提高空间检索和空间分析的效率。例如，对“寻找附近有水库的农田”的查询语句中，可以在空间数据库中对含有“水库”的高等级空间格网进行检索，检索出含有“水库”的空间格网后，再依次在该格网下的更低等级的子格网进行检索，确定了含有该专题的格网后，再进行空间形状、空间关系的判断和过滤，这样可以大大减少检索的工作量，提高检索效率。

2. 定性空间形态表达计算模型

点对象的空间形态由其所占有的格网描述的；线状对象的形态由线状地物所属格网的集合表示；面状对象的形态由面状对象所属的边界格网的集合表示。定性空间形状表达可以通过格网的数量和编号进行计算，以下以延伸率（elongation）和紧密度（compactness）的计算为例，说明定性空间形状表达计算方法，根据式(3.2)和式(3.3)，计算 elongation 和 compactness 的 SQL 语句如下（语句中分母+1 是为防止出现分母为零的情况）：

```
SELECT CONVERT(NUMERIC
```

```
(28,0),(max(Grid_Y)-min(Grid_Y)+1))/(max(Grid_X)-min(Grid_X)+1)
"elongation"  FROM <Table Name> Where Grid_Level=<Grid_Level Number>
and PID=<PID Number>

SELECT
CONVERT(NUMERIC(28,0),COUNT(OBJECTID))/((max(Grid_Y)-min(Grid_Y)+1)*
(max(Grid_X)-min(Grid_X)+1))  "compactness"  FROM <Table Name> Where
Grid_Level=<Grid_Level Number> and PID=<PID Number>
```

由此可以计算出图 3.17 中面对象 R1 在不同层级上的定性形状描述结果（表 3.3）及其变化情况（图 3.21）。由此可以看出，格网的尺寸越小，用格网表达的空间对象的定性形状属性越切合空间对象定性形状的实际属性。

表 3.3　不同格网尺寸下实体的延展性和压缩比比较

Grid_Level	延伸率	紧密度
0	0.389	0.563
1	0.400	0.675
2	0.600	0.733
3	0.667	0.833

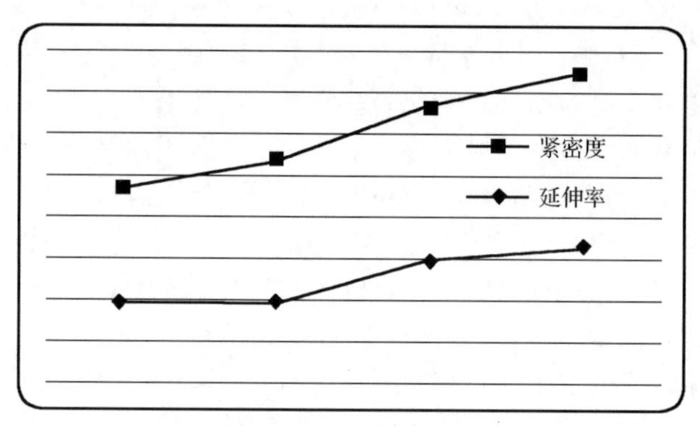

图 3.21　同一对象在不同格网尺度下的延伸率与紧密度的变化情况

值得注意的是，定性空间形状表达与空间粒度是相关联的，同一对象在不同的空间粒度下，其定性形状表达也有所不同。如图 3.22 中对象(b)、(c)在一定的粒度空间下，都有可能表示成图(a)的形状（裂缝和空洞被综合），对象(b)、(c)由于其边界的变形，可以认为是凹的，但如果我们不考虑这个层次的分辨率，或凹的部分相对于对象的尺寸足够小，可以认为该对象是凸的（对象(a)）。这个结论是和经典拓扑理论是相矛盾的，如图 3.22 中的对象(c)，在一定的空间粒度下是凸的（空洞被忽略），但根据拓扑理论，有空洞的对象不可能是凸的。

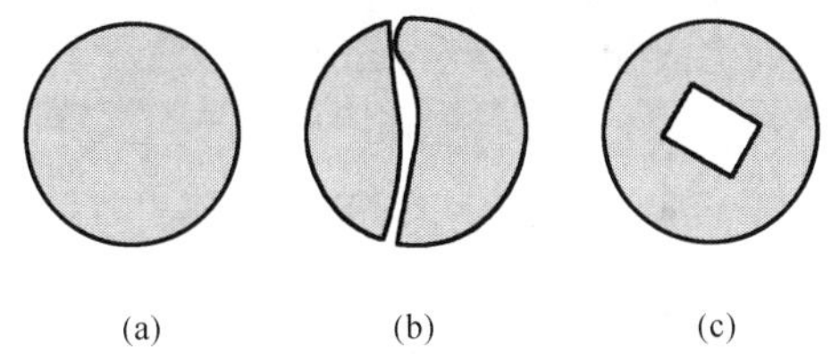

(a)　(b)　(c)

图 3.22　同一对象在不同的粒度下的空间形状表达

3. 定性空间拓扑关系表达计算模型

1）定性空间拓扑关系表达与计算

基于多层次格网的空间拓扑关系表达将原有的 6 种点、线和面对象之间的关系归为 1 种面与面之间关系，面与面之间空间拓扑关系由其代表的格网集合之间的关系描述。假设有对象 A, B（可能是点/线/面的任意一种实体类型），其拓扑关系记作 $\mathrm{Rel}_{\mathrm{Top}}(A, B)$，以下以经典的 8 种基本面-面拓扑关系（图 3.4）为例，说明基于多层次格网的定性拓扑空间关系的计算表达模型。

首先对 8 种格网数量进行定义（文后的附录 A 附有 8 种格网数量计算的 SQL 代码），8 种格网数量分别表示如下。

（1）A 中所有格网的数量：Number_G_A。

（2）B 中所有格网的数量：Number_G_B。

（3）A 中与 B 交叉格网的数量：Number_G_AB。

（4）B 中与 A 交叉格网的数量：Number_G_BA。

（5）A 与 B 交叉格网中边界格网的数量：Number_G_AB_B。

（6）A 与 B 交叉格网中内部格网的数量：Number_G_AB_I。

（7）B 与 A 交叉格网中边界格网的数量：Number_G_BA_B。

（8）B 与 A 交叉格网中内部格网的数量：Number_G_BA_I。

8 种基本拓扑关系的表达和计算模型如下。

（1）$\mathrm{Rel}_{\mathrm{Top}}(A, B)$=Disjoint。对象 A, B 没有任何一个格网相交，即共有的格网数为 0。

$$\mathrm{Number\_}G\_AB = \mathrm{Number\_}G\_BA = 0 \tag{3.23}$$

（2）$\mathrm{Rel}_{\mathrm{Top}}(A, B)$=Meet。$B$ 与 A 有相交的格网，且相交的格网均为 Boundary Grid。

$$\mathrm{Number\_}G\_AB = \mathrm{Number\_}G\_AB\_B > 0,\quad \mathrm{Number\_}G\_BA = \mathrm{Number\_}G\_BA\_B > 0,$$
$$\mathrm{Number\_}G\_A = \mathrm{Number\_}G\_AB,\quad \mathrm{Number\_}G\_B = \mathrm{Number\_}G\_BA \tag{3.24}$$

（3）$\mathrm{Rel}_{\mathrm{Top}}(A, B)$=Overlap。$B$ 与 A 有相交的 Grid，也有不相交的 Grid，且相交的 Grid 中至少有一个 Interior Grid。

$$\mathrm{Number\_}G\_A > \mathrm{Number\_}G\_AB,\quad \mathrm{Number\_}G\_AB\_B > 0,$$
$$\mathrm{Number\_}G\_AB\_I > 0,\quad \mathrm{Number\_}G\_B > \mathrm{Number\_}G\_BA,$$
$$\mathrm{Number\_}G\_BA\_B > 0,\quad \mathrm{Number\_}G\_BA\_I > 0 \tag{3.25}$$

（4）$Rel_{Top}(A, B)$=Covers。B 所有的 Grid 都与 A 相交，且 B 中相交的 Grid 中有至少一个 Interior Grid 和至少一个 Boundary Grid。

$$\begin{aligned}&Number\_G\_A > Number\_G\_AB,\quad Number\_G\_B = Number\_G\_BA,\\&Number\_G\_AB\_B > 0\end{aligned} \tag{3.26}$$

（5）$Rel_{Top}(A, B)$=Covered。A 所有的 Grid 都与 B 相交，且 A 中相交的 Grid 中有至少一个 Interior Grid 和至少一个 Boundary Grid。

$$\begin{aligned}&Number\_G\_B > Number\_G\_BA,\quad Number\_G\_A = Number\_G\_AB,\\&Number\_G\_BA\_B > 0\end{aligned} \tag{3.27}$$

（6）$Rel_{Top}(A, B)$=Contains。B 所有的 Grid 都与 A 相交，且相交的 Grid 中没有一个是 Boundary Grid。

$$\begin{aligned}&Number\_G\_AB = Number\_G\_B,\quad Number\_G\_A > Number\_G\_AB,\\&Number\_G\_AB\_B = 0\end{aligned} \tag{3.28}$$

（7）$Rel_{Top}(A, B)$=inside。A 所有的 Grid 都与 B 相交，且相交的 Grid 中没有一个是 Boundary Grid。

$$\begin{aligned}&Number\_G\_BA = Number\_G\_A,\quad Number\_G\_B > Number\_G\_BA,\\&Number\_G\_BA\_B = 0\end{aligned} \tag{3.29}$$

（8）$Rel_{Top}(A, B)$=Equal。B 所有的 Grid 都与 A 相交，A 中所有的 Grid 都与 B 相交。

$$\begin{aligned}&Number\_G\_A = Number\_G\_B = Number\_G\_AB = Number\_G\_BA,\\&Number\_G\_AB\_I = Number\_G\_BA\_I,\\&Number\_G\_AB\_B = Number\_G\_BA\_B\end{aligned} \tag{3.30}$$

由式（3.23）～式（3.30）可以计算出任意两个空间对象 A, B 之间的拓扑关系。

2）定性空间拓扑关系分析

根据 3.3.3 节的讨论和算法，我们选取了几组较典型的空间对象对，计算其空间拓扑关系，如图 3.23 所示。从计算结果可以看出，当视点远离观察对象（或空间粒度较大时，格网较大），除了物体的轮廓细节被模糊，物体之间的拓扑关系也被模糊化，随着空间粒度的减小，空间拓扑关系也随之发生变化，在图 3.23(g)中，在空间粒度较大时，两个对象 R27 和 R28 是相交的，当在空间粒度较小的情况下，R27 和 R28 是相分离的；这种情况和在高空中观察两个湖泊是相连的，而在地面观察两个湖泊之间因有一个堤坝相隔是分离的情况是相吻合的。图 3.23(c)中，对象 R17 和 R18 在大粒度空间下是重叠的，但在更小粒度下进行分析，实际上 R17 比 R18 略大，R17 是包含（Covers）R18 的；这种情况类似于某块农田在卫星影像上观察是全部种植甘蔗但实际上在农田的外围种植了少量的玉米等农作物的情况。图 3.23(i)中，对象 P3 与 R6 是分离的，但在大粒度空间下观察，P3 是包含在 R6 内部的；这和在分辨率较低的情况下看水窖是在农田内部的，而实际上，水窖是修建在农田外围田埂上的情况是类似的。由此可以看出，GHQ 所表达的空间拓扑关系的描述和人们日常生活中对空间对象之间拓扑关系的描述是一致的。

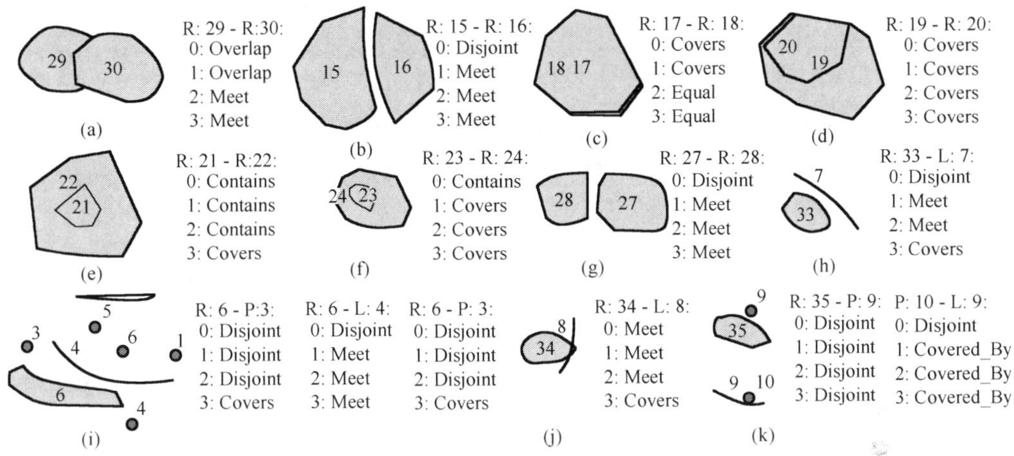

图 3.23　基于格网的定性空间拓扑关系表达举例

"-" 前为参考对象的标识号，后为主对象的标识号；R：表示面对象，L：表示线对象，P：表示点对象，后面的数字代表该对象的 ObjectID；0, 1, 2, 3 分别拓扑关系计算时的网格等级，数字越小网格尺寸越小

由图 3.23 可以看出：在 GHQ 中，点、线、面对象的拓扑关系都可以有效地通过格网进行表达，且和原有的空间对象拓扑关系的表达基本是一致的，说明利用多层次格网的方法可以有效地表达各种二维空间对象的拓扑空间关系。

文献[49]认为，空间拓扑关系的变化是连续的，拓扑关系的变化是沿着图 3.4 中相邻拓扑邻居图变化的，图 3.23 的计算结果也证实了这一点，随着空间粒度的变化，拓扑关系的变化是在图 3.4 所示的相邻拓扑邻居间进行变化的，且同一组对象随着空间粒度的变化做单方向的变化（同为变大或变小），空间拓扑关系也是沿着图 3.4 拓扑关系邻居图做单方向的变化，有些图形的空间拓扑关系变化不连续（但变化的方向是一致的），是由于格网粒度选择时，格网之间尺寸是不连续造成的，以图 3.23(h)为例，R33-L7 的拓扑关系从 Disjoint→Meet→Covers，中间缺失了 Overlap，是由于体现 Overlap 拓扑关系的格网大小恰好在 2 级格网与 3 级格网大小之间，如果在 2 级格网与 3 级格网之间加密一级格网，Overlap 的关系是能够出现。

空间对象拓扑关系的表达与空间粒度有关，在一定的空间粒度范围内，空间对象之间的拓扑关系可能不会发生变化，即格网尺寸的变化不足以引起拓扑关系的变化。这和人们的认知习惯也是一致的，如长江和黄河在宇观层次以下的所有尺度，其空间拓扑关系都是相分离的，没有相交。

以往的拓扑关系理论在处理凹对象时比较困难，无法处理相互缠绕对象的拓扑关系，如在 9-交模型中，图 3.24 中 R37 和 R38 对象的拓扑关系为 "Overlap" [24,60]这显然是和实际情况不相符。GHQ 模型可以对凹对象进行拓扑关系计算，也可以有效地表达相互缠绕对象间的空间拓扑关系。图 3.24 中，在 1-3 层级中（图 3.24(b)），空间 R37 与 R38 中间有部分相互重叠的格网（以 Grid_Level=2 为例（图 3.24(b)），相交的 Grid_Number 为：29-36、30-36、31-35、31-36、32-35、32-36，且这些格网都是边界格网）相交，所以此时的拓扑关系表示为 Meet；而在 Grid_Level=0 中，没有格网相互交叉，R37 与 R38 相互分离的细节能够清楚地表现出来（图 3.24(c)），所以此时拓扑关系表示为 Disjoint。这说明，GHQ 不仅能够分辨相互缠绕空间对象间的空间关系，而且其表达的空间拓扑关系和人的空间认知结果是一致的。

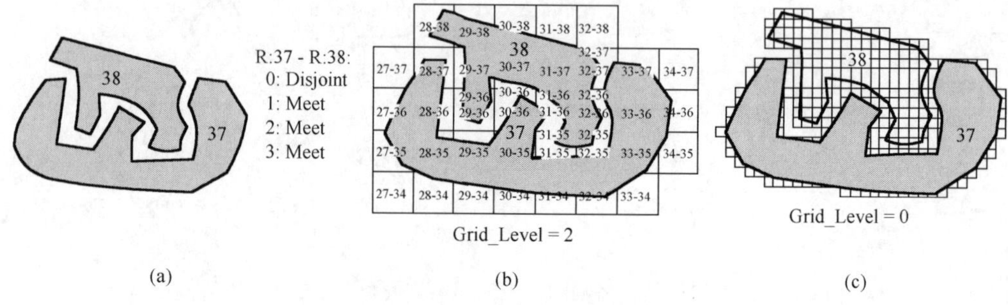

图 3.24　相互缠绕对象之间的拓扑关系

4. 定性空间方向关系表达计算模型

1）定性方向关系表达与计算

如果不忽略空间对象的大小和形状，一个空间对象相对于另一个空间对象的方向并不是唯一的，而是多值的。同一个空间对象，相对于线状、面状对象的不同的部分，其值是不一样的。以图 3.25 为例，面对象 B 相对于线对象 A 的不同部分 a, b, c，面对象 B'相对于面状对象 A'的不同部分 a', b', c'的方向描述是不同。如果不考虑各部分对空间方向关系的重要程度（权重）不同，物体之间的方向关系是在研究区域内物体所有部分之间方向关系之和。

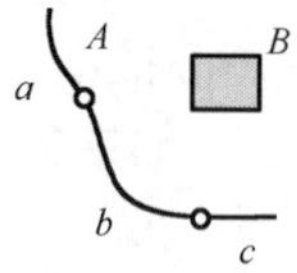

A　B　a　b　c

$$\mathrm{dir}(A_a, B)=\begin{bmatrix}0&0&0\\0&0&1\\0&0&0\end{bmatrix},\ \mathrm{dir}(A_b, B)=\begin{bmatrix}0&0&1\\0&0&0\\0&0&0\end{bmatrix},\ \mathrm{dir}(A_c, B)=\begin{bmatrix}0&1&0\\0&0&0\\0&0&0\end{bmatrix}$$

(a)

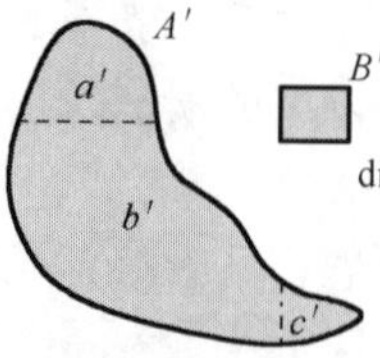

A'　B'　a'　b'　c'

$$\mathrm{dir}(A'_a, B')=\begin{bmatrix}0&0&0\\0&0&1\\0&0&0\end{bmatrix},\ \mathrm{dir}(A'_b, B')=\begin{bmatrix}0&0&1\\0&0&0\\0&0&0\end{bmatrix},\ \mathrm{dir}(A'_c, B')=\begin{bmatrix}0&1&0\\0&0&0\\0&0&0\end{bmatrix}$$

(b)

图 3.25　相同的对象对应于参照物的不同部分有不同的方向值

粗略方向矩阵通过参考对象的 MBR 确定主对象方位矩阵，详细方向矩阵通过主对象占参考对象 9 个区域的面积进行了修正，圆锥 Cone 模型通过主对象与从参考对象发出的射线区域的叠加来确定方向区域，在两个空间对象相距较远，其形状和大小可以被忽略时能够得到比较符合人们认知一般习惯的结果，但不适合空间对象的形状和大小不能忽略的情况。GHQ 的方向关系表达模型是在综合了上述模型的优点，又克服上述模型的不足，同时加入了模糊集[115]的思想而提出的。主对象和参考对象之间的方向关系是主对象相对于参考对象的所有部分方向关系的集合。如果将参考对象分割成若干小块，则参考对象与主对象的方向关系是参考对象的各个部分与主对象方向关系的加权和，若忽略空间对象不同部分对空间方向关系的影响（如地标建筑对方向关系有着指向作用），其权值由各部分的面积决定，面积大的权值大。当参考对象被分割成若干个大小和形状都相等的小块（每一小块都足够小）时，每一小块的大小和形状是可以忽略的，主对象相对于每一小块参考对象的方向关系就可以根据 Cone 模型和定性角度关系的划分等级进行计算，前提是主对象的大小形状也是可以忽略的，但实际上，主对象的形状和大小常常也是不能忽略的。所以主对象相对于每一个参考元的方向关系由主对象的每个部分相对于每个参考元方向关系的和决定。

设参考对象 O 由 m 个参考对象元组成：$O=\{O_1,O_2,\cdots,O_i,\cdots,O_m\}$；主对象 P 由 n 个主对象元组成：$P=\{P_1,P_2,\cdots,P_j,\cdots,P_n\}$，任意一个主对象元($P_j$)相对于任意一个参考对象元 O_i 的详细方向矩阵可表示为 $\mathrm{Dir}(O_i,P_j)=\begin{bmatrix}\mu_{\mathrm{NW}}(P_j) & \mu_{\mathrm{N}}(P_j) & \mu_{\mathrm{NE}}(P_j)\\ \mu_{\mathrm{W}}(P_j) & \mu_{\mathrm{O}}(P_j) & \mu_{\mathrm{E}}(P_j)\\ \mu_{\mathrm{SW}}(P_j) & \mu_{\mathrm{S}}(P_j) & \mu_{\mathrm{SE}}(P_j)\end{bmatrix}$，且满足所有元素之和等于 1.0。

$$\mu_{\mathrm{NW}}(P_j)+\mu_{\mathrm{N}}(P_j)+\mu_{\mathrm{NE}}(P_j)+\mu_{\mathrm{W}}(P_j)+\mu_{O}(P_j)+\mu_{\mathrm{E}}(P_j)+\mu_{\mathrm{SW}}(P_j)+\mu_{\mathrm{S}}(P_j)+\mu_{\mathrm{SE}}(P_j)=1.0 \tag{3.31}$$

整个主对象 P 相对于任意一个参考对象元 O_i 的定性方向关系是一个主对象元 P_j 相对于参考对象元 O_i 的详细方向矩阵之和：

$$\begin{aligned}&\mathrm{Dir}(O_i,P)=\sum_{j=1}^{n}\omega_{i,j}\cdot\mathrm{Dir}(O_i,P_j)\\&=\omega_{i,1}\cdot\mathrm{Dir}(O_i,P_1)+\omega_{i,2}\cdot\mathrm{Dir}(O_i,P_2)+\cdots+\omega_{i,j}\cdot\mathrm{Dir}(O_i,P_j)+\cdots+\omega_{i,n}\cdot\mathrm{Dir}(O_i,P_n)\end{aligned} \tag{3.32}$$

式中，$\omega_{i,j}$ 为每一个主对象元方向值相对于参考对象元 O_i 的权值，且 $\sum_{j=1}^{n}\omega_{i,j}=1$，整个主对象 P 相对于整个参考对象 O 的定性方向关系是主对象相对于每一个参考对象元 O_i 的详细方向矩阵之和：

$$
\begin{aligned}
\mathrm{Dir}(O,P) &= \sum_{i=1}^{m} \omega_i \cdot \mathrm{Dir}(O_i,P) \\
&= \omega_1 \cdot \mathrm{Dir}(O_1,P) + \omega_2 \cdot \mathrm{Dir}(O_2,P) + \cdots + \omega_i \cdot \mathrm{Dir}(O_i,P) + \cdots + \omega_m \cdot \mathrm{Dir}(O_m,P)
\end{aligned} \tag{3.33}
$$

式中，ω_i 为主对象元相对于每一个参考对象元方向值的权值，且 $\sum_{i=1}^{m}\omega_i = 1$。主对象相对于参考对象的方向值表示为

$$
\mathrm{Dir}(O,P) = \sum_{i=1}^{m} \omega_i \left(\sum_{j=1}^{n} \omega_{i,j} \cdot \mathrm{Dir}(O_i,P_j) \right) \tag{3.34}
$$

要确定主对象元 P_j 相对于参考对象元 O_i 的定性方向关系，实际上是确定主对象落在各个定性方向区域的隶属度，以图 3.26(a)中 8 方向关系为例，主对象点 P 与参考对象 O 的方向关系，实际上是确定 P 属于 N、NE、E、SE、S、SW、W 和 NW 方向的隶属度，而根据模糊集理论，在每个区域的中心线上隶属度是最高的（=1.0），远离中心线，隶属度减小。在实际情况中，主对象一般只在两个相邻的方向区间计算比较其隶属度才有意义，如在图 3.26(a)中，点 P 属于 N 和 NE 是有意义的，其他方向是没有实际意义的，所以我们只需计算主对象落在最或然的两个相邻的方向区域的隶属度。

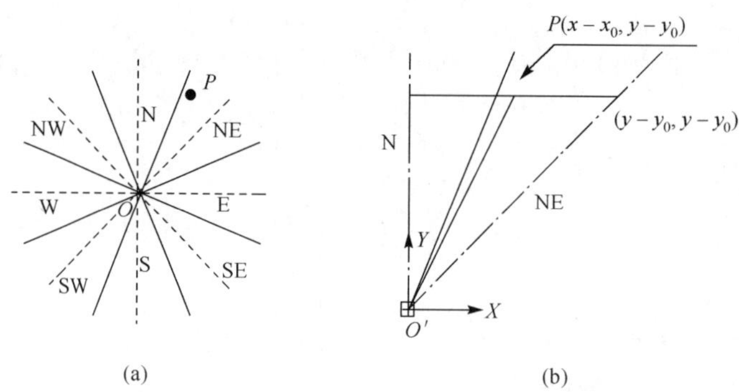

图 3.26　8 个主方向区域及其中心线和相邻方向区域隶属度计算

权值的 $\omega_{i,j}$ 和 ω_i 的确定原则，确定对象元方向关系值的权重是一个复杂的问题，不仅涉及对象的空间分布、形状、面积大小、距离远近等各向同性性质，还涉及对象元的重要程度、地标性物体的空间位置、空间对象在研究区域分布等各项异性的性质。心理测试表明，地标（land mark）性建筑（尤其是那些高出一般建筑物的地标）具有很强的定向功能，例如，人们谈及北京颐和园时，常以佛香阁作为颐和园的地标，并不是以整个颐和园作为参考对象，而实际上佛香阁是在颐和园的北部，并不在颐和园的几何中心。本书只讨论空间对象的各向同性的情况，一般认为应该考虑空间对象的空间分布、空间形状、面积、相互之间的距离等。在格网条件下，空间对象用空间格

网表达，其空间分布由格网的行、列号确定，每个空间对象元的空间形状是统一的正方形，面积也是相等的（对象元集合的面积虽不相等，在采用详细方向矩阵中已考虑该因素，所以在这里可不考虑），所以只需考虑距离和空间分布因素。空间格网是正交等距分布的，所以空间分布也是可以由空间距离进行表达，所以，在本书中，以空间距离作为权值，在实际计算中，由于各方向分区被局限在较小的区域内，以 8 方向模型为例，在计算精度不高的情况下，每个区域的角度区域为π/4 可以用格网之间的曼哈顿距离[116]代替欧氏距离。

点 P 到方向区域中心线（图 3.26(b)，N、NE）的距离，可以用来度量点 P 属于该定性方向区域的相对隶属度，点 P 到中心线的距离由点 P 作垂线到两个方向区域中心线计算而得，在基于格网的定性角度表达中，为计算的简便起见，点 P 到 N 和 NE 距离比值 dist(P–N)/dist(P–NE)可以用点 P 到 N 和 NE 的水平距离代替（可以证明，其最大误差为 $0.4142\times(y-y_0)$）。由此可计算出点 P 分别属于方向区域 N 和方向区域 NE 的隶属度。当 $\text{Grid\_}X_P-\text{Grid\_}X_O>0,(\text{Grid\_}Y_P-\text{Grid\_}Y_O)-(\text{Grid\_}X_P-\text{Grid\_}X_O)\geqslant 0$ 时有

$$\begin{cases}\mu_{\text{N}}(P)=\dfrac{X_P-X_O}{Y_P-Y_O}=\dfrac{\text{Grid\_}X_P-\text{Grid\_}X_O}{\text{Grid\_}Y_P-\text{Grid\_}Y_O}\\[2ex]\mu_{\text{NE}}(P)=\dfrac{Y_P-Y_O-(X_P-X_O)}{Y_P-Y_O}=\dfrac{\text{Grid\_}Y_P-\text{Grid\_}Y_O-(\text{Grid\_}X_P-\text{Grid\_}X_O)}{\text{Grid\_}Y_P-\text{Grid\_}Y_O}\end{cases}\tag{3.35}$$

推论：

$$\mu_{\text{N}}(P)+\mu_{\text{NE}}(P)=1\tag{3.36}$$

按同样的方法可以推导出其他相邻方向的隶属度计算公式：当 $\text{Grid\_}Y_P-\text{Grid\_}Y>0$，$(\text{Grid\_}X_P-\text{Grid\_}X_O)-(\text{Grid\_}Y_P-\text{Grid\_}Y_O)>0$

$$\begin{cases}\mu_{\text{E}}(P)=\dfrac{Y_P-Y_O}{X_P-X_O}=\dfrac{\text{Grid\_}Y_P-\text{Grid\_}Y_O}{\text{Grid\_}X_P-\text{Grid\_}X_O}\\[2ex]\mu_{\text{NE}}(P)=\dfrac{X_P-X_O-(Y_P-Y_O)}{X_P-X_O}=\dfrac{\text{Grid\_}X_P-\text{Grid\_}X_O-(\text{Grid\_}Y_P-\text{Grid\_}Y_O)}{\text{Grid\_}X_P-\text{Grid\_}X_O}\end{cases}\tag{3.37}$$

当 $\text{Grid\_}X_P-\text{Grid\_}X_O>0$，$\text{Grid\_}Y_P-\text{Grid\_}Y<0$，$(\text{Grid\_}X_P-\text{Grid\_}X_O)+(\text{Grid\_}Y_P-\text{Grid\_}Y_O)\geqslant 0$ 时：

$$\begin{cases}\mu_{\text{E}}(P)=\dfrac{Y_O-Y_P}{X_P-X_O}=\dfrac{\text{Grid\_}Y_O-\text{Grid\_}Y_P}{\text{Grid\_}X_P-\text{Grid\_}X_O}\\[2ex]\mu_{\text{SE}}(P)=\dfrac{X_P-X_O-(Y_O-Y_P)}{X_P-X_O}=\dfrac{\text{Grid\_}X_P-\text{Grid\_}X_O-(\text{Grid\_}Y_O-\text{Grid\_}Y_P)}{\text{Grid\_}X_P-\text{Grid\_}X_O}\end{cases}\tag{3.38}$$

当 $\text{Grid\_}X_P-\text{Grid\_}X_O>0$，$\text{Grid\_}Y_P-\text{Grid\_}Y_O<0$，$(\text{Grid\_}X_P-\text{Grid\_}X_O)+(\text{Grid\_}Y_P-\text{Grid\_}Y_O)<0$ 时：

$$\begin{cases}\mu_{\mathrm{S}}(P)=\dfrac{X_P-X_O}{Y_O-Y_P}=\dfrac{\mathrm{Grid\_}X_P-\mathrm{Grid\_}X_O}{\mathrm{Grid\_}Y_O-\mathrm{Grid\_}Y_P}\\ \mu_{\mathrm{SE}}(P)=\dfrac{Y_O-Y_P-(X_P-X_O)}{Y_O-Y_P}=\dfrac{\mathrm{Grid\_}Y_O-\mathrm{Grid\_}Y_P-(\mathrm{Grid\_}X_P-\mathrm{Grid\_}X_O)}{\mathrm{Grid\_}Y_O-\mathrm{Grid\_}Y_P}\end{cases}\tag{3.39}$$

当 $\mathrm{Grid\_}X_P-\mathrm{Grid\_}X_O<0$，$\mathrm{Grid\_}Y_P-\mathrm{Grid\_}Y_O<0$，$(\mathrm{Grid\_}X_P-\mathrm{Grid\_}X_O)-(\mathrm{Grid\_}Y_P-\mathrm{Grid\_}Y_O)\geqslant 0$ 时：

$$\begin{cases}\mu_{\mathrm{S}}(P)=\dfrac{X_O-X_P}{Y_O-Y_P}=\dfrac{\mathrm{Grid\_}X_O-\mathrm{Grid\_}X_P}{\mathrm{Grid\_}Y_O-\mathrm{Grid\_}Y_P}\\ \mu_{\mathrm{SW}}(P)=\dfrac{Y_O-Y_P-(X_O-X_P)}{Y_O-Y_P}=\dfrac{\mathrm{Grid\_}Y_O-\mathrm{Grid\_}Y_P-(\mathrm{Grid\_}X_O-\mathrm{Grid\_}X_P)}{\mathrm{Grid\_}Y_O-\mathrm{Grid\_}Y_P}\end{cases}\tag{3.40}$$

当 $\mathrm{Grid\_}X_P-\mathrm{Grid\_}X_O<0$，$\mathrm{Grid\_}Y_P-\mathrm{Grid\_}Y_O<0$，$(\mathrm{Grid\_}X_P-\mathrm{Grid\_}X_O)-(\mathrm{Grid\_}Y_P-\mathrm{Grid\_}Y_O)<0$ 时：

$$\begin{cases}\mu_{\mathrm{W}}(P)=\dfrac{Y_O-Y_P}{X_O-X_P}=\dfrac{\mathrm{Grid\_}Y_O-\mathrm{Grid\_}Y_P}{\mathrm{Grid\_}X_O-\mathrm{Grid\_}X_P}\\ \mu_{\mathrm{SW}}(P)=\dfrac{X_O-X_P-(Y_O-Y_P)}{X_O-X_P}=\dfrac{\mathrm{Grid\_}X_O-\mathrm{Grid\_}X_P-(\mathrm{Grid\_}Y_O-\mathrm{Grid\_}Y_P)}{\mathrm{Grid\_}X_O-\mathrm{Grid\_}X_P}\end{cases}\tag{3.41}$$

当 $\mathrm{Grid\_}X_P-\mathrm{Grid\_}X_O<0$，$\mathrm{Grid\_}Y_P-\mathrm{Grid\_}Y_O>0$，$(\mathrm{Grid\_}X_P-\mathrm{Grid\_}X_O)+(\mathrm{Grid\_}Y_P-\mathrm{Grid\_}Y_O)\leqslant 0$ 时：

$$\begin{cases}\mu_{\mathrm{W}}(P)=\dfrac{Y_P-Y_O}{X_O-X_P}=\dfrac{\mathrm{Grid\_}Y_P-\mathrm{Grid\_}Y_O}{\mathrm{Grid\_}X_O-\mathrm{Grid\_}X_P}\\ \mu_{\mathrm{NW}}(P)=\dfrac{X_O-X_P-(Y_P-Y_O)}{X_O-X_P}=\dfrac{\mathrm{Grid\_}X_O-\mathrm{Grid\_}X_P-(\mathrm{Grid\_}Y_P-\mathrm{Grid\_}Y_O)}{\mathrm{Grid\_}X_O-\mathrm{Grid\_}X_P}\end{cases}\tag{3.42}$$

当 $\mathrm{Grid\_}X_P-\mathrm{Grid\_}X_O<0$，$\mathrm{Grid\_}Y_P-\mathrm{Grid\_}Y_O>0$，$(\mathrm{Grid\_}X_P-\mathrm{Grid\_}X_O)+(\mathrm{Grid\_}Y_P-\mathrm{Grid\_}Y_O)>0$ 时：

$$\begin{cases}\mu_{\mathrm{N}}(P)=\dfrac{X_O-X_P}{Y_P-Y_O}=\dfrac{\mathrm{Grid\_}X_O-\mathrm{Grid\_}X_P}{\mathrm{Grid\_}Y_P-\mathrm{Grid\_}Y_O}\\ \mu_{\mathrm{NW}}(P)=\dfrac{Y_P-Y_O-(X_O-X_P)}{Y_P-Y_O}=\dfrac{\mathrm{Grid\_}Y_P-\mathrm{Grid\_}Y_O-(\mathrm{Grid\_}X_O-\mathrm{Grid\_}X_P)}{\mathrm{Grid\_}Y_P-\mathrm{Grid\_}Y_O}\end{cases}\tag{3.43}$$

在计算中应该先将 $X_P-X_O=0$ 或 $Y_P-Y_O=0$ 的情况进行处理：

$$\begin{cases}\mu_O(P)=1, & X_P-X_O=0, \quad Y_P-Y_O=0\\ \mu_{\mathrm{N}}(P)=1, & X_P-X_O=0, \quad Y_P-Y_O>0\\ \mu_{\mathrm{E}}(P)=1, & X_P-X_O>0, \quad Y_P-Y_O=0\\ \mu_{\mathrm{S}}(P)=1, & X_P-X_O=0, \quad Y_P-Y_O<0\\ \mu_{\mathrm{W}}(P)=1, & X_P-X_O<0, \quad Y_P-Y_O=0\end{cases}\tag{3.44}$$

式（3.35）～式（3.44）中，$\mu_O(P)$、$\mu_{\mathrm{N}}(P)$、$\mu_{\mathrm{NE}}(P)$、$\mu_{\mathrm{E}}(P)$、$\mu_{\mathrm{SE}}(P)$、$\mu_{\mathrm{S}}(P)$、$\mu_{\mathrm{SW}}(P)$、

$\mu_W(P)$、$\mu_{NW}(P)$分布代表 P 在中心区域、N、NE、E、SE、S、SW、W、NW 方向区域的隶属度。

2）定性空间方向关系分析

根据 3.3.3 节所述的计算方法，本书设计了一个空间场景（图 3.27）以验证定性空间方向关系的计算，在该场景中包括了面与面、面与线、面与点、线与点、线与面、点与线、点与面对象之间的方向关系，还包括相互包含的面与面之间、相互嵌套的面与面之间的方向关系，同时设计了距离对相互远离的对象之间方向关系的影响等。计算结果如表 3.4 所示。

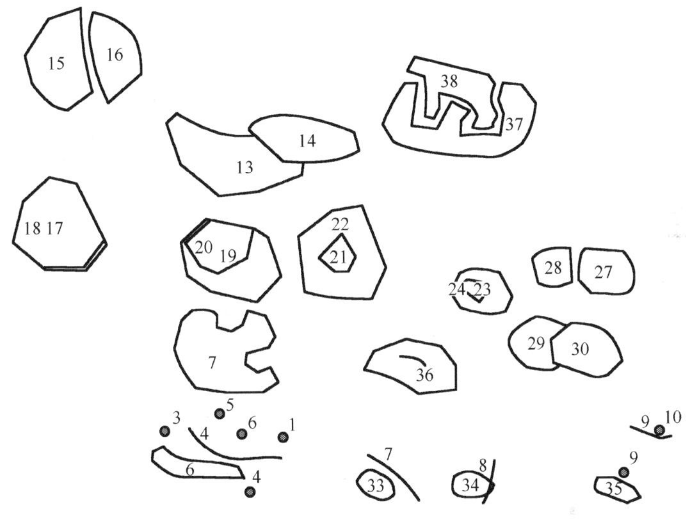

图 3.27　空间方向关系计算场景

同时，为了验证本模型计算结果与人们认知习惯是否一致，本书设计了一套空间方向关系的空间认知测试题（测试题目见附录 B）。测试中，要求被测试者根据图 3.27 场景中指定对象对的方向关系选择定量描述表达词（0-中心，1-北，2-东北，3-东，4-东南，5-南，6-西南，7-西，8-西北），允许多选。测试完成后，对每一组对象在某一方向值出现的频率进行统计，统计的结果按照方向分布制作成方向雷达图和计算结果进行对比（表 3.4）。

表 3.4　空间方向关系计算结果及与空间认知测试问卷结果比较

空间方向关系测试问卷结果统计方向图	基于多层次格网的空间方向关系矩阵		
	Grid_Level=0	Grid_Level=1	Grid_Level=2	Grid_Level=3
R15→R16	0.00　0.06　0.25 0.00　0.00　0.48 0.00　0.02　0.19	0.00　0.08　0.24 0.00　0.00　0.43 0.00　0.04　0.21	0.00　0.12　0.26 0.00　0.02　0.34 0.00　0.08　0.18	0.00　0.14　0.19 0.00　0.07　0.29 0.00　0.14　0.19

续表

空间方向关系测试问卷结果统计方向图	基于多层次格网的空间方向关系矩阵			
	Grid_Level=0	Grid_Level=1	Grid_Level=2	Grid_Level=3
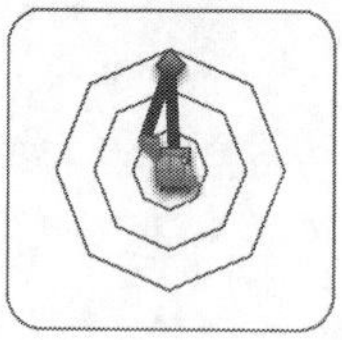 R37→R38	0.23 0.22 0.19 0.17 0.00 0.15 0.02 0.00 0.01	0.23 0.22 0.19 0.16 0.00 0.15 0.02 0.00 0.02	0.19 0.20 0.19 0.17 0.02 0.18 0.03 0.01 0.02	0.20 0.19 0.13 0.20 0.07 0.12 0.05 0.02 0.03
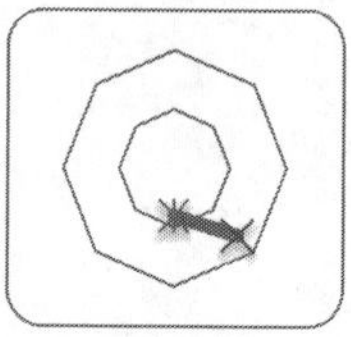 R20→R19	0.04 0.04 0.05 0.07 0.29 0.15 0.08 0.13 0.16	0.04 0.05 0.05 0.08 0.26 0.15 0.08 0.13 0.16	0.03 0.04 0.05 0.11 0.19 0.17 0.09 0.16 0.17	0.04 0.05 0.04 0.13 0.20 0.13 0.12 0.18 0.12
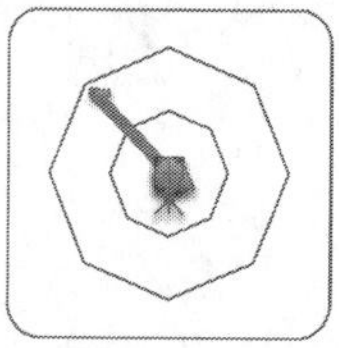 R19→R20	0.14 0.11 0.07 0.14 0.37 0.06 0.05 0.04 0.03	0.16 0.14 0.08 0.16 0.24 0.08 0.05 0.05 0.04	0.18 0.17 0.10 0.19 0.12 0.12 0.05 0.04 0.04	0.13 0.20 0.13 0.14 0.11 0.14 0.05 0.06 0.05
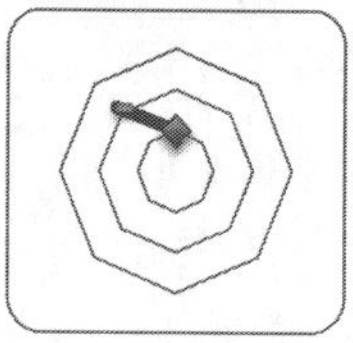 R6→R16	0.19 0.81 0.00 0.00 0.00 0.00 0.00 0.00 0.00	0.20 0.80 0.00 0.00 0.00 0.00 0.00 0.00 0.00	0.21 0.79 0.00 0.00 0.00 0.00 0.00 0.00 0.00	0.16 0.84 0.00 0.00 0.00 0.00 0.00 0.00 0.00
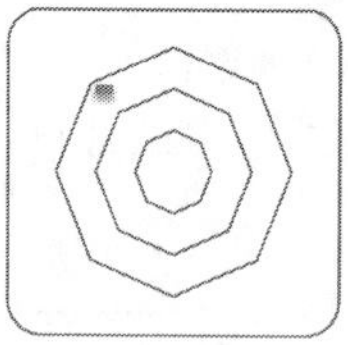 R35→R15	0.76 0.00 0.00 0.24 0.00 0.00 0.00 0.00 0.00	0.76 0.00 0.00 0.24 0.00 0.00 0.00 0.00 0.00	0.76 0.00 0.00 0.24 0.00 0.00 0.00 0.00 0.00	0.76 0.00 0.00 0.24 0.00 0.00 0.00 0.00 0.00
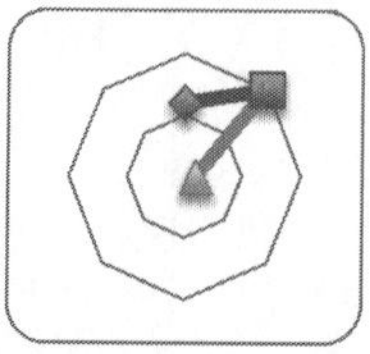 R6→L4	0.10 0.14 0.24 0.01 0.00 0.51 0.00 0.00 0.01	0.11 0.15 0.23 0.01 0.00 0.48 0.00 0.00 0.01	0.10 0.16 0.20 0.02 0.03 0.46 0.00 0.00 0.03	0.05 0.10 0.13 0.00 0.10 0.51 0.00 0.00 0.12

续表

空间方向关系测试问卷结果统计方向图	基于多层次格网的空间方向关系矩阵			
	Grid_Level=0	Grid_Level=1	Grid_Level=2	Grid_Level=3
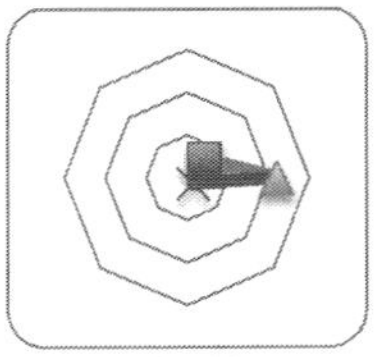 R6→P6	0.00 0.15 0.51 0.00 0.00 0.34 0.00 0.00 0.00	0.00 0.17 0.45 0.00 0.00 0.38 0.00 0.00 0.00	0.00 0.23 0.39 0.00 0.00 0.39 0.00 0.00 0.00	0.00 0.20 0.30 0.00 0.00 0.50 0.00 0.00 0.00
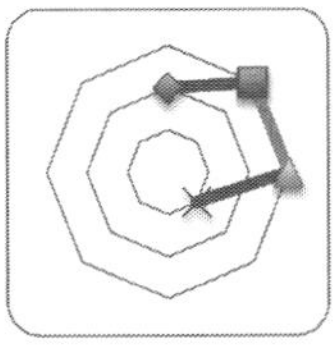 L4→P1	0.01 0.10 0.33 0.00 0.00 0.55 0.00 0.00 0.01	0.04 0.15 0.29 0.00 0.00 0.51 0.00 0.00 0.01	0.00 0.14 0.26 0.00 0.00 0.56 0.00 0.00 0.04	0.00 0.25 0.25 0.00 0.00 0.50 0.00 0.00 0.00
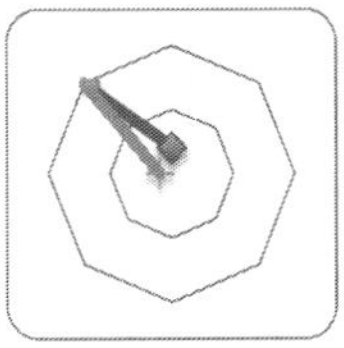 L4→R16	0.30 0.70 0.00 0.00 0.00 0.00 0.00 0.00 0.00	0.31 0.69 0.00 0.00 0.00 0.00 0.00 0.00 0.00	0.31 0.69 0.00 0.00 0.00 0.00 0.00 0.00 0.00	0.30 0.70 0.00 0.00 0.00 0.00 0.00 0.00 0.00
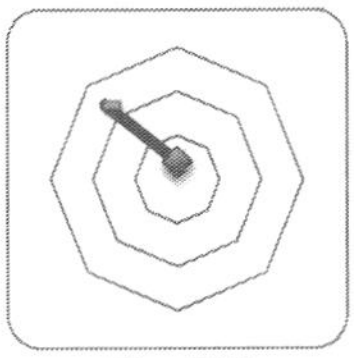 P1→R16	0.44 0.56 0.00 0.00 0.00 0.00 0.00 0.00 0.00	0.44 0.56 0.00 0.00 0.00 0.00 0.00 0.00 0.00	0.46 0.54 0.00 0.00 0.00 0.00 0.00 0.00 0.00	0.44 0.56 0.00 0.00 0.00 0.00 0.00 0.00 0.00
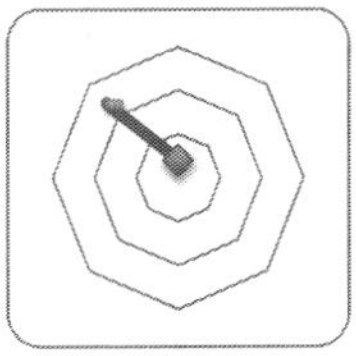 P1→R15	0.60 0.40 0.00 0.00 0.00 0.00 0.00 0.00 0.00	0.59 0.41 0.00 0.00 0.00 0.00 0.00 0.00 0.00	0.60 0.40 0.00 0.00 0.00 0.00 0.00 0.00 0.00	0.57 0.43 0.00 0.00 0.00 0.00 0.00 0.00 0.00
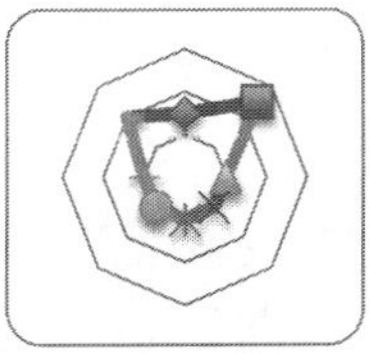 R36→L10	0.18 0.11 0.09 0.21 0.01 0.20 0.07 0.05 0.08	0.18 0.11 0.09 0.21 0.01 0.20 0.07 0.05 0.08	0.18 0.11 0.09 0.21 0.01 0.20 0.07 0.05 0.08	0.18 0.11 0.09 0.21 0.01 0.20 0.07 0.05 0.08

续表

空间方向关系测试问卷结果统计方向图	基于多层次格网的空间方向关系矩阵			
	Grid_Level=0	Grid_Level=1	Grid_Level=2	Grid_Level=3
R34→L8	0.01　0.09　0.25 0.00　0.01　0.36 0.02　0.09　0.17	0.00　0.10　0.22 0.00　0.03　0.33 0.02　0.10　0.19	0.00　0.05　0.16 0.00　0.07　0.32 0.04　0.14　0.21	0.00　0.13　0.13 0.00　0.25　0.25 0.00　0.13　0.13
L8→R16	0.90　0.10　0.00 0.00　0.00　0.00 0.00　0.00　0.00	0.90　0.10　0.00 0.00　0.00　0.00 0.00　0.00　0.00	0.89　0.11　0.00 0.01　0.00　0.00 0.00　0.00　0.00	0.86　0.13　0.00 0.01　0.00　0.00 0.00　0.00　0.00

注：方向矩阵中各元素之和应等于 1.00，但由于各方向矩阵中的元素存在显示精度的问题，故各元素之和有不等于 1.00 的情况。

从 GHQ 的定性方向关系矩阵计算结果及其与空间认知测试结果的对比可以看出，GHQ 的定性方向关系矩阵所反映的定性方向关系与测试结果基本一致，大部分方向关系吻合得较好，在所有的场景对象关系描述中，测试结果中表达的方向关系在 GHQ 的定性方向关系表达中都出现，但在部分关系对中，方向关系比率有差异，如（R6→L4，L4→R16，P1→R16，P1→R15）。在这些出现差异的场景中又可以分为两种类型，一种是相互靠近且平行的面对象与线对象的方向关系，另一种是相互远离的对象方向关系。前者出现偏差的主要原因是因为相互靠近且平行的对象对的方向关系的描述本身是一个难题，难以用确定的语言进行表达，这在空间认知测试结果中各测试结果项分布比较分散也可以得到了验证；后一种情况出现偏差的原因在于，被测试者在基于地图进行相互远离的对象对的关系描述时，选择了较严格的几何知识作为描述的基础（只要主对象不是在参考对象的严格正主方向（N, E, S, W），就表达为偏主方向），且在答题时，大部分被试倾向于选择单选答案。这和不根据地图而是根据记忆或想象的描述是有偏差的。从这个意义上讲，GHQ 的定性方向关系表达模型的表达结果更接近基于记忆和脑图的方向关系表达结果。

从上述场景对象方向关系计算结果及其与空间认知方向关系测试结果的对比中可以得到以下结论。

（1）GHQ 方向关系矩阵对格网等级的变化不敏感。这是因为在方向关系计算中，计算的是格网之间的相对方向关系，空间对象的大小、形状、空间分布是方向关系重要因素，而这些因子对格网大小的变化不敏感。同时，在计算两个远离目标之间方向关系时，最高等级格网的大小可能远小于对象之间的距离，所以对方向关系不造成显著的影响。这一结论和人的空间认知特征是相吻合的。

（2）对相互远离空间对象的方向关系表达达到了较好效果，与空间认知测试题的结果以及与传统的空间方向关系模型的对比，可以看出，在处理相互远离空间对象之间的方向关系表达上，当空间对象相互远离时 GHQ 与 9-交模型方向矩阵等传统模型的计算结果基本一致。

（3）解决了相互缠绕空间对象之间方向关系的问题，在 R37→R38 方向关系对中，GHQ 模型有效地表达了相互缠绕空间对象之间的空间方向关系，可以有效地分辨相互缠绕对象之间的空间方向关系。

（4）解决了空间对象方向关系“突变”的问题，以图 3.28 为例，空间对象 B 的位置经过微小的运动移动到 B' 的位置，在 9-交模型中和基于 Cone 的模型中，其方向关系都发生了“突变”（以 9-交模型为例，从一个方向关系 N 跳跃到另一种方向关系 NE），这是和人们的日常认知习惯是相违背的。详细方向矩阵[69,70]试图通过主对象在九方向区域所占面积的比例来解决这一不足，但如果主对象是点对象，而不是面对象（图 3.28），该方法也无能为力。基于模糊集的模糊方向关系模型[53,55]，试图通过方向区间边界的模糊化解决这一问题，实际上只能使方向区域边界线变“宽”，还是无法完全解决这一矛盾。为了更好地说明这个问题，本书设计了一个场景（图 3.29），在场景中 R11 是参考对象，R12～R27 是围绕 R11 位置连续渐变变化的同一空间对象，根据其位置计算其相对于 R11 的定性空间方向关系，由于对象相互远离，所以我们只选取了 Grid_Level=0 的计算结果（表 3.5）。

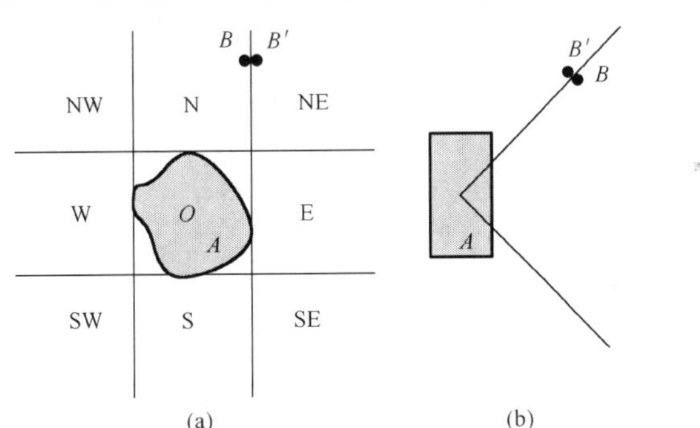

图 3.28　空间对象微小位置变化引起空间方向关系发生突变

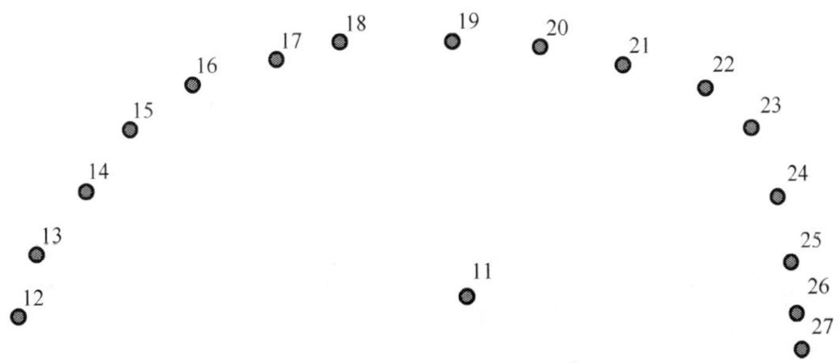

图 3.29　连续变化方向关系场景

为了更直观地表述方向关系矩阵的连续变化情况，本书针对每个方向（在本实验中，只有上半圆 N-NE-E-W-NW 的值非零，故在图 3.29 中，只选取了以上方向）的方向值变化做出变化曲线图（图 3.30）进行比较。从关系矩阵的数据表 3.5 和图 3.30 可以看出，随着主对象围绕着参考对象位置做连续变化，方向矩阵中的各个方向值也做连续的变化，没有发生在 9-交模型和基于圆锥 Cone 模型中的方向值突变的情况。由此可以看出，可见本模型更准确地表达了人们空间方向关系的认知习惯。

表 3.5　位置渐进变化对象方向关系矩阵

P11>P12				P11>P20			
	0	0	0		0	0.6	0.4
	0.95	0	0		0	0	0
	0.05	0	0		0	0	0
P11>P13				P11>P21			
	0.11	0	0		0	0.22	0.78
	0.89	0	0		0	0	0
	0	0	0		0	0	0
P11>P14				P11>P22			
	0.25	0	0		0	0	0.73
	0.75	0	0		0	0	0.27
	0	0	0		0	0	0
P11>P15				P11>P23			
	0.5	0	0		0	0	0.54
	0.5	0	0		0	0	0.46
	0	0	0		0	0	0
P11>P16				P11>P24			
	0.73	0	0		0	0	0.29
	0.27	0	0		0	0	0.71
	0	0	0		0	0	0
P11>P17				P11>P25			
	0.8	0.2	0		0	0	0.07
	0	0	0		0	0	0.93
	0	0	0		0	0	0
P11>P18				P11>P26			
	0.5	0.5	0		0	0	0
	0	0	0		0	0	0.93
	0	0	0		0	0	0.07
P11>P19				P11>P27			
	0	1	0		0	0	0
	0	0	0		0	0	0.8
	0	0	0		0	0	0.2

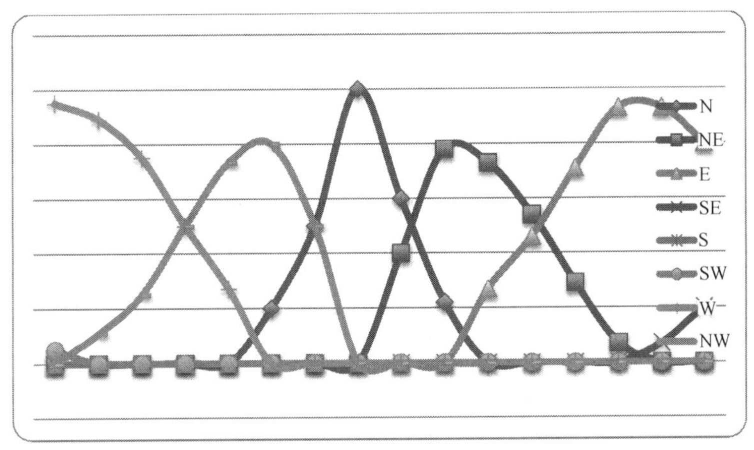

图 3.30　方向矩阵中各个方向值的连续变化

5. 定性空间距离表达计算模型

当空间对象相互远离，其形状和大小都可以忽略时，空间对象之间的距离可以用空间对象质心之间的距离表达；但在空间对象形状和大小不能忽略的情况下，两个空间对象间的距离是一个较为复杂的概念：点与点之间的距离一般可以用点对之间的欧氏距离表示；点与线之间的距离，一般可以用点与线之间的垂直距离表示；点与面，线与线、线与面、面与面之间的距离计算方式较为复杂，表达的形式也多种多样，根据不同的情况，可以选用不同的方法。本书选取几种较为常用的距离表达形式进行讨论分析。

（1）点-点之间的距离。点与点之间的距离，一般表示为点与点之间直线距离。

（2）点-线之间的距离。点到线的距离包括点到线段端点的距离，点到线段的最小距离，点到线段的最大距离，点到线段的平均距离；线到点的距离包括线段到点的平均距离，线段到点的最小距离，线段到点的最大距离。

（3）点-面之间的距离。点到面的距离包括点到面的平均距离，点到面的最大距离，点到面的最小距离，点到面质心的距离；面到点的距离包括面到点的平均距离，面到点的最大距离，面到点的最小距离。

（4）线-线之间的距离。线到线的距离包括线段端点之间的距离，线段之间的最大距离，线段之间的最小距离和线段之间的平均距离。

（5）线-面之间的距离。线到面的距离包括线的端点到面的距离（包括最大距离、最小距离、端点到面质心的距离和平均距离），线到面的平均距离，线到面的最小距离，线到面的最大距离；面到线的距离包括面到线的最小距离，面到线的最大距离，面质心到线的距离（包括最大距离、最小距离、质心到线端点的距离）。

（6）面-面之间的距离。面与面之间的距离包括面与面之间距离的平均值、最大值、最小值、面质心到另一个面的距离（与点到面的距离定义相同），面到另一个面质心的距离（与面到点的距离定义相同）。

在 GHQ 的空间距离计算中，空间距离可以统一为面与面之间的距离计算，其他所有的对象类型之间的主要距离关系都可以在面与面之间的关系中找到近似的对应关系，可以统一成 6 种基本距离关系（表 3.6）。

表 3.6　6 种基本面-面距离关系及与其他对象间距离关系对照表

面-面	点-点	点-线	点-面	线-线	线-面
面到面平均距离		线到点的平均距离		线段之间的平均距离	线到面平均距离 面到线平均距离
面到面最大距离		线到点的最大距离		线段端点之间的距离 线段之间最大距离	线到面最大距离 面到线最大距离
面到面最小距离		线到点的最小距离		线段之间最小距离	线到面最小距离 面到线最小距离
质心到面的平均值		点到线段平均距离	点到面的平均距离 面到点的平均距离		线到面质心平均距离 面质心到线平均距离
质心到面的最大值		点到线段最大距离	点到面的最大距离 面到点的最大距离		线到面质心最大距离 面质心到线最大距离
质心到面的最小值		点到线段最小距离	点到面的最小距离 面到点的最小距离		线到面质心最小距离 面质心到线最小距离
质心到质心的距离	点-点距离		点到面质心的距离		

欧氏的距离的计算公式为 $\text{dist}=\sqrt{(x_2-x_1)^2+(y_2-y_1)^2}$，曼哈顿距离的计算公式为

$$\text{dist}=\left|(x_2-x_1)\right|+\left|(y_2-y_1)\right| \tag{3.45}$$

可以证明同一点对之间的曼哈顿距离大于欧氏距离，且最大不超过欧氏距离的 $1-\frac{\sqrt{2}}{2}\approx 0.3$ 倍。曼哈顿距离计算的复杂度比欧氏距离低得多，尤其在 GHQ 中，两点间距离的坐标差表现为格网编号的差值（整数），所以在 GHQ 定性距离表达中，在精度要求不高的情况下，可以选用曼哈顿距离进行计算。使用曼哈顿距离的另一好处是曼哈顿距离可以在 SQL 语句中实现在精度要求较高（当曼哈顿距离精度不能满足要求）的情况下，可以使用曼哈顿距离加上距离公式的泰勒展开式，并运用 C 语言中的移位运算符（>>）进行计算（式（3.46））。这两种方法的计算复杂度都比欧氏距离的计算复杂度低。

$$\begin{aligned}\text{dist}=\ &\text{delta}X+\text{delta}Y-\min(\text{delta}X,\text{delta}Y)>>2-\min(\text{delta}X,\text{delta}Y)>>3\\&+\min(\text{delta}X,\text{delta}Y)>>4\end{aligned} \tag{3.46}$$

在 GHQ 的定性距离关系表达中，*A*, *B* 对象（可能是点、线、面三种类型的任意组合）的距离包括以下 10 种距离：C_C（*A* 的质心与 *B* 的质心距离）、Min_A_B（*A* 与 *B* 的最小距离）、Max_A_B（*A* 与 *B* 的最大距离）、Avg_R_R（*A* 与 *B* 的平均距离）、Min_CA_B（*A* 的质心与 *B* 的最小距离）、Max_CA_B（*A* 的质心与 *B* 的最大距离）、

Avg_CA_B（*A* 的质心与 *B* 的平均距离）、Min_CB_A（*B* 的质心与 *A* 的最小距离）、Max_CB_A（*B* 的质心与 *A* 的最大距离）、Avg_CB_A（*B* 的质心与 *A* 的平均距离），表 3.7 是图 3.27 中部分对象之间距离计算结果。

表 3.7　不同类型对象距离计算结果

几何对象对	Grid_Level=0	Grid_Level=1	Grid_Level=2	Grid_Level=3
R:13-R:14	C_C: 667.08 Min_A_B: 0.00 Max_A_B: 1824.83 Avg_A_B: 829.16 Min_CA_B: 282.84 Max_CA_B: 1209.34 Avg_CA_B: 766.49 Min_CB_A: 0.00 Max_CB_A: 1265.90 Avg_CB_A: 739.93	C_C: 632.46 Min_A_B: 0.00 Max_A_B: 1824.83 Avg_A_B: 848.53 Min_CA_B: 282.84 Max_CA_B: 1216.55 Avg_CA_B: 768.11 Min_CB_A: 0.00 Max_CB_A: 1216.55 Avg_CB_A: 728.01	C_C: 824.62 Min_A_B: 0.00 Max_A_B: 1843.91 Avg_A_B: 894.43 Min_CA_B: 447.21 Max_CA_B: 1456.02 Avg_CA_B: 959.17 Min_CB_A: 0.00 Max_CB_A: 1264.91 Avg_CB_A: 774.60	C_C: 400.00 Min_A_B: 0.00 Max_A_B: 1649.24 Avg_A_B: 800.00 Min_CA_B: 400.00 Max_CA_B: 1264.91 Avg_CA_B: 800.00 Min_CB_A: 0.00 Max_CB_A: 894.43 Avg_CB_A: 400.00
R:37-R:38	C_C: 353.55 Min_A_B: 50.00 Max_A_B: 1320.98 Avg_A_B: 638.36 Min_CA_B: 100.00 Max_CA_B: 790.57 Avg_CA_B: 460.98 Min_CB_A: 100.00 Max_CB_A: 807.77 Avg_CB_A: 563.47	C_C: 316.23 Min_A_B: 0.00 Max_A_B: 1389.24 Avg_A_B: 655.74 Min_CA_B: 100.00 Max_CA_B: 781.02 Avg_CA_B: 458.26 Min_CB_A: 100.00 Max_CB_A: 894.43 Avg_CB_A: 565.69	C_C: 200.00 Min_A_B: 0.00 Max_A_B: 1341.64 Avg_A_B: 663.32 Min_CA_B: 200.00 Max_CA_B: 721.11 Avg_CA_B: 489.90 Min_CB_A: 0.00 Max_CB_A: 824.62 Avg_CB_A: 529.15	C_C: 400.00 Min_A_B: 0.00 Max_A_B: 1442.22 Avg_A_B: 692.82 Min_CA_B: 400.00 Max_CA_B: 894.43 Avg_CA_B: 692.82 Min_CB_A: 0.00 Max_CB_A: 894.43 Avg_CB_A: 565.69
R:6-L:4	C_C: 316.23 Min_A_B: 0.00 Max_A_B: 1303.84 Avg_A_B: 565.69 Min_CA_B: 223.61 Max_CA_B: 905.54 Avg_CA_B: 509.90 Min_CB_A: 100.00 Max_CB_A: 707.11 Avg_CB_A: 400.00	C_C: 316.23 Min_A_B: 0.00 Max_A_B: 1303.84 Avg_A_B: 565.69 Min_CA_B: 223.61 Max_CA_B: 905.54 Avg_CA_B: 509.90 Min_CB_A: 100.00 Max_CB_A: 707.11 Avg_CB_A: 400.00	C_C: 447.21 Min_A_B: 0.00 Max_A_B: 1216.55 Avg_A_B: 565.69 Min_CA_B: 447.21 Max_CA_B: 1019.80 Avg_CA_B: 663.32 Min_CB_A: 0.00 Max_CB_A: 632.46 Avg_CB_A: 346.41	C_C: 800.00 Min_A_B: 0.00 Max_A_B: 1264.91 Avg_A_B: 692.82 Min_CA_B: 565.69 Max_CA_B: 1200.00 Avg_CA_B: 894.43 Min_CB_A: 0.00 Max_CB_A: 894.43 Avg_CB_A: 565.69

续表

几何对象对	Grid_Level=0	Grid_Level=1	Grid_Level=2	Grid_Level=3
R:6-P:5	C_C: 540.83 Min_A_B: 403.11 Max_A_B: 763.22 Avg_A_B: 583.10 Min_CA_B: 540.83 Max_CA_B: 540.83 Avg_CA_B: 540.83 Min_CB_A: 403.11 Max_CB_A: 763.22 Avg_CB_A: 583.10	C_C: 583.10 Min_A_B: 412.31 Max_A_B: 806.23 Avg_A_B: 624.50 Min_CA_B: 583.10 Max_CA_B: 583.10 Avg_CA_B: 583.10 Min_CB_A: 412.31 Max_CB_A: 806.23 Avg_CB_A: 624.50	C_C: 721.11 Min_A_B: 400.00 Max_A_B: 721.11 Avg_A_B: 565.69 Min_CA_B: 721.11 Max_CA_B: 721.11 Avg_CA_B: 721.11 Min_CB_A: 400.00 Max_CB_A: 721.11 Avg_CB_A: 565.69	C_C: 894.43 Min_A_B: 400.00 Max_A_B: 894.43 Avg_A_B: 565.69 Min_CA_B: 894.43 Max_CA_B: 894.43 Avg_CA_B: 894.43 Min_CB_A: 400.00 Max_CB_A: 894.43 Avg_CB_A: 565.69
L:4-P:6	C_C: 250.00 Min_A_B: 250.00 Max_A_B: 502.49 Avg_A_B: 350.00 Min_CA_B: 250.00 Max_CA_B: 250.00 Avg_CA_B: 250.00 Min_CB_A: 250.00 Max_CB_A: 502.49 Avg_CB_A: 350.00	C_C: 282.84 Min_A_B: 200.00 Max_A_B: 509.90 Avg_A_B: 360.56 Min_CA_B: 282.84 Max_CA_B: 282.84 Avg_CA_B: 282.84 Min_CB_A: 200.00 Max_CB_A: 509.90 Avg_CB_A: 360.56	C_C: 282.84 Min_A_B: 200.00 Max_A_B: 447.21 Avg_A_B: 282.84 Min_CA_B: 282.84 Max_CA_B: 282.84 Avg_CA_B: 282.84 Min_CB_A: 200.00 Max_CB_A: 447.21 Avg_CB_A: 282.84	C_C: 400.00 Min_A_B: 0.00 Max_A_B: 565.69 Avg_A_B: 400.00 Min_CA_B: 400.00 Max_CA_B: 400.00 Avg_CA_B: 400.00 Min_CB_A: 0.00 Max_CB_A: 565.69 Avg_CB_A: 400.00
L:4-L:7	C_C: 1570.03 Min_A_B: 750.00 Max_A_B: 2261.08 Avg_A_B: 1586.66 Min_CA_B: 1300.00 Max_CA_B: 1855.40 Avg_CA_B: 1592.17 Min_CB_A: 1030.78 Max_CB_A: 1964.69 Avg_CB_A: 1565.25	C_C: 1513.27 Min_A_B: 700.00 Max_A_B: 2213.59 Avg_A_B: 1571.62 Min_CA_B: 1300.00 Max_CA_B: 1843.91 Avg_CA_B: 1600.00 Min_CB_A: 921.95 Max_CB_A: 1868.15 Avg_CB_A: 1486.61	C_C: 1612.45 Min_A_B: 800.00 Max_A_B: 2154.07 Avg_A_B: 1587.45 Min_CA_B: 1400.00 Max_CA_B: 1843.91 Avg_CA_B: 1661.32 Min_CB_A: 1019.80 Max_CB_A: 1897.37 Avg_CB_A: 1549.19	C_C: 1264.91 Min_A_B: 800.00 Max_A_B: 2154.07 Avg_A_B: 1549.19 Min_CA_B: 1200.00 Max_CA_B: 1649.24 Avg_CA_B: 1496.66 Min_CB_A: 894.43 Max_CB_A: 1788.85 Avg_CB_A: 1385.64
R:36-L:10	C_C: 70.71 Min_A_B: 0.00 Max_A_B: 610.33 Avg_A_B: 282.84	C_C: 100.00 Min_A_B: 0.00 Max_A_B: 608.28 Avg_A_B: 300.00	C_C: 0.00 Min_A_B: 0.00 Max_A_B: 632.46 Avg_A_B: 282.84	C_C: 0.00 Min_A_B: 0.00 Max_A_B: 894.43 Avg_A_B: 400.00

续表

几何对象对	Grid_Level=0	Grid_Level=1	Grid_Level=2	Grid_Level=3
R:36-L:10	Min_CA_B: 70.71 Max_CA_B: 180.28 Avg_CA_B: 122.47 Min_CB_A: 0.00 Max_CB_A: 514.78 Avg_CB_A: 273.86	Min_CA_B: 100.00 Max_CA_B: 200.00 Avg_CA_B: 141.42 Min_CB_A: 0.00 Max_CB_A: 509.90 Avg_CB_A: 282.84	Min_CA_B: 0.00 Max_CA_B: 200.00 Avg_CA_B: 0.00 Min_CB_A: 0.00 Max_CB_A: 447.21 Avg_CB_A: 282.84	Min_CA_B: 0.00 Max_CA_B: 400.00 Avg_CA_B: 0.00 Min_CB_A: 0.00 Max_CB_A: 565.69 Avg_CB_A: 400.00
P:11-P:22	C_C: 680.07 Min_A_B: 680.07 Max_A_B: 680.07 Avg_A_B: 680.07 Min_CA_B: 680.07 Max_CA_B: 680.07 Avg_CA_B: 680.07 Min_CB_A: 680.07 Max_CB_A: 680.07 Avg_CB_A: 680.07	C_C: 721.11 Min_A_B: 721.11 Max_A_B: 721.11 Avg_A_B: 721.11 Min_CA_B: 721.11 Max_CA_B: 721.11 Avg_CA_B: 721.11 Min_CB_A: 721.11 Max_CB_A: 721.11 Avg_CB_A: 721.11	C_C: 721.11 Min_A_B: 721.11 Max_A_B: 721.11 Avg_A_B: 721.11 Min_CA_B: 721.11 Max_CA_B: 721.11 Avg_CA_B: 721.11 Min_CB_A: 721.11 Max_CB_A: 721.11 Avg_CB_A: 721.11	C_C: 565.69 Min_A_B: 565.69 Max_A_B: 565.69 Avg_A_B: 565.69 Min_CA_B: 565.69 Max_CA_B: 565.69 Avg_CA_B: 565.69 Min_CB_A: 565.69 Max_CB_A: 565.69 Avg_CB_A: 565.69

定性空间距离表达也是分层次的，在不同的层次和用户设置的不同空间距离等级，定性描述的分级标准也是不同的。定性距离区间设定后，对象之间距离计算结果按照其大小落在定性距离范围而赋予定性距离值（图 3.31）。

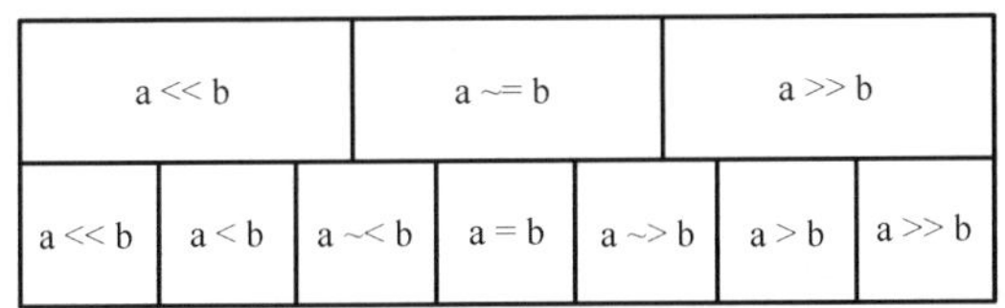

图 3.31 多层次定性距离关系定义

3.3.4 GHQ 模型与现有模型的比较

1. 空间关系表达结果基本一致

GHQ 和现有的定性空间关系表达模型相比，在表达相互远离，形状和大小可以忽略的对象时，GHQ 模型与现有的空间关系表达模型的表达结果基本一致，GHQ 模型和 9-交模型中面-面关系表达结果是一致的。RCC 模型所表达的面元之间的拓扑关系与本书所阐述的将点、线、面对象转化为其所在格网来表达的思想类似，两种模型所表达的空间拓扑关系也是一致的；当 GHQ 模型中格网的尺寸和参照对象的 MBR 大小基本一致时，GHQ 模型表达的空间方向关系和 9-交模型中空间方向关系的粗略方向矩阵的结果是相近的，当格网进一步缩小，GHQ 模型表达的结果与详细方向矩阵和深度方向矩阵的表达结果是一致的；当每个对象被格网分割成若干单元时，每个格网的大小和形状可以忽略，格网之间的方向关系与三角形方向模型的计算结果是基本一致的。其他模型与 GHQ 模型的计算结果也基本一致。

2. 表达内容更广泛

现有的定性空间表达研究主要集中在定性空间关系的研究，GHQ 不仅表达了空间对象之间的空间关系，还表达了空间对象专题和空间对象形态。GHQ 模型将定性空间专题、定性空间形状和定性空间关系放在一个统一的框架下进行研究，以往的定性空间表达模型忽略了空间专题和空间形状，实际上空间专题的表达是定性空间描述的一个重要因子，空间专题的表达在空间数据检索中可以起到过滤作用，在进行大运算量的空间计算之前，可先过滤掉那些不包含指定空间专题类型对象的空间格网；定性空间形状将空间对象的形状进行抽象后的概括性表达，在空间分析中也能起到对空间分析结果进行过滤的作用。

3. 表达能力更强

由于 GHQ 的空间方向关系表达模型将对象进行了多层次的格网划分，增加了复杂形状空间对象的表达能力，对凹对象、空洞对象均可以有效地表达，同时对于相互缠绕的对象，GHQ 模型可以有效地对其空间形状、相互之间拓扑关系、角度关系和距离关系进行表达，前述的现有几个模型对表达类似的空间场景是困难的。

4. 多层次表达能力

GHQ 模型采用了多层次的格网技术，采用多层次格网表达的优点在于可以根据实际需要选用一种尺寸合适的格网对研究区域进行划分，符合人们认识事物时所具有的层次细节（level of detail，LOD）的特点：在较高的层次，只需要获取地物相对粗略的概括信息，随着层级的降低，地物的细节特性才慢慢呈现出来。符合人们空间表达中多层次、定性与定量结合的特点。对研究区域采用多层次格网的划分，还为使用关系数据库对其进行存储检索和高效的并行计算等提供了条件，计算和检索效率更高。

5. 解决了方向关系的突变问题

GHQ 的定性方向关系表达中，方向的表达是连续的，空间方向关系突变的问题得到了较好的解决（图 3.29），和人的空间认知特征是完全一致的。

6. 计算复杂度低，检索效率更高

定性空间描述是对地理空间场景在一定认知程度上的概括，信息获取的效率是第一位的需求，信息的精确性放在次要的位置，这就要求地理信息系统能够快速提供空间场景的定性信息，所以定性空间关系计算模型的计算复杂度要相对定量空间关系计算模型的计算复杂度低。但目前的定性空间关系计算模型有复杂化的趋势，以详细方向关系矩阵和深度方向关系矩阵为例，该模型需要计算主对象落在不同方向区域的面积，甚至需要计算主对象落在参考对象各方向区域分界线上的长度，这些运算都涉及复杂的空间切割运算，计算复杂度高。GHQ 模型把空间对象的空间分布转换成空间格网的索引，使复杂的空间关系运算转化为简单的对空间格网的检索与查询，大大降低了计算复杂度。

综上所述，定性空间关系表达的速度是一个很重要的因素，如果一个定性表达模型的计算检索效率比定量模型的效率还低，则该模型就没有实际的应用价值，GHQ 模型把空间对象的空间分布转化成格网的索引号并根据空间分布和空间层次存放在数据库的不同的表中，可以用标准的 SQL 语句代替复杂的空间计算，效率较高，以角度计算为例，在 SQL Server 2005 上运用 SQL 语句运算了 14201754 次角度计算运算，总耗时仅为 2′37″，远低于在 Visual Studio 2008 中用 C#实现同样功能程序所耗时间。

7. 统一的计算框架，利于多种空间关系的整合

GHQ 模型将空间专题、空间形态、空间拓扑关系、空间方向关系和空间距离关系放在一个统一的框架下进行计算。目前的定性空间描述模型中，空间专题、空间形态、空间拓扑关系、空间方向关系和空间距离关系是在不同的计算框架下，其表达模型和计算方法相差较大，很难进行一体化的描述。虽然研究者意识到了三种空间关系会互相影响，但由于三种关系在不同框架下进行计算，所以无法真正做到对一种空间关系对另一种或两种空间关系的影响进行计算和度量，GHQ 模型将空间拓扑关系、空间方向关系、空间距离关系放在一个统一的框架下进行计算，有利于多种空间关系之间的整合。

定性空间表达不是对定量空间表达的取代而是对其有益的补充，定性空间表达可以在没有获得空间场景完整、精确信息的情况下对空间场景进行描述，是符合人类空间认知特征的一种表达方式。定性空间表达是空间相似性计算的基础，空间相似性的计算是一个复杂的过程，在此过程中，对连续分布空间对象概化后的定性空间表达是空间相似性计算和比较的基础。

当前的定性空间表达模型忽略了空间专题和空间形状，专注于空间关系的表达和计算，三种空间关系的计算也比较复杂，而且三种空间关系计算方法相互独立，没有在统一的平台中计算，当前定性空间表达模型在对大小和形状不能忽略的对象、对象间相互缠绕的对象之间的空间关系的描述存在缺陷，对在空间关系区间定义的边界附近，微小位移所引发的空间关系的“突变”也不能很好地解决。

本章提出了基于格网的多层次定性空间表达计算模型（GHQ），通过建立空间对象和多层次格网之间的映射关系，用空间对象所占有的格网替代空间对象本身，从而将原有的三种二维几何对象（点、线和面）统一为一种几何对象（面），简化了定性空间表达和空间关系的计算；提出将定性空间专题、定性空间形状纳入到定性空间表达的框架中；将复杂的空间关系运算转换为关系数据库检索查询的标准 SQL 语句，降低

了计算的复杂度并有利于在关系数据库的存储和检索；有效地解决了形状大小不能忽略的空间对象间、相互缠绕空间对象间空间关系的表达以及空间关系突变等问题；三种空间关系（拓扑关系、方向关系、距离关系）使用统一的计算框架，有利于对三种空间关系的计算和整合。经过与现有的定性空间表达模型和空间认知测试结果对比分析，GHQ 模型具有尺度可伸缩、定性和定量结合、适合数据库存储和较低的计算复杂度、符合人类空间认知特征等优点，是一种面向自然语言的定性化空间表达计算模型。

参考文献

[1] Cohn A G. Approaches to qualitative reasoning. Artificial Intelligence Review, 1989, 3(2): 177-232.

[2] Frank A U. Qualitative spatial reasoning about cardinal directions. 56th Annual Convention of the American Soc for Photogrammetry and Remote Sensing, Baltimore, 1991.

[3] Hernández D, Clementini E, Di Felice P. Qualitative distances. International Conference Spatial Information Theory, Semmering, 1995.

[4] Clementini E, Di Felice P. A global framework for qualitative shape description. GeoInformatica, 1997, 1(1): 11-27.

[5] Hernández D. Qualitative vs. fuzzy representations of spatial distance. Foundations of Computer Science, Bratislava, 1997.

[6] Hornsby K, Egenhofer M J. Qualitative Representation of Change. Laurel Highlands, 1997.

[7] El-Geresy B, Abdelmoty A. A qualitative approach to integration in spatial databases. International Conference on Database and Expert System Applications, Vienna, 1998.

[8] Bittner T, Stell J G. Approximate qualitative spatial reasoning. Spatial Cognition and Computation, 2000, 2(4): 435-466.

[9] Hazarika S, Cohn A. Qualitative spatio-temporal continuity. International Conference on Information Theory, London, 2001.

[10] Bogaert P, van de Weghe N, Cohn A, et al. The qualitative trajectory calculus on networks. International Conference on Spatial Cognition, Bremen, 2008.

[11] Cohn A G, Hazarika S M. Qualitative spatial representation and reasoning: An overview. Fundamenta Informaticae, 2001, 46(1): 1-29.

[12] Egenhofer M J, Mark D M. Modelling conceptual neighborhoods of topological line-region relations. International Journal of Geographical Information Science, 1995, 9(5): 555-565.

[13] 王家耀. 空间信息系统原理. 北京：科学出版社, 2001.

[14] 陈军, 赵仁亮. GIS 空间关系的基本问题与研究进展. 测绘学报, 1999, 28(2): 95-102.

[15] 陈述彭, 鲁学军, 周成虎. 地理信息系统导论. 5 版. 北京：科学出版社, 1999.

[16] Bung W. Theoretical Geography. Lund: Gleerup, 1962.

[17] Brady M. Criteria for Representations of Shape. Salt Lake City: Academic Press, 1983.

[18] Schlieder C. Reasoning about ordering. International Conference on Spatial Information Theory, Berlin, 1995.

[19] Galton A. Continuous change in spatial regions. International Conference on Spatial Information Theory, Pennsylvania, 1997.

[20] Cohn A G. A Hierarchical Representation of Qualitative Shape Based on Connection and Convexity. Berlin: Springer, 1995.

[21] Franzosa R D, Egenhofer M J. Topological spatial relations based on components and dimensions of set intersections. Conference on Vision Geometry, Boston, 1992.

[22] Egenhofer M. A formal definition of binary topological relationships. International Conference on Foundations of Data Organization and Algorithms, Pairs, 1989.

[23] Egenhofer M J. Reasoning about binary topological relations. 2nd Symp on Large Spatial Databases, Zurich, 1991.

[24] Egenhofer M J, Franzosa R D. Point-set topological spatial relations. International Journal of Geographical Information Systems, 1991, 5(2): 161-174.

[25] Cui Z, Cohn A, Randell D. Qualitative and topological relationships in spatial databases. Advances in Spatial Database, Berlin, 1993.

[26] Clementini E, Sharma J, Egenhofer M J. Modeling topological spatial relations-strategies for query-processing. Computers & Graphics, 1994, 18(6): 815-822.

[27] Hernández D. Qualitative Representation of Positions in 2-D. Berlin: Springer, 1994.

[28] Egenhofer M J, Franzosa R D. On the equivalence of topological relations. International Journal of Geographical Information Science, 1995, 9(2): 133-152.

[29] Papadias D, Theodoridis Y, Sellis T, et al. Topological relations in the world of minimum bounding rectangles: A study with R-trees. ACM Sigmod Record, 1995, 24(2): 92-103.

[30] Hong S, Jun C, Daosheng D, et al. Definition of spatio-temporal topological relations ans description of temporal topological relations. Acta Geodaetica et Cartographica Sinica, 1997, 26(4): 299-306.

[31] Papadimitriou C H, Suciu D, Vianu V. Topological queries in spatial databases. Journal of Computer and System Sciences, 1999, 58(1): 29-53.

[32] Winter S, Frank A U. Topology in raster and vector representation. GeoInformatica, 2000, 4(1): 35-65.

[33] Nedas K A, Egenhofer M J. Splitting ratios: Metric details of topological line-line relations. The 17th International FLAIRS Conference, Miami Beach, 2004.

[34] Nedas K A, Egenhofer M J, Wilmsen D. Metric details of topological line-line relations. International Journal of Geographical Information Science, 2007, 21(1): 21-48.

[35] Schockaert S, Smart P D, Abdelmoty A I, et al. Mining topological relations from the web. 19th International Conference on Database and Expert Systems Applications, Turin, 2008.

[36] Belussi A, Catania B, Podesta P. Topological operators: A relaxed query processing approach.

GeoInformatica, 2012, 16(1): 67-110.

[37] 曹菡, 师军, 李生刚, 等. 点集拓扑理论在拓扑关系描述中的应用. 工程数学学报, 2001, 18(4): 76-82.

[38] 邓敏, 李成名, 刘文宝. 利用拓扑和度量相结合的方法描述面目标间的空间关系. 测绘学报, 2002, 31(2): 164-169.

[39] 邹永娟, 秦小麟. 时空数据库中的时空拓扑查询. 计算机科学, 2002, 29(4): 135-137.

[40] 刘茂华, 刘长文, 孙秀波, 等. 时空拓扑关系的集成表达. 测绘与空间地理信息, 2006, 29(1): 44-47.

[41] 刘新, 刘文宝, 李成名. 三维体目标间拓扑关系与方向关系的混合推理. 武汉大学学报(信息科学版), 2010, 35(1): 74-78.

[42] Sharma J. Integrated Spatial Reasoning in Geogarphic Information Systems: Combing Topology and Direction. Maine: University of Maine, 1996.

[43] Abdelmoty A I, Williams M H, Quinn J M P. A rule-based approach to computerized map reading. Information and Software Technology, 1993, 35(10): 587-602.

[44] Abdelmoty A I, El-Geresy B A. Qualitative reasoning with complex and composite regions in 2D space. 19th SGES International Conference on Knowledge-Based Systems and Applied Artificial Intelligence (ES99), Cambridge, 1999.

[45] El-Geresy B A, Abdelmoty A I. Imprecise qualitative spatial reasoning. 24th SGAI International Conference on Innovative Techniques and Applications of Artificial Intelligence (AI-2004), Cambridge, 2004.

[46] Abdelmoty A I, Smart P, El-Geresy B A, et al. Towards the practical use of qualitative spatial reasoning in geographic information retrieval. 3rd IEEE International Conference on Intelligent Systems, London, 2006.

[47] Egenhofer M, Herring J R. Mathematical framework for the definition of topological relationships. Proceedings of the International Symposium on Spatial Data Handling, Zurich, 1990: 803.

[48] 李成名, 陈军. 空间关系描述的 9-交模型. 武汉测绘科技大学学报, 1997, 22(3): 207-211.

[49] Egenhofer M J, Altaha K K. Reasoning about gradual changes of topological relationships. International Conference Gis - from Space to Territory: Theories and Methods of Spatio-Temporal Reasoning, Pisa, 1992.

[50] Chen J, Li C, Li Z, et al. A voronoi-based 9-intersection model for spatial relations. International Journal of Geographical Information Science, 2001, 15(3): 201-220.

[51] 杜世宏, 王桥, 魏斌, 等. 空间方向关系粗糙推理. 测绘学报, 2003, 32(4): 334-338.

[52] 杜世宏. 空间关系模糊描述及组合推理的理论和方法研究. 北京: 中国科学院, 2004.

[53] 杜世宏, 王桥, 杨一鹏, 等. 空间方向关系模糊描述. 计算机辅助设计与图形学学报, 2005, 17(8): 1744-1751.

[54] 杜世宏, 秦其明, 王桥, 等. GIS 中模糊形态运算. 地理与地理信息科学, 2005, 21(1): 12-15.

[55] 杜世宏, 王桥, 秦其明. 空间关系模糊描述与组合推理. 北京: 科学出版社, 2007.

[56] Kurata Y. The 9+-Intersection: A Universal Framework for Modeling Topological Relations. Berlin: Springer, 2008.

[57] Randell D A, Cui Z, Cohn A G. A spatial logic based on regions and connection. Knowledge Representation and Reasoning, 1992.

[58] Clarke B L. A calculus of individuals based on 'connection'. Notre Dame Journal of Formal Logic, 1981, 22(3): 204-218.

[59] Cohn A G, Bennett B, Gooday J, et al. Qualitative spatial representation and reasoning with the region connection calculus. GeoInformatica, 1997, 1(3): 275-316.

[60] Bennett B, Isli A, Cohn A. A system handling RCC-8 queries on 2D regions representable in the closure algebra of half-planes. International Conference on Industrial Engineering and Other Applications of Applied Intelligent System, Benicassim, 1998.

[61] Davis E, Gotts N M, Cohn A G. Constraint networks of topological relations and convexity. Constraints, 1999, 4(3): 241-280.

[62] Egenhofer M, Sharma J. Topological Relations between Regions in ρ2 and Z2. Berlin: Springer, 1993.

[63] 郭仁忠. 空间分析. 武汉: 武汉测绘科技大学出版社, 2000.

[64] 史文中. 空间数据与空间分析不确定性原理. 北京: 科学出版社, 2005.

[65] Frank A U. Qualitative spatial reasoning: Cardinal directions as an example. International Journal of Geographical Information Science, 1996, 10(3): 269-290.

[66] Hernández D. Qualitative Representation of Spatial Knowledge. New York: Springer, 1994.

[67] Retz-Schmidt G. Various views on spatial prepositions. AI Magazine, 1988, 9(2): 95-105.

[68] Frank A U, Egenhofer M J. Computer Cartography for GIS-an object-oriented view on the display transformation. Computers & Geosciences, 1992, 18(8): 975-987.

[69] Goyal R K. Similarity assessment for cardinal directions between extended spatial objects. Maine: The University of Maine, 2000.

[70] Goyal R, Egenhofer M. Similarity of cardinal directions. International Symposium on Spatial and Temporal Database, Redondo Beach, 2001.

[71] Goyal R K, Egenhofer M J. Consistent queries over cardinal directions across different levels of detail. 11th International Workshop on Database and Expert Systems Applications, London, 2000.

[72] Peuquet D J, Zhan C X. An algorithm to determine the directional relationship between arbitrarily-shaped polygons in the plane. Pattern Recognition, 1987, 20(1): 65-74.

[73] Chang S K, Shi Q Y, Yan C W. Iconic indexing by 2-D strings. IEEE Transactions on Pattern Analysis and Machine Intelligence, 1987, 9(3): 413-328.

[74] 孙玉国. 拓扑空间关系描述与 2DT-String 空间关系表达. 武汉: 武汉测绘科技大学, 1993.

[75] 李成名, 朱英浩, 陈军. 利用 Voronoi 图形式化描述和判断 GIS 中的方向关系. 解放军测绘学院学报, 1998, 15(2): 810-813.

[76] 李成名. 空间关系描述的 Voronoi 原理与方法. 西安: 西安地图出版社, 2000.
[77] Megiddo N. Partial and complete cyclic orders. Bulletin of the American Mathematical Society, 1976, 82(2): 274-276.
[78] Latecki L, Rohrig R. Orientation and qualitative angle for spatial reasoning. 13th International Joint Conference on Artificial Intelligence (IJCAI-93), Chambery, 1993.
[79] Rohrig R. A theory for qualitative spatial reasoning based on order relations. 12th National Conference on Artificial Intelligence, Seattle, 1994.
[80] Röhrig R. Representation and processing of qualitative orientation knowledge. KI-97, Freiburg, 1997.
[81] Isli A, Cohn A G. Algebra for cyclic ordering of 2D orientations. AAAI/IAAI, CA, 1998.
[82] Isli A, Cohn A G. New approach to cyclic ordering of 2D orientations using ternary relation algebras. Artificial Intelligence, 2000, 122(1): 137-187.
[83] Schlieder C. Representing the meaning of spatial behavior by spatially grounded intentional systems. 1st International Conference on GeoSpatial Semantics (GeoS 2005), Mexico City, 2005.
[84] Zimmermann K, Freksa C. Qualitative spatial reasoning using orientation, distance, and path knowledge. Applied Intelligence, 1996, 6(1): 49-58.
[85] Guo D, Cui W. Quickly location determination based on geographic keywords of natural language. Geoinformatics: Geospatial Information Technology and Applications, Nanjing, 2007.
[86] Kirkpatrick S, Gelatt C D, Vecchi M P. Optimization by simulated annealing. Science, 1983, 220(4598): 671-680.
[87] Liu J. A method of spatial reasoning based on qualitative trigonometry. Artificial Intelligence, 1998, 98(1/2): 137-168.
[88] Lehmann F, Cohn A G. Egg/yolk reliability hierarchy: Semantic data integration using sorts with prototypes. Proceedings of the 3rd International Conference on Information and Knowledge Management, New York, 1994.
[89] Cohn A G. Representing Regions with Indeterminate Boundaries. Berlin: Springer, 2008.
[90] Clementini E, Di Felice P. An algebraic model for spatial objects with undetermined boundaries. GISDATA Specialist Meeting on Geographical Entities with Undetermined Boundaries, Taylor, 1996.
[91] 曹菡. 空间关系推理的知识表达与推理机制研究. 武汉: 武汉大学, 2002.
[92] 李志林. 地理空间数据处理的尺度理论. 地理信息世界, 2005, 3(2): 1-5.
[93] 张铃, 张钹. 定性推理的熵空间模型(Ⅱ). 安庆师范学院学报(自然科学版), 1990, 1: 15-20.
[94] 艾廷华. 城市地图数据库综合的支撑数据模型与方法的研究. 武汉: 武汉大学, 2000.
[95] Egenhofer M J. Deriving the composition of binary topological relations. Journal of Visual Languages and Computing, 1994, 5(2): 133-149.
[96] 邓敏, 冯学智, 陈晓勇. 面目标间拓扑关系形式化描述的层次模型. 测绘学报, 2005, 34(2):

142-147.

[97] 邓敏，李志林，李永礼．GIS 线目标间拓扑关系描述的层次方法．遥感学报，2007，11(3): 311-317.

[98] 邓敏，李志林，李光强．简单面目标与带孔洞面目标间拓扑关系的层次表达方法．测绘学报，2008, 37(3): 330-337.

[99] 邓敏，马杭英．线与面目标间拓扑关系的层次表达方法．测绘学报, 2008, 37(4): 507-513.

[100] 郭达志．地理信息系统原理与应用．北京：中国矿业大学出版社, 2002.

[101] 郭旦怀. PDA 空间数据管理及功能开发研究．武汉：武汉大学, 2005.

[102] 李建松．地理信息系统原理．武汉：武汉大学出版社, 2006.

[103] 国家质量监督检验检疫总局．地理格网．北京：中国标准出版社, 1990.

[104] 国家质量监督检验检疫总局. 1 : 5000 1 : 10000 地形图图式．国家基本比例尺地图图式．北京：中国标准出版社, 2006.

[105] 龚健雅．整体 GIS 的数据组织与处理方法．武汉：武汉测绘科技大学出版社, 1993.

[106] Frank A U. Qualitative spatial reasoning about distances and directions in geographic space. Journal of Visual Languages & Computing, 1992, 3(4): 343-371.

[107] Rupp U. Metrical refinement of topological relations. International Conference on Spatial Information Theory, Pennsylvania, 1997.

[108] Egenhofer M J, Rashid A, Shariff B M. Metric details for natural-language spatial relations. ACM Transactions on Information Systems, 1998, 16(4): 295-321.

[109] Park S O, Kim S J. An efficient multimedia file system for NAND flash memory storage. IEEE Transactions on Consumer Electronics, 2009, 55(1): 139-145.

[110] Egenhofer M, Mark D. Naive Geography. Berlin: Springer. 1995.

[111] 马林兵，龚健雅．面向自然语言的空间数据库查询研究．计算机工程与应用，2003，39(22): 16-19.

[112] 马林兵，龚健雅．空间信息自然语言查询接口的研究与应用．武汉大学学报(信息科学版), 2003, 28(3): 301-305.

[113] Yao X, Thill J C. Spatial queries with qualitative locations in spatial information systems. Computers, Environment and Urban Systems, 2006, 30(4): 485-502.

[114] 乐小虬，杨崇俊，于文洋．基于空间语义角色的自然语言空间概念提取．武汉大学学报(信息科学版), 2005, 30(12): 1100-1104.

[115] Zadeh L A. Fuzzy set. Information and Control, 1965, 8(1): 338-353.

[116] Krause E F. Taxicab Geometry. Dover: Dover Publications, 1987.

第 4 章　空间场景相似性分析评价模型

在地理信息科学中研究相似性的目的不仅是认识地理事物和地理现象中的相似性，更重要的是利用相似性进行创造性的工作，完成对地理信息数据分析以发现地理信息数据所隐含的知识。相似性不仅广泛存在于地理对象和地理事件中，地理空间分析本身也包含了相似性，基于相似性的空间分析是要将相似性的分析贯穿到空间分析的全过程，运用相似性对地理事物和地理现象进行空间分析，把相似性作为空间分析的一种手段和评价标准，对空间对象和空间场景进行空间相似性的分析。

空间相似性是分层次的，有的相似性是在对象层次，有的相似性是在属性层次，有的相似性是在空间场景层次。对象层次的相似性是指空间对象之间存在的相似性，相同空间对象的不同定义之间、不同空间对象类型之间都存在相似性，对象层次的相似性研究一般称为语义相似性；属性层次的相似性是指不同空间对象在属性上存在不同程度的相似性；空间场景的相似是一种综合的相似性，不仅包括空间场景中的空间对象的相似性，还包括空间场景中空间对象之间空间关系的相似性。

空间相似性研究的难点在于对空间相似性的评价，研究人员根据不同的应用中相似性评价的需要，建立了不同的相似性评价模型，相似性评价模型可分为基于几何关系的、基于特征的、基于转换的和基于排列的等。这些模型大都是基于单一属性的评价，在空间分析中相似性评价的因子常不止一个，如何建立多因子的评价模型对空间场景进行相似性评价，如何使建立的相似性评价模型具有可信的理论基础和可行的计算形式，既反映人们相似性判断，又具有在属性、对象、场景三个层次可伸缩的结构，在一个统一和连贯的方式下对各个相似性因子进行评价是本章研究的重点。

4.1　专题的空间相似性分析

专题是指在地理信息系统或地图中，着重要表达的一种或几种自然或社会现象的要素。集中表现某种主题内容的地图称为专题地图。与普通地图相比，专题地图具有以下特征：①专题地图只将一种或几种与主题相关联的要素进行完备而详细地表达，而其他要素的表达则较为概略，甚至被忽略；②内容更加广泛多样，除了那些在地表上能见到的和能进行测量的自然现象或人文现象，还有那些往往不能见到的或不能直接测量的自然现象或人文现象，如人口分布、民族组成、经济能力等；③不仅可以表示现象的现状及其分布，而且能够表示现象的动态变化和发展规律[1]。

4.1.1　专题的空间相似性

在基于相似性的地理空间分析中，不仅要考虑空间对象、空间对象分布、空间关系的相似性，还要分析专题的相似性。专题的不同实际上是反映了地理信息系统设计者和使用者对地图或地理信息关注点的不同，所要传达的内容和体现的知识也不同。专题有多种表现形式，专题的表现形式与专题的内容和种类并没有直接的联系，不同的专题可以使用相同的表现形式，相同专题也可能使用不同的表现形式。以图 4.1 为例，虽然图(a)与图(b)在地图的表现形式不同（(a)是面状、点阵符号，是定性类别图；(b)是面状符号，是定量数据图、分级图），但由于图(a)和(b)的专题属性是相似的，都是关于世界森林分布专题，所以虽然从地图学分类[2]的角度来看，这两幅图表现形式有很大的差异，但由于其专题属性相似程度很高，所以这两幅地图有较高的相似性，两幅地图有进行比较的意义和价值。而图(c)和(d)的表现形式虽然相似，但由于是关于两个完全不同领域的专题，(c)是关于世界矿产的分布，(d)是关于世界最好的 100 多家酒店的位置，这两幅图的相似性较低。

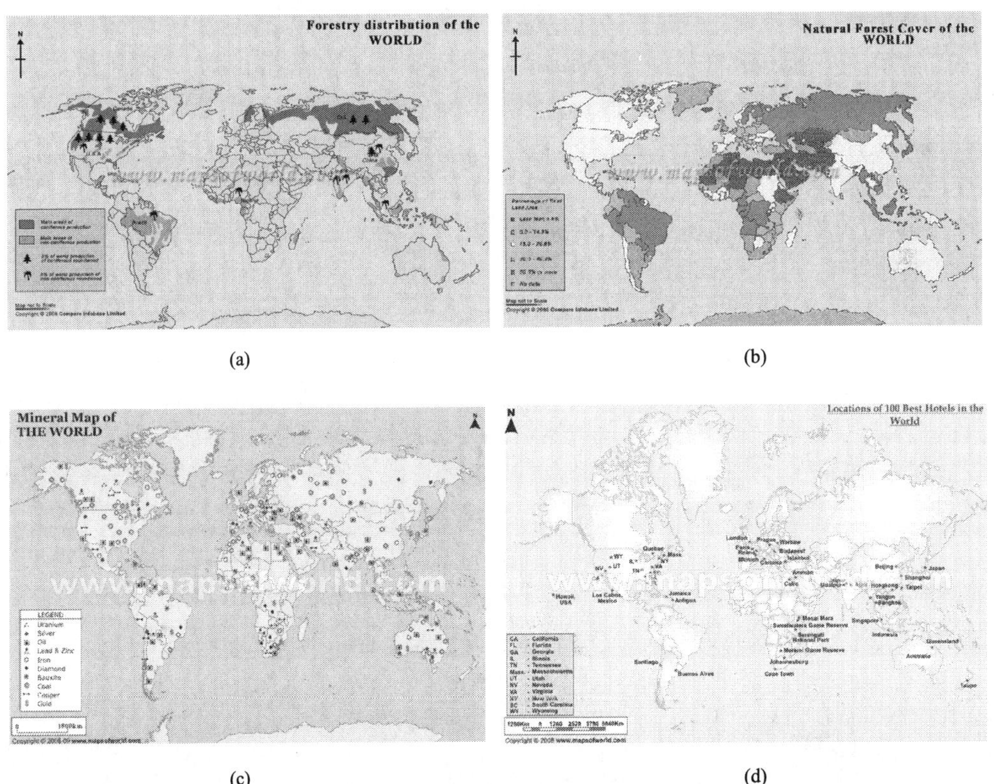

(a)　(b)

(c)　(d)

图 4.1　地图根据不同的专题有不同的表现形式（资料来源 www.mapsofworld.com）

专题图或专题地理信息系统有三个要素：数学要素、地理底图要素和专题要素，其中数学要素构建专题地图的投影、坐标格网、比例尺和地图定向等。地理底图要素是说明专题地图中专题现象发生发展的地理环境，是专题地图的背景。这两个要素不是专题所要表达内容的重点，是专题比较的次要因素（虽然在进行地理比较时，需将不同坐标系、不同地理背景地图转换到相同的坐标系，在相近的地理背景下，以消除由于坐标系统不同和地理背景的差异所带来地图相似性比较结果的差异），专题比较的重点是专题要素。

在地理环境的相似性比较中，地理专题是一个很重要的因素，因为地理环境是有人参与的环境，影响地理环境除了纯粹的地理空间分布特性，还有专题特性，以农业种植为例[3-5]，影响农业种植的自然条件包含土壤类型、土壤养分、海拔、坡度、降雨量、日照时间等自然因素，还包括水利条件、种植农户的文化程度、田间管理水平、栽培技术、农业辅导员的指导等社会经济因素。在进行农业种植环境比较时，应该充分考虑这些专题要素之间的相似性。

4.1.2 在格网条件下的专题空间相似性度量

专题的空间相似性比较是在一定的研究区域内，对空间对象的相关专题属性进行比较和评价。专题属性的表达一般分为面向域和面向对象的表达方法，面向域的方法把每个域对象（可能是点、线、面）的影响范围内专题属性进行统计和分析，专题属性与域对象是对应的；面向对象的空间专题其着眼点在特定的空间对象，专题属性对应空间对象的一个或多个属性，由于空间对象的种类繁多，这就给种类不同但类型相近的空间专题的比较带来困难。以农业生产中的水利条件为例，影响经济作物生产的水利条件分别有河流（FeatureClass:River）、水库（FeatureClass:Reservior）、水窖水池（FeatureClass:Well）、管网沟渠（FeatureClass:Canal）、坝塘（FeaureClass:Pond）、龙潭（FeatureClass:WaterYield），这些空间对象保存在空间数据库的不同数据集（有些还可能源于不同的数据源），数据存在异构异源的问题[6]中，数据集的几何类型也不同，有点状（水窖水池、龙潭）、有线状（管网沟渠），还有面状（河流、水库、坝塘），对象与对象之间的属性进行比较是比较困难的，计算量大，不便于对其进行等级评价。如果涉及跨数据集的对象之间进行比较，其计算复杂度更高。

在格网条件下，建立了空间对象与空间格网的索引映射关系 $\text{Object} \rightleftarrows \text{Grid(Row,Col)}$ 的同时，也建立空间专题属性与空间格网的映射关系 $\text{Thematic}_i \rightleftarrows \text{Grid(Row,Col)}$，在此基础上可以得到指定格网的空间专题属性的综合性描述 $\text{Grid(Row,Col)} \Rightarrow \sum \text{Thematic}$ 。在此处 $\sum$ 不仅表示对空间专题属性进行累加计算，还包括个数统计、求平均值、求分布密度等统计运算。

在专题属性中，还包含一些没有明确空间属性的非空间专题属性，如经济、人口、文化程度等，这些属性无法通过空间实体的属性进行表达，在格网条件下，通过对非空间属性的格网化表达，将非空间属性通过统计的方式附加到相应格网的属性中，可以解决这类问题。

这样，就将来自不同数据集中的专题属性统一在同一个格网框架下，对象之间的专题属性的比较和计算转化为空间格网之间专题统计属性的比较和计算。图 4.2 是某镇的基于格网水利状况图，水利情况按该格网的河流、湖泊水库、龙潭、水窖水池和沟渠管网等分布情况分为差、一般、中等、好、很好 5 个等级。

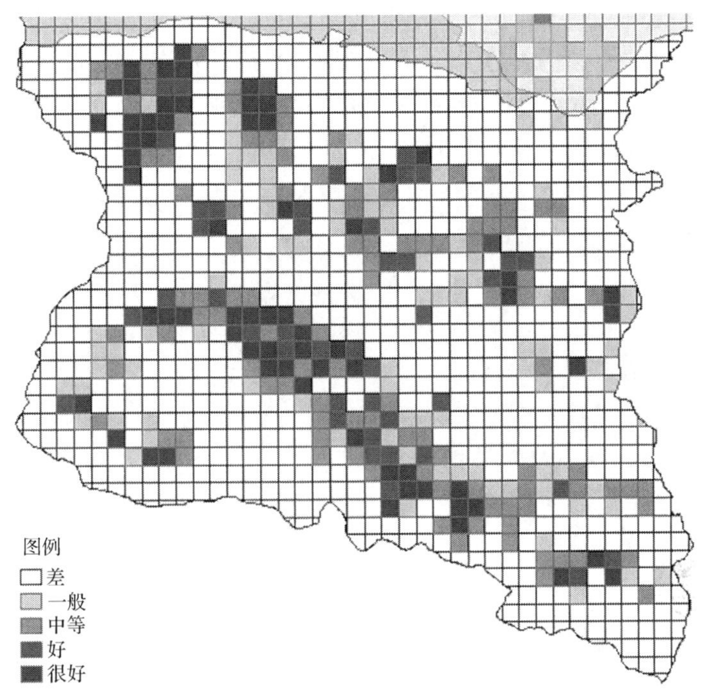

图 4.2　某镇水利状况格网图

4.2　空间语义的相似性

在空间分析中，地理信息系统数据库和地理信息系统用户之间存在语义的差异，在基于准确匹配的空间分析中，这些差异会导致地理空间分析得不到用户所要的结果。语义相似性评价是基于相似性空间分析的一个重要内容，空间语义相似性的评价广泛应用于地理信息检索、信息互操作、系统设计中[7,8]。

语义相似性评价模型通常分为基于特征、基于语义关系、基于信息内容、基于语义网和基于匹配距离的模型。其中，基于特征的模型是由认知方面的科学家提出的，认知科学家通过区分语义概念或语义对象的特征如属性、作用、规则来区分语义；基于语义概念关系，主要来自于计算机科学领域，语义关系以语义网的组织形式表现，其中节点表示概念、链接代表语义关系；基于信息内容的语义相似性评价是源自于基于语义网的、在最近几年发展起来的将相关信息的上下文纳入到语义相似性的评价中；基于语境的方法源于认知语言领域，主要将词汇在句子中的上下文表达纳入到语义相似性评价中。

1. 基于特征的模型

基于特征（feature-based）的语义评价模型[9]，将特征匹配作为相似性度量的方法，把两个对象 A, B 的共有特征（$A \cap B$）和两个对象之间的特征差异（A-B，B-A）一并考虑相似性度量中，Tversky 的对比模型（contrast model）公式为

$$S(a,b)=\theta f(A\cap B)-\alpha f(A-B)-\beta f(B-A) \tag{4.1}$$

式中，θ,α,β 分别代表共性与两个差异特性所占的权重，$\theta,\alpha,\beta \geqslant 0$ 且 $\theta+\alpha+\beta=1.0$；另一个比例模型（ration model）公式为

$$S(a,b)=\frac{f(A\cap B)}{f(A\cap B)+\alpha f(A-B)+\beta f(B-A)} \tag{4.2}$$

式中，α,β 分别为两个差异特性所占的权重，$\alpha,\beta \geqslant 0$ 且 $\alpha+\beta=1.0$；Tversky 的模型根据调整权值的不同可以满足语义关系非最小化、不对称性和三角形不等性等。

基于特征模型另一策略就是将一个语义多维空间用欧氏距离来表示两个语义概念之间的差异[10]：

$$d(a,b)=\sqrt{\sum_{k=1}^{n}\left|X_{a,k}-X_{b,k}\right|^2} \tag{4.3}$$

式中，n 代表语义空间的维数，$X_{i,j}$ 表示对象 i 在第 j 维空间的值。这个公式满足语义关系的最小化、对称性和三角形不等性等特性。

Goldstone 运用了相似性推理中认知过程中的某些特征，提出了一个新的名为 SIAM 的计算模型。Goldstone 认为，在场景语义的比较中，基于特征的特征匹配方法和语义空间距离方法都不是最重要的，当对两个层次结构化的语义场景进行比较时，各个相应元素是相关的。SIAM 的相似性评价是两个场景相应的特征、对象和作用之间的相互作用和映射。两个对象之间的相似性由两个对象间特征对特征的匹配来计算，根据排列顺序调整相似性的重要程度[11-13]。

2. 基于语义关系距离的模型

在多层次语义网中，语义距离是一个直观且直接的评价语义相似性的方法，这也是一个通用且有效的组织和连接概念的方法[14]。在只有“属于”（is-a）关系的语义网中，语义相似性与语义距离是等价的，可以用后者代替前者，在这种情况下，概念距离就是两个概念在语义网中相应节点之间的最短距离（图 4.3）。语义距离模型得到了

一些实验结果的证实，适合在一些特定的领域应用。但它的缺陷在于对事先定义好的多层次网络过于敏感，实际上，在语义网中相邻的节点不一定是等距离的。由此，Lee 等提出了对索引概要和不同的语义关系的边进行赋权值的改进方法[15]。Jiang 和 Conrath 提出对语义关系的边的链接强度（link of strength, LK）、节点深度（depth of node, DP）、节点局部密度（local density, LD）、节点全局密度（overall density，WD）和链接的类型赋权值（式（4.4）和式（4.5））[16]。

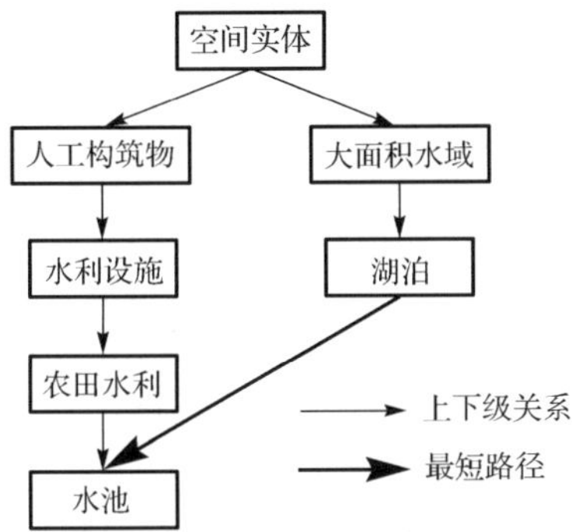

图 4.3　水池与湖泊语义最短距离

$$wt(c,p)=\left(\beta+(1-\beta)\frac{\mathrm{WD}}{\mathrm{LD}(p)}\right)\left(\frac{\mathrm{d}p(p)+1}{\mathrm{d}p(p)}\right)^{\alpha}\mathrm{LS}(c,p)T(c,p) \tag{4.4}$$

$$\mathrm{LS}(c_i,p)=-\lg\left(P(c_i\mid p)=\frac{P(c_i\cap p)}{P(p)}=\frac{P(c_i)}{P(p)}\right) \tag{4.5}$$

基于语义关系距离的模型广泛应用于信息系统中[17]，但该模型在相似性评价的认知属性上，显示出明显的缺陷。基于语义距离的模型满足语义的尺度属性（即距离最小性、对称性和三角形不等性）且语境独立，对语义结构过于敏感，只考虑了概念之间的 is-a 关系，对具有同一个上级概念的相似度给出的值过于粗略。

3. 基于信息内容的模型

基于信息内容的模型（models based on information content）使用多层次网络和信息理论作为定义语义相似性的评价手段[18,19]。它的基本思想是，两个概念共同拥有的信息越多，两个概念就越相似。概念相似性一般当做两个类（class）的相似性，两个类的相似性由包含两个类的最小超类所包含的信息来近似度量。在文档的语义相似性评价中，一个更普遍的观点是，一个概念在文档中出现的可能性越大、其包含的信息就越小，一个概念越抽象，其信息的内容就越低（式（4.6））。

$$\mathrm{IC}=-\lg\frac{1}{P(c)} \tag{4.6}$$

式中，$P(c)$是 c 在文档中出现的概略。

基于信息内容的模型在语义网络详细结构中不需要那么多的信息，信息量的确定可以适应多语境的静态知识结构；另外，多义词和一义多词夸大了信息量的值。基于信息内容的模型可以在类比较时得出一个粗略的结果，但它没有区分具有共同最小超类的子结构中类的相似度的值[16]。

4. 基于语境的模型

语境是包含了影响一个词应用的句法、语义、使用和风格条件的表达。Miller 和 Charles 在研究了语义相似性和语境相似的关系后，提出了用语境的方法解决语义相似性的问题[20]。尽管他们发现语境表达相似性只是单词相似性的多个因子中的一个，但他们揭示了当单词都属于相同句法类别时语义相似性与语境相似性的清晰关系。在相同的语境下，一个单词能够越频繁地被另一个词代替，这两个词就越相似。基于语境的模型（context-based models）存在的问题是很难定义一个系统的方法来进行定量计算。

5. 基于语义网的模型

语义网为具有层次结构概念的相似性评价提供了明晰的支持，语义网被广泛地描述成用弧段连接节点的表达图形，其中节点是概念，弧段是概念之间的不同类型的关系。在语义网中越相互靠近的概念，其语义越相似。最基本的基于语义网相似性评价模型（semantic networks based models）是建立在计算边界长度的技术。其原理很简单，两个概念在语义网中的路径越短，其相似性就越高。

6. 基于匹配距离的模型

基于匹配距离（matching distance，MD）的模型实际上是基于特征模型与语义距离模型的结合，具有很强的语言学的基础。该模型运用了同义词和一词多义的情况。提出了在语义相似性中处理部分-整体（part-whole）关系方法，定义了一个在多层次结构中不同层次概念概化的不对称语义相似函数，该模型把语义对象的属性划分成组成部分、功能和属性，以便对不同类型的成分赋予不同的权值[17,21]。丁虹将语义对象的属性细分名义量度（MD 中的组成部分、功能和属性特征）和非名义量度（包含有序量度语义、间隔和比率量度语义），并赋予不同的权值，以获得更全面的相似性值（式（4.7））[22]。

$$\mathrm{SIM}_S(A,B)=\omega_N\cdot\mathrm{SIM}_N(A,B)+\omega_U\cdot\mathrm{SIM}_U(A,B) \tag{4.7}$$

在基于相似性的空间分析中，语义相似性，从另一个角度可以看作反映地理信息系统空间分析结果相对于空间分析语句的有用性和适宜性。从地理信息系统的建设看，基于语义网的模型和基于匹配距离的模型更具可靠性，也得到了较多实践例子的验证。

4.3　空间场景的相似性

在日常生活中，人们常常比较空间场景之间的相似性，以期找出两个场景之间的相同和不同之处。同样的道理，地理信息系统的使用者也热衷于从地理信息数据库中提取出与给定场景相似的场景，并根据它们的匹配程度进行排序。如城市规划设计师在地理数据库中寻找和他们设计风景有相似地物配置和格局的位置。在日常生活中，人们对空间场景的相似性认识是一种直观并且主观的判断，并没有严格的数学模型[9]。空间场景的相似性比较中，相应的空间场景的部分应该是一致的，只有空间场景的各部分都放置在相应的位置，才能最后决定空间场景的相似性。

空间场景是一系列空间对象及其相关关系的集合。空间场景包含空间对象、空间对象的特性、空间对象之间的关系；其中空间对象的特性包括空间对象的语义、空间对象自身的特征（如形状、比例、相对大小、面积、长度等）。空间场景相似性的复杂性还在于空间对象属性是复杂的，空间对象与其他对象之间的关系是多样的，且每种关系本身就是复杂的，多种复杂关系的相似性评价和排序是一个复杂的难题。空间场景相似性的评价就是要通过定量化的方法对空间场景与目标场景完全相等的偏差进行度量和排序，这其中既要考虑人类的空间认知的共性，也要考虑空间数据库处理能力的限制。所以，在 GIS 环境下的不同空间场景间的相似性度量，实际上是对地理数据库中独立的空间场景元组或空间场景元组集合进行比较。

空间场景是通过一定的空间关系（拓扑、方向、距离）组合在一起的空间对象的组合，空间场景描述中包括空间对象特征的描述，空间对象形态的描述，以及空间对象之间空间关系的描述。空间场景相似性的研究也是围绕这三个描述方式来进行的。Bruns 和 Egenhofer 是首次提出空间场景相似性概念的研究者，他们利用对象之间的空间关系进行空间场景相似性的评价[23]，但其研究局限在空间关系的相似性上，忽略了空间场景中另两个元素对相似性的影响。

4.3.1　空间对象的相似性研究

在两个不同的空间场景中，存在着不同的空间对象，要比较空间场景的相似性，首先应该比较不同空间场景中空间对象的相似性。空间对象的相似性，在有些文献中又称为空间场景的完备性（scene completeness）[24]。本书认为，空间对象的相似性与空间场景的完备性既有共同性，也有所区别的，空间场景的完备性主要是研究查询空间场景与被查询数据库中所包含的空间场景之间相应空间对象在数量和种类上是否完全符合，即被查询场景中的对象是否满足查询场景对象的完备性。而本书所述的空间对象的相似性除了包括上述的空间场景的完备性，还包括空间对象类型扩展（如语义扩展）的相似性。如在两个空间场景 A, B 中，场景 A 中空间对象的集合为{农田，公路，沟渠}，场景 B 中空间对象的集合为{农田，大车路，水窖}，从空间场景完备性看，A, B 两个场景的相似性很低，因为 A, B 两个场景所包含的空间对象类型不完全相同，差异较大；但从空间对象相似性的角度看，“公路”与“大车路”、“沟渠”与“水窖”在农业种植的功能性看，语义的相似度很高，所以，这两个场景的对象相似性较高。

在传统的空间分析中，如果两个空间场景中的对象种类或个数不相同，则认为这两个场景是不相同的，但实际上，在普遍认为是相似的两个空间场景中，往往并不一定能满足对象种类和个数完全相符的完备性条件。如在图 4.4 中，某旅游者欲查询一个附近有湖泊和森林的房屋（图(a)），图(b)中只有河流、公园、旅馆和房屋，没有湖泊和森林；图(c)有湖泊，有森林，也有旅馆，但附近有一个化工厂。很显然图(c)虽然满足图(a)的所有查询对象种类和个数的查询条件，且空间对象之间的空间关系（将在 4.3.3 节中论述）和查询场景中对象的空间关系的相似性很高，但由于附近有一化工厂，不符合旅游者的要求；图(b)虽然不符合场景(a)所需的场景种类和个数的要求，但其河流和湖泊有较高的相似、公园和森林有较高的相似性，所以其整体相似性要高于(c)，是旅游者选择的对象。

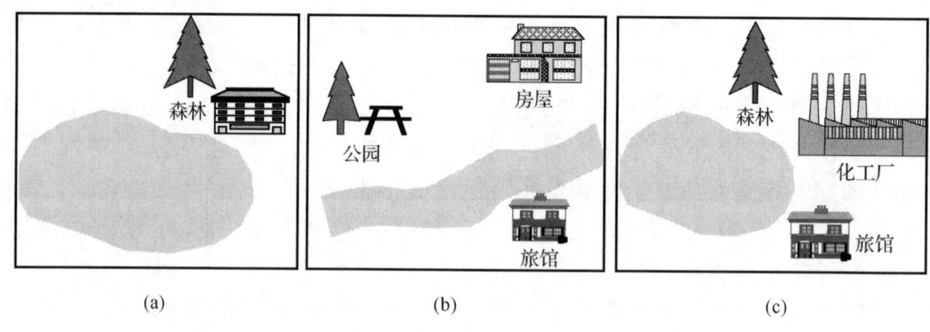

图 4.4　基于空间对象相似性的空间场景比较

空间对象的相似性还要研究空间场景之间对象完备的程度[24]，空间对象的完备程度包括以下几种情况，假设查询空间场景为 S_q，空间数据库中备选的场景 S_{db}，n 为查询场景中对象的个数，m 为备选空间数据库中场景的对象个数，M 为匹配对象的个数。图 4.5 中(a)是查询场景，(b)～(d)是在匹配中可能出现的几种情况。

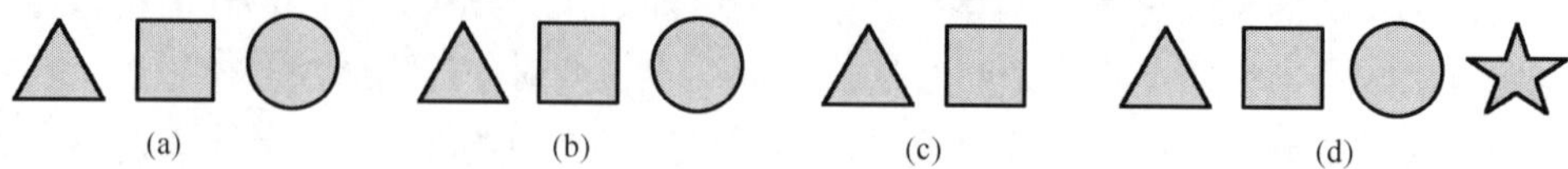

图 4.5　查询场景与被查询场景对象数量的几种可能情况

在查询场景和被查询场景（数据库中备选场景）中，在不考虑对象语义相似性的情况下有三类对象，一类是匹配的对象（O_m），另一类是在查询场景中不匹配的对象（O_{um_q}），还有一类是被查询场景中不匹配的对象（O_{um_db}）。空间场景的对象相似性是所有这三种对象的综合结果。

$$\text{Similarity}_{\text{Object}(q,db)}=\frac{\sum_{i=1}^{M}\omega_{O_m i}-\alpha\cdot\sum_{j=1}^{n-M}\omega_{O_{um\_q}j}-\beta\cdot\sum_{k=1}^{m-M}\omega_{O_{um\_db}k}}{\sum_{i=1}^{M}\omega_{O_m i}+\alpha\cdot\sum_{j=1}^{n-M}\omega_{O_{um\_q}j}+\beta\cdot\sum_{k=1}^{m-M}\omega_{O_{um\_db}k}} \tag{4.8}$$

式中，$\omega_{O_m i},\omega_{O_{um\_q}j},\omega_{O_{um\_db}k}$ 分别为第 i 个匹配对象的权重、第 j 个在查询场景中不匹配的对象的权重和第 k 个在被查询场景中不匹配对象的权重，α 是查询场景中不匹配对象集所占的权重，β 为被查询场景中不匹配对象集所占的比重。式（4.8）与文献[24]所提出的式（5.3b）相比，不仅考虑了被查询场景中不匹配对象整体对对象相似度的影响，还充分考虑了被查询场景中不匹配对象个体对场景对象相似度的影响（被查询场景中不匹配对象个体对相似性是有影响的，有些影响是决定性的，如图 4.4 中(c)场景中，不匹配对象“化工厂”对场景的相似性具有决定性的作用），更符合人们的认知习惯。式（4.8）计算的相似度有可能出现负值，当出现负值时，认为相似度为 0，以避免逻辑上的矛盾。

式（4.8）只考虑了对象与对象之间的语义完全匹配问题，没有考虑对象匹配中存在的语义相似性问题，如在图 4.4 的(b)中，森林与公园是两个种类不完全匹配的对象，但从语义相似性的角度看，公园与森林在功能上、特征上都具有相似性，所以，森林与公园具有相似性，但公园不完全等同于森林，所以对象本身的相似度≠1，所以式(4.8)在考虑语义相似性的情况先要进行进一步的修正（式（4.9））。

$$\text{Similarity}_{\text{Object}(q,db)}=\frac{\sum_{i=1}^{M}\omega_{O_m i}\cdot\text{Simlarity}_{O_m i}-\alpha\cdot\sum_{j=1}^{n-M}\omega_{O_{um\_q}j}-\beta\cdot\sum_{k=1}^{m-M}\omega_{O_{um\_db}k}}{\sum_{i=1}^{M}\omega_{O_m i}\cdot\text{Simlarity}_{O_m i}+\alpha\cdot\sum_{j=1}^{n-M}\omega_{O_{um\_q}j}+\beta\cdot\sum_{k=1}^{m-M}\omega_{O_{um\_db}k}} \tag{4.9}$$

4.3.2　空间形态的相似性研究

1. 空间形态相似性

设两个空间对象 A, B 具有相似的空间形态（形状），则必然存在一种相似变换 f，使得

$$A=f(B) \tag{4.10}$$

其中变换的步骤越少，A, B 的相似度越高。所以在空间相似性评价中，常通过计算两个对象形态转换所需要的步骤（或所需经过的距离）来衡量空间形态的相似性。

相似变换有两种，一种是直接变换，另一种是组合变换；典型的直接变换有旋转，转换和等比缩放。在图 4.6 中，对象 B 和 A 相对于 C 和 A 更相似，因为 B 是 A 经过

2 个变换过程变换得到的，而对象 C 要经过多于 2 个转换步骤才能由对象 A 变换到对象 C。组合变换是多个直接变换组合起来的变换。

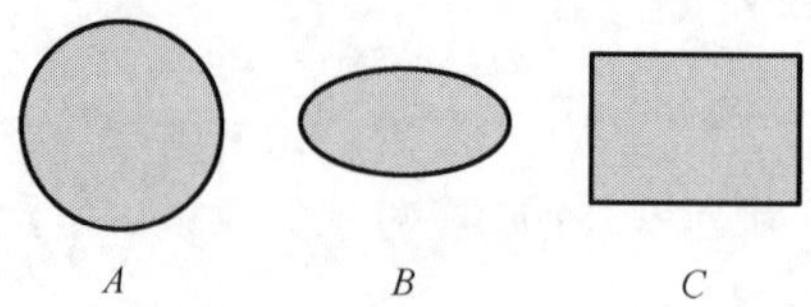

图 4.6 三个对象中 B 和 A 与 C 和 A 相比更相似

在空间形态相似性的判断中，我们需要一个和人类描述空间对象形状一样的能够描述空间对象形状的定性框架，这样才能够过滤掉局部属性而表达出全局属性。

根据分形分维理论，空间对象具有"自相似性"，也就是整体与局部的相似，这种相似可以是形态、空间、时间、功能等方面的相似[25]。在 GIS 及空间分析中，分形几何的研究及应用着重于对空间对象和地理现象的形态描述与分析上。分数维可以是规则的与确定性的，也可以是随机的与统计性的。其中统计性的指在概略分布和统计规律上满足自相似原则，适合对地表的诸多不规则的地理现象与自然景观的描述。地图上的线性要素（包括面要素的边界线）的量测长度随着量测尺度的减小而增加，同时其量测长度也随着比例尺的增大而呈对数增加[26]。

2. *在格网条件下空间形态相似性度量*

空间对象形态的描述包括空间对象的空间形状、空间比例、大小、周长、面积以及其他属性等。在格网条件下，空间形状可以用大尺度的空间格网所表达的空间对象的轮廓和位置来表示，空间形态比例中的延伸率和紧密度由本书的第 3 章所给出的公式计算式（3.2）和式（3.3），周长由空间对象外轮廓的格网个数来表示，面积由空间对象的格网总数表示，其量化后的相似性比较可以通过与比较对象之间的差值决定。

在基于多层次格网的空间形态的相似性比较中，空间形态相似性的比较是分层次的，不同层次中空间形态相似性比较的重点是不一样的，在格网尺寸较大的高层级情况下，由于希望得到的是关于空间对象比较概略的属性，应重点比较空间对象形态的定性属性，延伸率和紧密度是空间形态定性比较的重要参数。在格网尺寸较小的低层级格网条件下，除关注延伸率和紧密度等，还要关注空间对象的大小、周长、面积以及外边界轮廓等属性。

4.3.3 空间关系的相似性研究

在众多复杂的空间属性中，空间关系由于抓住了空间对象之间关系的实质，是空间场景中最重要的属性，所以空间关系的相似性常被地理学家用来作为空间场景相似性的重要评价因子，空间关系取代了模式、分散性和密度等因子被广泛用在基于上下文的图像提取（content-based image retrieval）[27-29]、基于草图的空间查询（sketch-based spatial query）[30-35]、图像数据库、多媒体数据库、录像数据库的相似性评价中[36]。

空间关系包含拓扑空间关系、方向空间关系和距离空间关系。Bruns 等运用“渐变”（gradual change）的概念，对一系列的空间关系进行排序分级，以达到对空间场景相似性进行评价的目的。空间对象之间位置关系的逐步变化，会导致空间关系的渐变；两组需要更少的渐变步骤的空间关系比两组需要更多渐变步骤的空间关系的相似性更高。即越相似的空间场景需要转换的步骤就越少[23]。

有研究者提出更通用的空间场景相似度计算评价方法，就是利用基于排序的相似性度量，其中典型的例子就是 IO&T 方法[37]，IO&T 包括拓扑空间关系、方向空间关系和基于拓扑空间关系和方向空间关系的相似度量系统，IO&T 用一个三元组 <A,[TR,OR1,OR2],B>代表两个对象 A 和 B 的空间关系，其中 TR 表示 A, B 之间的拓扑关系，OR1 表示以 A 内在方向为基准的 B 相对 A 的方向，OR2 表示以 B 内在方向为基准的 A 相对 B 的方向；由于三元组同时包含了拓扑关系和两个方向关系，所以，在不同场景中两个相对应空间对象的三元组距离可以表示为

$$\mathrm{DTP}(T1,T2)=\omega_t D_t(\mathrm{TR}_{ij},\mathrm{TR}_{xy})+\omega_O(D_O(\mathrm{OR1}_{ij},\mathrm{OR1}_{xy})+D_O(\mathrm{DR2}_{ij},\mathrm{OR2}_{xy})) \tag{4.11}$$

式中，ω_t 和 ω_O 分别代表拓扑相似距离和方向相似距离的权重，D_t 和 D_O 分别表示拓扑相似距离和方向相似距离。在这个评价体系中，拓扑距离和方向距离权值确定是一个模糊因素。所以为了使基于该方法的相似性地理信息提取系统更加实用，用户首先要干预并需要确定哪个因素是评价相似性的主要因素。

1. 空间拓扑关系相似性

在地理空间自然语言的描述中，拓扑关系是第一位的也是最重要的信息，而度量信息如距离、形状等，由于一般很难准确地获取，常作为空间关系的补充和优化的手段，即“Topology matters, Metric Refines”[38]。

Egenhofer 等证明了 9-交模型拓扑关系的变化是连续渐变的，并证明了空间对象的缩放、转换和旋转等拓扑变换所引起的对象拓扑关系的变化是按图 3.4 中拓扑关系连线进行渐进变化的[39]。由此，拓扑关系的相似性可以由拓扑关系邻居图（图 3.4）中的距离进行度量：每对相邻的拓扑邻居的距离为 1，任意两个相邻的拓扑关系的距离为沿着拓扑关系邻居图中最短连线的距离和。由此可得到 8 种基本拓扑关系之间的距离关系（表 4.1）。

表 4.1　8 种基本拓扑关系邻居距离

	disjoint	meet	overlap	covers	Contains	equal	covered by	inside
disjoint	0	1	2	3	4	3	3	4
meet	1	0	1	2	3	2	2	3

续表

	disjoint	meet	overlap	covers	Contains	equal	covered by	inside
overlap	2	1	0	1	2	1	1	2
covers	3	2	1	0	1	1	2	2
contains	4	3	2	1	0	1	2	2
equal	3	2	1	1	1	0	1	1
covered by	3	2	1	2	2	1	0	1
inside	4	3	2	2	2	1	1	0

2. 空间方向关系相似性

根据式（4.10），两对空间对象的空间方向关系的相似性，由两个方向关系矩阵变换的计算复杂度决定，Goyal 把两个方向矩阵之间的相似性用矩阵之间的距离（distance），即两个矩阵元素相互转换所需要移动的最小量来度量[36,40-42]。并定义：①如果 distance(D_0, D_1)=0，则两个矩阵是相等的，D_0 和 D_1 是方向关系是一致的；②distance(D_0, D_1)>distance(D_0, D_2)，则 D_2 比 D_1 更相似于 D_0。

对于单元素方向矩阵间（即矩阵中有且只有一个元素有非 0 值），在图 4.7 中，定义每个邻域图有线段直接相连的移动步长为 1，就可以得到出所有两两单元素方向矩阵之间最小移动距离（表 4.2）。

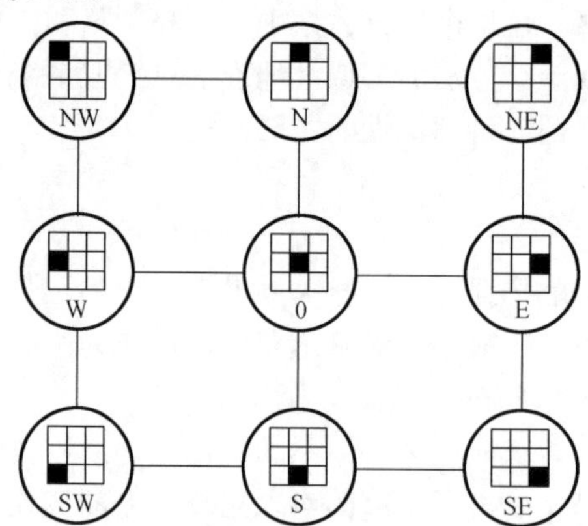

图 4.7　基于 4-邻居 9 方向矩阵概念邻居图[36]

表 4.2　单元素方向矩阵 4 邻居间距离[36]

	N	NE	E	SE	S	SW	W	NW	0
N	0	1	2	3	2	3	2	1	1
NE	1	0	1	2	3	4	3	2	2

续表

	N	NE	E	SE	S	SW	W	NW	0
E	2	1	0	1	2	3	2	3	1
SE	3	2	1	0	1	2	3	4	2
S	2	3	2	1	0	1	2	3	1
SW	3	4	3	2	1	0	1	2	2
W	2	3	2	3	2	1	0	1	1
NW	1	2	3	4	3	2	1	0	2
0	1	2	1	2	1	2	1	2	0

在多元素方向关系矩阵中，值不为 0 的元素不止一个，所以，两个方向矩阵 D_0 和 D_1 的转换距离是将矩阵 D_0 中所有非 0 元素移动到矩阵 D_1 中非 0 元素的移动距离的加权和的最小值。确定多元素矩阵的最小转换距离是一个“平衡运输问题”或“最小花费最大流转问题”，这两个问题都属于线性规划问题，目前没有特别理想的解决方案[43]。一般可以遵循以下两个步骤来解决：①找到一个基本可行（不一定是最佳）的解决方案，基本解决方案值满足了“市场-仓库”（market-warehouse）的约束条件，但可能不满足移动距离的最小的条件，常用“西北角方法”（northwest-corner method）[44,45]；②修改、优化基本解决方案，最终得到一个优化后的解决方案，常用“运输算法”（transportation algorithm）[44,45]。详细算法请参照文献[36]。

两个方向矩阵之间的转换距离在物理意义上是两个空间场景的方向差异性 $\delta(D^0,D^1)$ 的一个度量，在相似性比较前，方向差异性还需进行归一化处理

$$\delta(D^0,D^1)=\frac{\text{distance}(D^0,D^1)}{\text{distance}_{\max}} \tag{4.12}$$

根据式（4.12），可推导出

$$s(D^0,D^1)+\delta(D^0,D^1)=1.0 \tag{4.13}$$

两个场景方向相似度：

$$s(D^0,D^1)=1.0-\frac{\text{distance}(D^0,D^1)}{\text{distance}_{\max}} \tag{4.14}$$

3. 空间距离关系相似性

距离是一种度量概念，它描述了两个实体之间的远近和亲疏程度，在欧氏空间中，距离表示为一个[0,+∞）的区间，距离关系是一个按照多种渐进层次空间组织的需要划分的。定性空间距离关系是一种二元关系，是一种高度主观、对空间数据的尺度高度敏感的概念。空间对象的形状对空间距离也有影响。一般可根据不同的距离值对空间对象做不同的缓冲区，而得到不同的定性空间距离的表述符，如零距离（zero）、非常近（very close）、近（close）、远（far）等[46]。

在这些距离表述符中，可以将定性距离表述符从小到大进行排序（即相当于两个空间对象越来越相互远离），而得到距离概念邻居。相邻的定性距离表示符比不相邻的距离表示符具有更高的相似度，这种推理方法支持了两个空间场景空间关系差异的确定方法，两对空间对象距离关系的相似性由一个空间距离关系向另一个空间距离关系转换时连续渐变的变化所需要的步骤决定。这和拓扑关系和方向关系的相似度的计算方法是一致的。

4.4　多因子空间相似性分析评价模型

相似性判断和评价的研究已经成为心理学家和认知科学家的一个重要研究课题。语境和参照系决定相似性评价的相关特征。有时相关参考系统是明确地指明的，如苹果和梨在香味上的相似性，但有时参考系统是没有明确地表达；在不同的语境下，不同的特征或不同的维度会赋予不同的权重。

在基于相似性的空间分析中，相似性的因子是多种多样的，各个不同的因子都对相似性的评价结果产生影响。不同的因子其对相似性评价的影响程度是不一样的，在相似性的评价中，有些属性（特征）是决定性的，有些是整体性的，只表现为统计性的特征。相似性又是分层次的，有的相似性因子是在属性层次上，有的相似性因子是在对象层次，有的相似性因子是在空间场景的层次上，不同层次的因子对空间相似性评价的影响也是不一样的。需要建立一个模型来综合考虑并确定各个因子对相似性评价的影响。

4.4.1　空间相似性评价模型的特征

相似性的评价模型必须有可信的理论基础和可行的计算形式化，反映了人们相似性的判断，具有允许在属性、对象、场景三个层次可伸缩的统一架构。要运用心理学一致模型，分析哪些属性是一体化的，哪些属性是独立的，同时运用心理学聚合方法或转换方法检验和确定查询结果的相似性。在建立相似性评价模型时，必须考虑以下几个因素。

（1）相似性的哪些属性应该考虑进去。一个成功的地理信息系统相似性评价模型应该有助于消除完全准确匹配的限制，从而为语义相似性结果提供一个令人满意的推理机制。令人满意的结果暗含结合了人们感觉和认知的相似性提取模型的匹配，要达到这个目的最大的障碍是相似性的难以捉摸和复杂性，很难用正式的逻辑理论来描述或用数学模型进行相似性的表达。因此，对相似性本质在心理层面的考察，分离和形式化那些对空间语义信息提取相关的部分。

（2）如何建立一个针对空间数据库主要属性的相似性评价通用算法的最小集合。我们感兴趣的是那些计算结果和人们相似性判断一致的算法，是不是每一个属性都需要一个独立的算法，或者是否有一个通用的算法对所有的情况都可以达到同样好的效果；如果有，我们是否应该根据结构特征（如在数据库结构中指定的数据类型）或用一个不同的标准将属性归为不同的组，是否有特殊的情况需要特别的对待；最后，在什么情况下，一个算法或模型比其他算法对同一组属性更合适，这些问题的答案提供了一个在属性层面构建相似性评价的理论基础。

（3）在对象层面上，一个用户表达查询的种类有哪些。在对象层面的查询可能会包含多个种类的约束条件，如用户可能会使用除了基本等式的关系运算符、逻辑运算符，或这两者的结合。审核这些查询的语义并且开发一种在这个层面上可以得到可行的相似性度量的算法就显得尤其重要，多种约束条件的结合还需要有助于有效和直观的确定权重的计划和方法，以帮助用户确定每个约束条件的相对重要性。

（4）在空间场景相似性评价中，还有哪些需要关注的议题。空间场景的相似性评价是一个难题，其解决办法是要首先确定两个相比较的场景的相匹配的元素，这个匹配过程在大型的场景中会更加复杂和更易出错，因此如何选择一系列元素与其他元素的相关性，或当一些元素不相匹配时如何定量化地确定其相似性就显得尤为重要。

4.4.2　多因子空间相似性分析评价建模

相似性在心理学理论和哲学中随处可见，最近成为计算机科学家的一个热门研究课题，为了回答 Attneave 在 1950 年提出的那个经典问题“是什么使得事情看起来更相似或更不同”，已经产生了许多关于相似性本质的方法和理论，以及一些试图将相似性形式化和定量化的模型[24]。在建立多因子相似性空间分析评价模型时，需考虑相似性的以下特性以及相关的因素。

（1）相似性的几何属性。相似性常被翻译为“接近”，这就暗示其中包含空间上相互接近的结果。正因为此，许多研究倾向于运用几何的方法进行相似性评价，即比较的对象假设是概念空间的点，其不相似性等于点之间的距离，相似性与点之间的距离成单调反比，既然距离函数是一个尺度概念，它应满足尺度空间的唯一性、对称性、三角形不等性和传递性等。但是这些性质目前还存在着很大的争议。

（2）相似性的最小性。一个对象和其本身的相似性总是大于其他任何对象和它的相似性，这也暗含着对象和他自身的自相似性对于所有的对象而言都是相同的。虽然 Tversky 作为相似性空间原子说的主要反对者认为，所有的对象的自反性不是总是相同的，它的变化依赖于领域中一个对象的原型特征[9]，现实生活中也出现过诸如“卓别林参加卓别林模仿大赛只获亚军”的情况。但是，无论如何，出于比较的目的，一个对象与其自身的相似性总是大于任何其他对象与其的相似性。

（3）相似性的对称性。相似的对称性在一定条件是成立的，如我们可以说孪生姐姐长得很像妹妹，也可以说妹妹长得很像姐姐。相似性的对称性不一定成立，如变种相似于蓝本，但蓝本不一定相似于变种；我们可以说儿子长得很像父亲，却很少说父亲长得像儿子；我们可以说某人的肖像画和本人很相像，但一般不说某人长得像他的肖像画。相似性的对称性是否成立，取决于特定的情况。

（4）相似性的可传递性。相似性在一定条件下是可以传递的，如乡镇 A 和乡镇 B 一样有良好的水利灌溉条件，乡镇 B 和乡镇 C 水池水窖、河流湖泊管网沟渠的分布在数量上很相似，而得出乡镇 A 和乡镇 C 灌溉条件良好的结论。但相似性的传递是有条件的，不是任何两两相似的对象的相似性都可以进行传递。否则会推导出诸如“所有的事物都是相似的”这样没有实际意义的论断。相似性的传递应该被限制在具有相同属性之间，空间对象之间相似性是基于相同属性的传递。

（5）相似性与差异性、不相似性的关系。差异性和相似性的表达虽然表面上差异很大，但实际上是同一件事，相似性和差异性都是完全相等的偏离，相似性只是事物之间细微的差异性；差异性是人们观察事物的结果，不相似性仅仅是一个估量，是一个基于两个对象可察觉的差异性的判断。这个估量一般抽象化为在概念空间中两个比较对象表达的心理学上的距离[24]。

（6）相似性与语境。相似性是一个非常灵活的概念，并且严重依赖于上下文，即语境[47]，说两个事物很相似其实没有任何意义，除非指明了我们要说的是哪些属性。即使我们限制了比较的范围，仍然有隐含的或个人的背景会影响相似性的判断。相似性度量的质量严重地依赖于语境，所以有必要研究不同类型的语境如何对信息提取产生影响和如何对语境对相似性影响进行建模。在相似性评价中应明确上下文信息，当相关的参考框架明确地被界定时，存在明确的上下文信息，这样的相似性评价才具有意义。

（7）局部相似性与全局相似性。建立相似性评价模型，必然会涉及如何确定局部相似性和全局相似性的问题，在有些相似性的评价应用中，每个因子或因子群组之间存在局部相似性，所有因子综合起来形成全局相似性，局部相似性突出每个因子的作用，在基于相似性的空间分析中，局部相似性可能因为局部相似匹配而导致过滤掉那些不符合个别属性的对象（或场景）。全局相似性把所有的相似性因子放在一个统一的平台下考虑，可能局部的相似性并不是最高，但全局却可以得到一个很高的相似性。全局相似性及其在空间分析中的应用更加符合人们对相似性评价的认知。全局相似性可以有两种基于距离的方法进行计算，一种是基于欧氏距离（式（4.15）），另一种是基于曼哈顿距离（式（4.16））。但不管采取哪种距离计算方法，前提是因子之间是不具有相关性的，即因子是相互独立的，可以独立决定对象（或场景）的某个属性，而不依赖于任何其他因子的。但在实际应用中，相似性因子之间是否存在相关性，是很难判断的，相似性因子之间不具有相关性的条件不能完全满足。如单位面积农业种植农田的产量和质量是两个表面上独立的衡量农业种植水平的相似性指标，但农作物的产量和质量是具有某种程度的相关性的，并不是完全相互独立的。实验证明，考虑人们对相似性的判断，相比较而言，基于欧氏距离的计算公式（4.15）更适合因子之间相关性较大的情况，基于曼哈顿距离的计算公式（4.16）更适合相似性因子之间相关性相对较小的情况。

$$\text{Dissimilarity}_E(i,j)=1-\frac{\sqrt{\sum_{k=1}^{n}\omega_k\cdot(x_{ik}-x_{jk})^2}}{\sqrt{\sum_{k=1}^{n}\omega_k}} \tag{4.15}$$

$$\text{Dissimilarity}_C(i,j)=1-\frac{\sum_{k=1}^{n}\omega_k\cdot\left|x_{ik}-x_{jk}\right|}{\sqrt{\sum_{k=1}^{n}\omega_k}} \tag{4.16}$$

4.4.3　多相似性因子权值的确定

在多因子相似性评价模型中，如何确定各因子对相似性评价结果的贡献程度（权重），是一个重要的问题，相同的相似性因子及其局部相似性值，由于各相似性因子权值的不同，可能导致全局相似性截然不同的相似性综合评价。

一种简单的确定权值的方法是为所有的相似性因子设定相等的权值，这种方法计算简单，但忽略了不同因子对相似性评价所起的作用。

另一种方法是直接对各因子设定权重，重要性大的因子权重大，重要性小的权重小。这种确定权重的方法比较直观，可以根据评价人的主观判断进行设定，所以这种方法又称为“专家打分法”。这种方法受评价人的知识背景、主观喜好影响较大；抛开评价人的知识背景和喜好等因素，在实际应用中，要准确地确定每一个相似性因子的权重，也是一件困难和乏味的事情。

一种名为“特尔菲法”（Delphi method）的方法实际上是“专家打分法”的改进，最先由美国兰德公司（RAND Corporation）在 20 世纪 50 年代初创立，可以有效避免由个别专家的主观认识而做出不符合实际的权值确定。该方法是将若干个专家背靠背独自对评价因子的权值打分，最后对打分结果分别逐个因子统计各位专家的评分的平均值，并考察计算各专家评分的均方差和离散度，根据分歧的情况不同进行继续评分，直至分歧较小为止[48]。

层次分析法是美国运筹学家 Saaty 为解决多目标综合评价问题而提出的一种层次

权重决策分析方法[49,50]，层次分析法将与决策有关的元素分解成目标、准则、方案等层次，在此基础上进行定性和定量分析。这种方法的特点是对复杂的决策问题的本质、影响因素及其内在关系等进行深入分析的基础上，利用较少的定量决策信息使决策的思维过程数学化，从而为多目标、多准则或无结构的复杂决策问题提供简便的决策方法。其最大的优点是提出了层次结构让决策简单明了，不仅适合于存在不确定性和主观信息的情况，还允许以合乎逻辑的方式运用经验、洞察力和直觉。但在地理信息系统空间分析中，由于地理事物本身的复杂性和人类对地理事物相似性的本质缺乏了解，要得到诸相似性因子的层次结构是件很困难的事。

与上述几种方法相比较，一种新的权值确定的办法是重要性排序定权（rank-order weighting）的方法更加合理和更具可操作性[24,51,52]。重要性排序定权的方法是将所有因子按重要性从大到小进行排序，即 $\omega_1 \geqslant \omega_1 \geqslant \cdots \geqslant \omega_n$ ，排序后的权值，根据一定的算法确定各个因子权值的大小。其算法包括 RR 算法（4.17）、RS 算法（4.18）和 ROC 算法（4.19）。

$$\omega_i(\mathrm{RR}) = \frac{1/i}{\sum_{j=1}^{n} 1/j}, \quad i = 1, 2, \cdots, n \tag{4.17}$$

$$\omega_i(\mathrm{RS}) = \frac{n+1-i}{\sum_{j=1}^{n} j} = \frac{2(n+1-i)}{n(n+1)}, \quad i = 1, 2, \cdots, n \tag{4.18}$$

$$\omega_i(\mathrm{ROC}) = \frac{1}{n}\sum_{j=i}^{n}\frac{1}{j}, \quad i = 1, 2, \cdots, n \tag{4.19}$$

排序定权的方法仅仅依赖于各因子重要性程度的排列顺序，依此得到因子之间的比例权重，用户的工作减少到只需根据各因子的重要性对其进行排序。对相似性因子进行排序的工作要比确定每个因子的具体的权值更简单也更可靠。当然各因子权重排序也存在不确定性的问题，权重排序也因人而异，但在基于相似性的空间分析的应用中，排序定权方法是一种较切实可行的方法。

图 4.8 是多相似性因子权值确定的处理程序框图，用户从相似性因子库中选择需要比较的相似性因子，并将相似性因子根据其重要性进行排序，排序后，选择相应的权值确定算法，也可以跳过此步骤，直接选用系统缺省的 ROC 算法选项，初步确定权值后，用户可根据需要进行调整，也可以返回重新选择权重确定算法并重新进行计算，或者返回并重新选择相似性比较因子。权值确定后为了使权值之和满足 $\sum_{i=1}^{n} \omega_i = 1.0$ 的条件，需对权值进行归一化处理（尤其是 ROC 算法）。

用户选择何种算法（ROC/RR/RS）来确定每个相似性因子的权值取决于不同的应用，图 4.9 是根据式（4.17）～式（4.19）计算的 10 个相似性因子的权值，并对每种

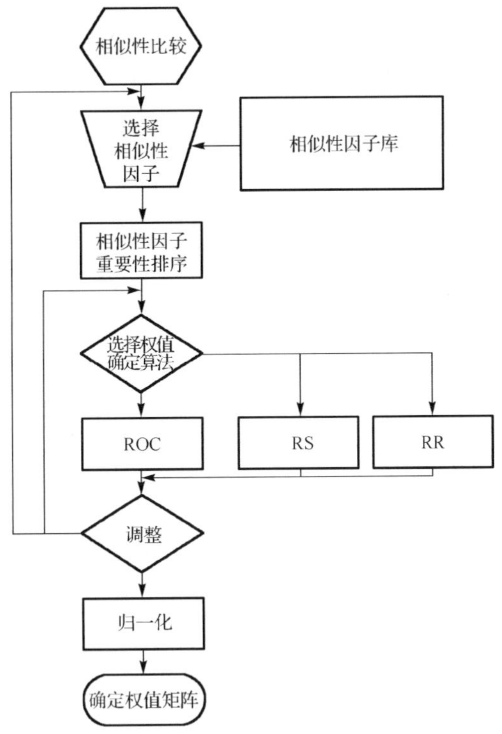

图 4.8　相似性因子权值确定流程图

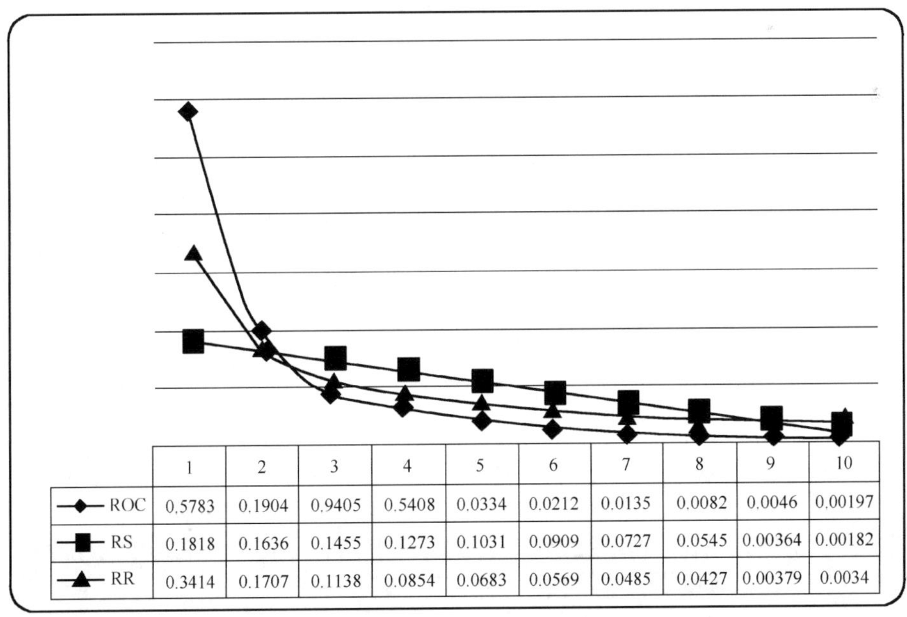

	1	2	3	4	5	6	7	8	9	10
ROC	0.5783	0.1904	0.9405	0.5408	0.0334	0.0212	0.0135	0.0082	0.0046	0.00197
RS	0.1818	0.1636	0.1455	0.1273	0.1031	0.0909	0.0727	0.0545	0.00364	0.00182
RR	0.3414	0.1707	0.1138	0.0854	0.0683	0.0569	0.0485	0.0427	0.00379	0.0034

图 4.9　ROC, RS 和 RR 三种定权方式比较

算法计算所得的每个相似性因子归一化后权值的大小进行分析比较，从图中可以看出，RS 算法适合各相似性因子重要性虽有区别，但区别不大的应用；RR 算法适合各相似性因子之间重要性等级区别较大的应用；而 ROC 算法适合于各相似性因子权重区别很大，且排在最前面的相似性因子具有决定性的应用。Barron 等通过实验证明了基于重要性排序定权的方法优于各因子相等权值的方法，且 ROC 方法优于 RR 方法，RR 方法优于 RS 方法[52]。

4.4.4 多因子空间相似性评价模型举例

为了验证多因子相似性空间分析评价模型的有效性，我们选取图 4.4 中场景(b)与场景(c)与场景(a)的空间相似性比较为例进行说明，在空间相似性比较中我们分别选取了空间专题相似性、空间场景完备性、空间对象相似性、空间形态相似性、空间拓扑关系相似性、空间方向关系相似性和空间距离关系相似性等 7 个相似性因子进行比较。分别计算各因子的相似性，和 ROC、RS 和 RR 算法确定 7 个等级的因子权值。根据 4.3 节的讨论，我们将空间相似性比较因子进行排序：对象相似性>场景完备性>空间形态相似性>拓扑关系相似性>方向关系相似性>距离关系相似性>空间专题相似性。由此计算出场景(b)与场景(a)的相似性以及场景(c)与场景(a)的相似性（表 4.3）。由此可计算并得出场景(b)与场景(a)的相似性大于场景(c)与场景(a)的相似性的结论，即场景(b)相对于场景(c)更符合查询场景(a)的要求。这一结论和人们的直观感觉的相似性判断是一致的。

表 4.3 两个空间场景多相似性因子评价结果

相似性比较因子	场景(b)-场景(a)	场景(c)-场景(a)	ROC	RS	RR
对象相似性	0.93	0.55	0.6297	0.2500	0.3857
场景完备性	0.30	0.75	0.1934	0.2143	0.1928
空间形态相似性	0.70	0.85	0.0885	0.1786	0.1286
拓扑关系相似性	0.80	0.80	0.0461	0.1429	0.0964
方向关系相似性	0.80	0.65	0.0247	0.1071	0.0771
距离关系相似性	0.85	0.85	0.0125	0.0714	0.0643
空间专题相似性	1.00	1.00	0.0050	0.0357	0.0551
场景(b)与场景(a)的相似性			0.8719	0.7736	0.8175
场景(c)与场景(a)的相似性			0.6775	0.7697	0.7336

多相似性因子权值确定模型的研究意义还在于，在大多数情况下，各相似性因子确切的、“正确”的权值是不知道也不可能得到的。然而，各相似性因子之间的相对重要性是可以从不同的场景比较应用中提取出来，通过相似性因子的重要性排序而确定相似性因子权重的算法，是对权值确定方法的一种简化（但不是简单化处理），这对具有多个相似性因子的相似性比较应用和各相似性因子之间具有相关性的应用具有重要的意义。

相似性评价因子的权重也不是一成不变的，应根据不同的应用进行调整。如根据 Egenhofer 提出的“拓扑优先，度量补充”的观点，拓扑关系是空间信息检索中最重要且应放在第一位的空间关系，但实际上，根据计算和统计，在空间数据库中 95%以上的空间拓扑关系是“disjoint”。尤其是在那些从传统的纸质地形图数字化后产生的地理信息数据的数据库中（在传统纸质地形图中，由于图纸符号承载力的局限，地物符号之间的压盖是应该尽量避免的)，如果将拓扑关系作为最重要的相似性因子进行空间相似性比较分析，将会得出诸如所有场景相似性都很高的没有实际意义的结论。如果应用该相似性因子对空间数据库进行检索过滤，将不能起到良好过滤和检索效果。

参 考 文 献

[1] 黄仁涛, 庞小平, 马晨燕. 专题地图编制. 武汉: 武汉大学出版社, 2003.

[2] 马永立. 地图学教程. 南京: 南京大学出版社, 1998.

[3] 刘国顺. 烤烟旱做高产栽培技术. 北京: 中国农业出版社, 1990.

[4] 雷永和, 张树堂, 冉帮定. 烤烟栽培与烘烤技术. 昆明: 云南科技出版社, 1997.

[5] 李文华, 王树会, 邵岩, 等. 基于 GIS 的云南烟叶适生性评价方法. 测绘信息与工程, 2006, 31(4): 22-24.

[6] 吴孟泉. 基于本体驱动多源异构时空数据的农业地理信息分类与查询研究. 北京: 中国科学院研究生院, 2007.

[7] Schwering A, Raubal M. Measuring semantic similarity between geospatial conceptual regions. International Conference on Geospatial Sematics, Mexico City, 2005.

[8] 邱明. 语义相似性度量及其在设计管理系统中的应用. 杭州: 浙江大学, 2006.

[9] Tversky A. Features of similarity. Psychological Review, 1977, 84(4): 327-352.

[10] Rips L, Shoben J, Smith E. Semantic distance and verification of semantic relations. Journal of Verbal Learning and Verbal Behavior, 1973, 12(1): 1-20.

[11] Goldstone R L. Alignment-based nonmonotonicities in similarity. Journal of Experimental Psychology: Learning, Memory, and Cognition, 1996, 22(4): 988-1001.

[12] Goldstone R L, Medin D L, Halberstadt J. Similarity in context. Memory & Cognition, 1997, 25(2): 237-255.

[13] Goldstone R. Similarity. Massachusetts: The MIT Press, 1999.

[14] Collins A, Quillian M. Retrieval time from semantic memory. Journal of Verbal Learning and Verbal Behavior, 1969, 8(1): 240-247.

[15] Lee J, Kim M, Lee T. Information retrieval based on conceptual distances in IS-A hierarchies. Journal of Documents, 1993, 49(2): 188-207.

[16] Jiang J, Conrath D. Semantic similarity based on corpus statistics and lexical taxonomy. International Conference on Computational Linguistics, 1997.

[17] Rodriguez M A, Egenhofer M J, Rugg R D. Assessing semantic similarities among geospatial feature class definitions. 2nd International Conference on Interoperating Geographic Information Systems (INTEROP 99), Zurich, 1999.

[18] Richardson R, Smeaton A. An information retrieval approach to locating information in large scale federated database systems. Dublin: Dublin City University, 1996.

[19] Resnik O. Semantic similarity in a taxonomy: An information-based measure and its application to problems of ambiguity and natural language. Journal of Artificial Intelligence Research, 1999, 11(1): 95-130.

[20] Miller K, Charles W. Contextual correlates of semantic similarity. Language and Cognitive Processes, 1991, 6(1): 1-28.

[21] Rodríguez L. Extending RDBMS for allowing fuzzy quantified queries. International Conference on Database and Expert System Application, London, 2000.

[22] 丁虹. 空间相似性理论与计算模型的研究. 武汉: 武汉大学, 2004.

[23] Bruns H T, Egenhofer M J. Similarity of spatial scenes. 7th International Symposium on Spatial Data Handling (SDH 96), Delft, 1997.

[24] Nedas K A. Semantic Similarity of Spatial Scenes. Maine: The University of Maine, 2006.

[25] 孙霞, 吴自勤, 黄畇. 分形原理及其应用. 合肥: 中国科学技术大学出版社, 2006.

[26] 郭仁忠. 空间分析. 武汉: 武汉测绘科技大学出版社, 2000.

[27] Del Bimbo A, Campanai M, Nesi P. Three-dimensional iconic environment for image database querying. IEEE Transactions on Software Engineering, 1993, 19(10): 997-1011.

[28] Flickner M, Sawhney H, Niblack W, et al. Query by image and video content: The QBIC system. Computer, 1995, 28(9): 23-32.

[29] Del Bimbo A. Semantics-based retrieval by content. IEEE International Conference on Image Processing, Vancouver, 2000.

[30] Egenhofer M J. Spatial-query-by-sketch. IEEE Symposium on Visual Languages, Boulder, 1996.

[31] Egenhofer M J. Multi-Modal Spatial Querying. London: Taylor & Francis, 1997.

[32] Egenhofer M J. Query processing in spatial-query-by-sketch. 1996 IEEE Symposium Visual Languages (VL 96), Boulder, 1997.

[33] Blaser A D. A study of people's sketching habits in GIS. Spatial Cognition and Computation, 2000, 2(4): 393-419.

[34] Tao Y, Kollios G, Considine J, et al. Spatio-temporal aggregation using sketches. ICDE, Boston, 2004.

[35] Caduff D, Egenhofer M J. Geo-mobile Queries: Sketch-based Queries in Mobile GIS-environments. Berlin: Springer, 2005.

[36] Goyal R K, Egenhofer M J. Consistent queries over cardinal directions across different levels of detail. 11th International Workshop on Database and Expert Systems Applications, London, 2000.

[37] Ang C, Ling T, Zhou X. Qualitative spatial relationships representation IO&T and its retrieval.

International Conference on Database and Expert System Applications, Vienna, 1998.

[38] Egenhofer M J, Mark D M. Modelling conceptual neighborhoods of topological line-region relations. International Journal of Geographical Information Science, 1995, 9(5): 555-565.

[39] Egenhofer M J, Altaha K K. Reasoning about gradual changes of topological relationships. International Conference Gis - from Space to Territory: Theories and Methods of Spatio-Temporal Reasoning, Pisa, 1992.

[40] Goyal R K. Similarity Assessment for Cardinal Directions between Extended Spatial Objects. Maine: The University of Maine, 2000.

[41] East R, Goyal R, Haddad A, et al. The architecture of arcIMS, a distributed internet map server. International Symposium on Spatial and Temporal Database, Redondo Beach, 2001.

[42] Goyal R, Egenhofer M. Similarity of cardinal directions. International Symposium on Spatial and Temporal Database, Redondo Beach, 2001.

[43] Cormen T H, Leiserson C E, Rivest R L, et al. Introduction to Algorithms. Cambridge: MIT Press and McGraw-Hill, 1990.

[44] Strayer J K. Linear Programming and Its Applications. Washington: Springer, 1989.

[45] Eiselt H A, Sandblom C L. Linear Programming and Its Applications. Washington: Springer, 2007.

[46] Hernández D, Clementini E, Di Felice P. Qualitative distances. International Conference on Spatial Information Theory, Semmering, 1995.

[47] Goldstone R L. Similarity, interactive activation, and mapping. Journal of Experimental Psychology: Learning, Memory, and Cognition, 1994, 20(1): 3-28.

[48] 严泰来, 朱德海, 杨永侠. 土地信息系统的模型(一). 中国土地科学, 1996, 10(4): 42-45.

[49] Saaty T L. Scaling method for priorities in hierarchical structures. Journal of Mathematical Psychology, 1977, 15(3): 234-281.

[50] Saaty T L. Axiomatic foundation of the analytic hierarchy process. Management Science, 1986, 32(7): 841-855.

[51] Barron F H. Selecting a best multiattribute alternative with partial information about attribute weights. Acta Psychologica, 1992, 80(1-3): 91-103.

[52] Barron F H, Barrett B E. Decision quality using ranked attribute weights. Management Science, 1996, 42(11): 1515-1523.

第 5 章　基于相似性的空间分析系统

基于相似性的空间分析系统将基于相似性的空间分析在地理信息系统中实现。地理信息系统由地理数据、地理信息系统和人三部分组成[1]，在基于相似性的空间分析系统中，要将相似性的思想贯穿于地理信息系统的这三个要素中。基于相似性的空间分析系统中人的部分，就是要为用户提供非严格约束的用户界面，提供具有相似性思想的用户输入界面和结果呈现界面；基于相似性空间分析系统中的数据部分，就是要在相似性的框架下，利用格网技术，对基础地理数据、专题数据、社会经济数据统一在格网框架下，为相似性空间分析系统提供数据基础。同时，采用格网化的数据索引和数据整合机制，为基于相似性的空间分析系统快速、高效的数据提取和分析提供基础；基于相似性的空间分析系统中的系统部分，体现在将相似性科学的理论和方法运用到空间分析系统中，为空间分析提供一种新的分析手段和工具。

5.1　基于相似性的数据处理

基于相似性的空间分析系统的数据预处理，是要将原来基于实体几何类型（点、线、面）和面向对象组织的空间和非空间数据在相似性和格网的框架进行再处理，使其满足相似性空间分析对数据的要求。基于相似性空间分析系统对数据的要求体现在以下几个方面。

（1）层次结构。基于相似性的空间分析系统是符合人类认知习惯的空间分析系统，人们对事物的认知是分层次的，层级越高，对事物的认知越粗略，越趋向于获取概略的、定性的知识；层级越低，对事物的认知越详细，越趋向于获取详细的、定量化的知识。人类认知的这个特点，决定了在相似性空间分析系统的数据组织中，必须满足数据的多层次分级的要求，每个层次的数据（或其索引）对应一个或多个人类认知的尺度特征。

（2）多源数据融合。在地理空间分析中，如果仅仅局限于空间数据的分析，对地理空间特征的分析是有局限性的，其结果并不能全面地反映地理实体和地理现象的本质。以农业种植为例，农业种植条件除了包括海拔、坡度、土壤类型、水利设施等空间属性条件，还包括种植农民的文化程度、种植水平、种植积极性、单位面积农田的劳动力等因素（具体论述见本章案例二）。基于相似性的地理空间分析系统的数据包括反映自然条件的空间数据和社会经济等非空间数据等，分析对象是融合后的多源数据。

（3）可计算的相似性度量。由前面可知，人们对地理现象的描述既有定性，又有定量，定性和定量是相互交叉融合在一起的，相似性的计算是可度量的，是量化的。“定性化的描述，定量化的评价”，是相似性空间分析系统对数据的基本要求之一。研究相似性，不仅是要对相似性的存在及其特征进行描述，还要对不同事物之间的相似性进行度量。基于相似性的空间分析系统要求数据具有可度量的相似性特征，在描述事物相似性特征的同时，还要对相似性进行度量和量化。

（4）高效率的索引机制。基于相似性的空间分析系统中，由于地理信息系统数据的多源异构性、用户对空间数据和空间知识获取需求的多层次性，客观上需要建立一个高效多层次的数据索引机制，通过这个索引机制，在简单的 SQL 语法的支持下，可以快速获取研究区域多层次的空间和非空间信息。

（5）可伸缩的数据获取机制。人们对事物认识需求的多层次性，决定了不同层次空间知识获取计算复杂度的多层次性，在层次较高的知识获取层面，知识的获取是粗略的，获取的速度快，要求这时提供的知识具有较高的检索和获取效率；在越低的知识获取层面上，知识的获取较精确，获取的速度可以比前者慢，要求此时提供的知识具有较高的精度。知识获取的可伸缩性决定了空间数据获取的可伸缩性，需要一个高效的可伸缩数据获取机制以获取不同层次的空间知识。

基于相似性空间分析系统的数据处理包括数据的预处理、数据的动态更新和异常数据的处理。其中的数据预处理包括两个部分：一是对空间数据和非空间数据的格网化，二是建立领域专题地理语义网。

5.1.1　空间数据和非空间数据的格网化

数据格网化处理包括对研究区域建立基础格网，对空间数据建立格网索引和对非空间数据进行格网化处理（图 5.1 数据格网化处理流程）。

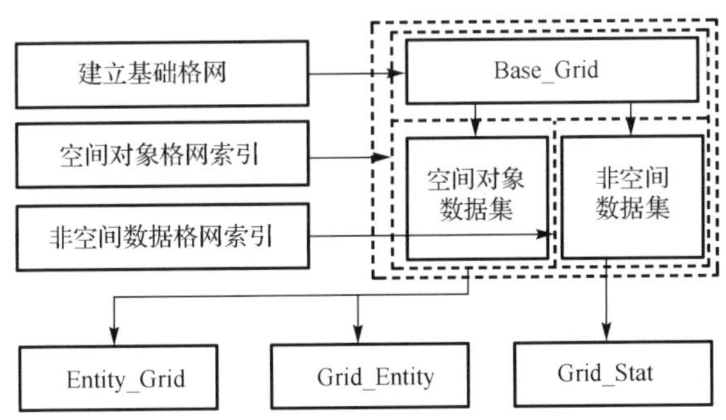

图 5.1　数据格网化处理流程

首先对研究区域进行多层次的格网化，建立基础空间格网，格网属性包括格网起算原点、格网尺寸、格网的行列号、格网的等级等。其中格网的原点是地理信息系统数据的坐标起算点，在同一个系统数据中，格网的原点是相同的，所以在记录基础空间格网的数据表中可以忽略此项，图 5.2 Base_Grid 表示例是一个基础空间格网的示例，OBJECTID 是格网的唯一 ID 号，Grid_X 是格网在 X 轴方向的编号，Grid_Y 是格网在 Y 轴方向的编号，Grid_Size 是格网的大小（宽度或高度，在本书中宽度等于高度），Grid_Level 是格网的等级号（等级越低，数字越小，格网的尺寸也越小）。

	OBJECTID	Grid_X	Grid_Y	Grid_Size	Grid_Level
1	33127	2106	26516	100	0
2	33128	2106	26517	100	0
3	33129	2106	26518	100	0
4	33130	2106	26519	100	0

图 5.2　Base_Grid 表示例

基础格网建立后，再建立空间对象与格网的映射关系，即计算并记录每一个空间实体对象所占格网的编号。将计算结果保存两个表，一个是对象与格网的映射关系表（Entity_Grid），另一个是格网与对象的映射关系表（Grid_Entity）表，其中后一个表可由前一个表派生，图 5.3 是一个对象格网表的示例，其中 OBJECTID，Grid_X，Grid_Y，Grid_Size，Grid_Level 与图 5.2 中的含义相同，PType 是空间对象的实体类型，PName 是空间对象的名称或编号，PID 是该空间实体对象在该对象所在数据集中的唯一 ID 号。

	OBJECTID	Grid_X	Grid_Y	Grid_Size	Grid_Level	PType	PName	PID
2655	2361	316	3268	800	3	[illegible]_高速公路	[illegible]高速	3
2656	2362	2296	26097	100	0	[illegible]_省道	S216	1

图 5.3　Entity_Grid 表示例

非空间数据的格网化将不具有空间特征的一些社会经济等统计数据归一化到空间格网中，这些数据有的是定性化的数据，有的是定量化的数据，有些是定性但可以定量化表达的数据。例如，在农业种植中，农民的文化程度是一定性化的数据，单位面积农民数量是定量化的数据，农民的种植水平是定性但可以定量化描述的数据。这些数据都根据其相关的空间位置定位到相应的空间格网中，建立这些专题数据和格网之间的映射关系。图 5.4 是农业种植管理中如何对农民文化程度进行格网化的流程示

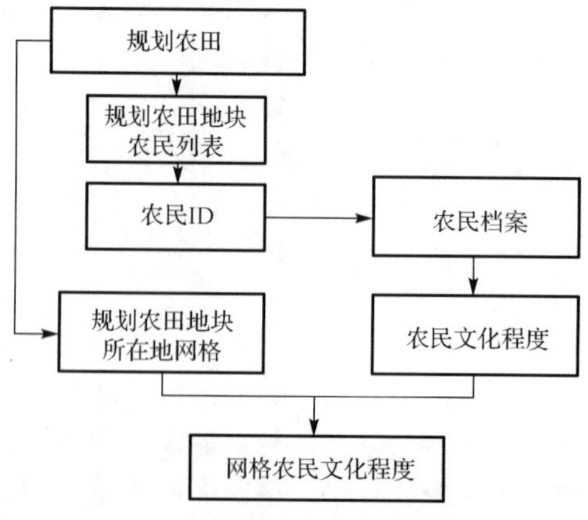

图 5.4　农民文化程度格网化处理流程

例。首先，在规划农田数据集中检索要分析的农田地块，地块中记录了种植该农田所有农民的列表，由此得到农民的 ID 号，通过农民 ID 号在农民档案中查询该农民的文化程度，并将文化程度的表达进行量化处理，再将文化程度的值和该规划农田地块的所在的格网相关联即得到格网农民文化程度的值。

5.1.2　面向特定领域的地理语义网

地理语义网[2,3]是解决地理信息语义不确定性、语义共享和互操作的重要方法，地理语义网以其直观和便于计算特点,可以有效地进行语义相似性的描述和相似性计算。建立领域地理语义网是要将本领域的地理信息的隐含语义明确地表示出来，达到人可识别和机器可推理的目的，从而达到提高基于相似性地理空间分析的智能性和准确性的目的。图 5.5 是一个农业种植条件语义关系（部分）的示例。

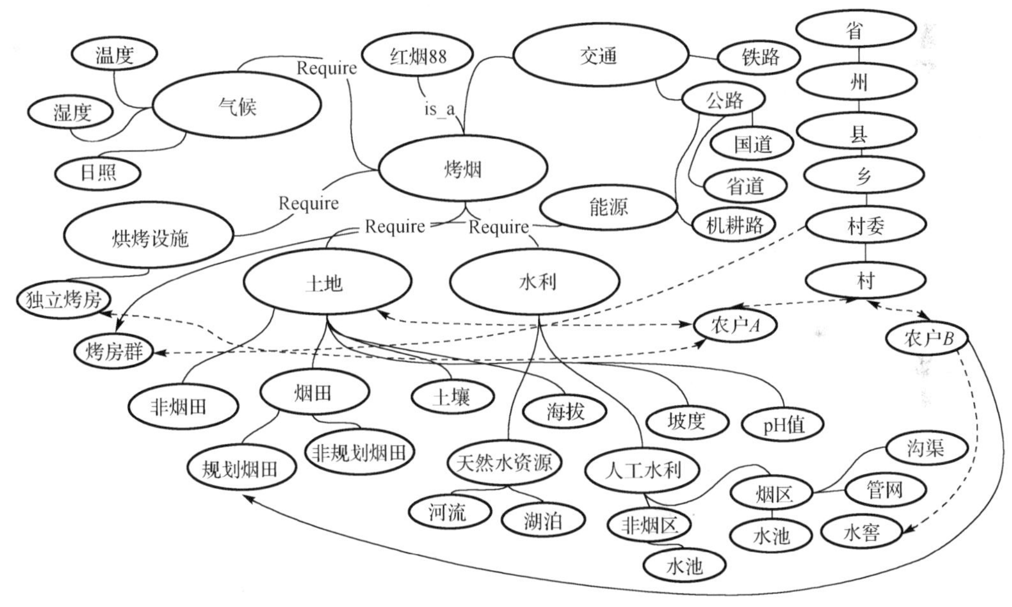

图 5.5　农业种植条件语义关系图

5.1.3　Null 值的相似性比较处理

Null 值是指在数据库中没有输入值的记录值，数据库理论建议通过合理的数据库设计和数据输入的标准化消除 Null 值。然而，就算是再完美的数据库设计和输入标准化也不能完全避免 Null 值的出现，因为无法获得空间实体的确切信息、数据库结构重建或者标准化和数据完整与数据库效率之间的折中都有可能导致 Null 值的出现。Null 值除了浪费数据库系统存储空间并导致一些数据库算法（如 count，sum， average 等）产生不合理结果，更重要的是在基于相似性的空间分析中，Null 值给数据带来了很大含糊性，Null 值处理不当，可能会给相似性空间分析中的相似性评价带来很大的影响。

在地理信息系统中，Null 值有三种可能的来源。

（1）unk (unknown)。该值客观上存在精确值，但目前没有获得该值而导致缺失。unk 存在两种可能的情况，一种是 unk 虽缺失，但是有几种可能存在的值，如农户的受教育程度属于{文盲，半文盲，小学，初中，高中，中专，大专，本科}中的一种；另一种是 unk 虽缺失，但是在一定的值域范围内，如农户的年龄属于[14,120]的某个值，前者称为 p-domain[4,5]，后者称为{Morrissey, 1990 #2544]。

（2）dne (do not exist)。该值不存在，意味着该值无效，是由于指定的属性对该对象是无效的。

（3）ni (no information)。没有信息，这是一种更通用的包含了 unk 和 dne 情况的 Null 值，说明该值的缺失可能是因为存在但并不被人知道，或该值是无效的。没有信息在概念上比较简单，但由于没有表达 Null 值可能所具有的全部语义解释的所有可能性，可能丢失了一些潜在有用的信息。

文献[6]并给出了某确定值 x_q 与 Null 值进行相似性比较的一般公式（5.1）。

$$S_A(\text{Null}, x_q) = \begin{cases} \min(S_A(a, x_q), S_A(b, x_q)), & \text{Null} = \text{unk} \\ 0, & \text{Null} = \text{dne} \\ 0, & \text{Null} = \text{ni} \end{cases} \tag{5.1}$$

作者认为，式（5.1）的处理有不妥之处。式（5.1）实际上取了 Null 值与 x_q 相似性的下界，即一个 Null 值与一确定值进行相似性比较时，取其可能的相似性中的最小值。按此方法处理，如果要对未知农户的文化程度与文化程度“中专”进行相似性比较，根据式（5.1）可以推导出，农户的文化程度取值为{文盲，本科}，即农户的文化程度为“文盲”或“本科”。这显然与实际情况是不相符的。Null 值的处理要根据不同的应用具体问题具体分析，对于单个对象的 Null 值，应结合具体的情况分析，尽可能地找到最或然值；对于具有统计意义的值，在找不到最似然值时可以取该区域非 Null 值的统计值，用相应的统计值替代 Null 值是合理的。例如①，某单个农户的受教育程度项为 Null 值，如果要将其文化程度与某一确定农户的文化程度进行相似性比较，先分析该农户的年龄，如果该农户生于 1955 年前，则可定为{文盲，半文盲}；若生于 1955～1970 年，则可定为{小学，初中}；若出生于 1970 后可定为{初中，高中}。同时还可结合单个农户的其他情况再进一步区分，如该农户担任了村委会主任、组长或农民代表等职务，可取上限值。如进行该地区的农户与另一地区农户的受教育程度对

① 本例中的处理方法是以本书研究区域的农户受教育情况为例的，是建立在对该地区的历史状况和农户的受教育程度而确定的。是否适合其他地区情况，有待于进一步的证实。

比，可取该地区非 Null 值农户受教育程度的平均值，若该地区农户的受教育程度均为 Null 值，则可取相邻地区或上一级行政区划的农户受教育程度的平均值。

5.2　基于相似性的空间分析

基于相似性的空间分析，是在相似性度量的框架下进行的空间分析。在空间分析计算前，应该对用户输入的空间分析条件的约束度进行基于相似性的扩展；在空间分析计算时需对空间分析过程进行相似度的计算；在空间分析结果呈现给用户之前，要对空间分析结果按照相似性大小进行排序和过滤。

5.2.1　约束条件度可控扩展

由于受用户对 GIS 数据库和数据结构的了解程度、用户的空间认知水平、空间数据库语义和用户背景知识语义之间的差异、用户对空间分析条件表达能力局限等因素的制约，GIS 空间分析条件往往不能完全、全面或准确地表达 GIS 用户空间分析查询的真实意愿，空间分析约束条件必须在相似性的框架下进行扩展，扩展后的分析语句与原始语句之间的相似性是可以度量的。约束条件的扩展包括空间语义的扩展、空间对象的扩展、空间关系（拓扑关系、角度关系和距离关系）约束条件的扩展等。空间分析条件约束度的扩展在扩展原有的约束条件的同时，还将带有和原约束条件具有一定相似性的新分析约束条件带入到下一步的空间分析计算中。

基于相似性的空间分析在那些一开始并不确切知道空间分析条件的空间分析中显得尤为重要。在空间分析时，由于知识背景所限，用户一开始并不能完全地或确切地知道所操作的空间数据库的数据情况，用户对空间分析的条件和结果只有一个概略地和粗略地了解，直接把这种模糊、不确切的空间分析约束条件在 GIS 数据库中进行准确匹配，用户得不到所期望的分析结果。空间信息的获取是逐步、渐进的，若能够在用户输入一个不准确的条件下获取一定程度概略的信息，用户就可以在获得概略信息的基础上再进一步获取更详细的信息，是一种可以被接受的空间分析数据获取策略。

基于相似性的空间分析中有些查询条件是刚性的（必须完全匹配），有些查询条件是柔性（可以部分匹配）的，刚性条件只接受准确匹配的结果，一般不允许进行扩展，不接受相似或相近的查询匹配结果；柔性的查询条件可以接受相似或相近的不完全匹配的结果，可以在相似性的框架下进行一定的扩展。例如，要查询某块远离化学污染源面积>200 亩（1 亩=666.7m^2）的红壤土农田，其中“远离化学污染源”是刚性查询条件，“面积>200 亩”“土壤类型为红壤”“农田”是柔性条件。在查询中，后三个条件可以进行相似性扩展，如面积=190 亩包含在扩展条件内、土壤类型为“黄壤”（在本书的研究区域中，农业种植所需的土壤条件，黄壤与红壤的分布情况、pH 值、化学成分等都相近①）[7]，农田可扩展为基本规划保护农田、年度规划农田、年度实际种植农田等。而“远离化学污染源”是刚性条件，即使其他三个条件都能满足，若这一个条件无法满足，该查询结果也不能满足查询要求。在数据库检索查询中，刚性条件匹配是比较容易实现的，因为其条件是明确且唯一的，查询结果（是否匹配，并非指查询最终结果的记录数）是唯一的（匹配/不匹配）。柔性条件匹配后所得到的结果由相似度衡量检索值与查询条件所得理想结果（不一定存在）的相似程度。

查询条件的刚性和柔性的分类是相对而言的，而且两者可能互相包含，以“远离化学污染源”这一条件为例，条件本身是刚性的，但条件中的“远离”条件又是柔性的，是一种定性的距离描述。有的条件在这个空间分析条件中是刚性的，但在另一个空间分析条件有可能是柔性的。

在基于相似性的空间分析中，所有缺失但隐含着的条件必须显式化，预处理可对搜索空间进行剪枝和优化，过滤掉一些不需考虑的约束条件，使得原本应该在整个数据库域中检索的工作缩小到较小的范围内进行，提高检索效率，同时还将去除掉那些由于逻辑不一致导致的不可能的场景组合。预处理时一般将构建拓扑关系元素表、方向关系元素表和方向距离关系结合的元素表，每个表记录所有可能的两个对象之间相对应的空间关系。

5.2.2　基于相似性的空间分析计算

基于相似性的空间分析计算的实质是建立所有可能对象之间的对象关联图（association graph），并找出对象关联图的最大团（maximal clique）。和传统的确定性空间分析计算不同，基于相似性的空间分析计算的三个要素都是带有和原空间计算条件要素具有一定相似度的新的约束条件。基于相似性的空间计算的参考点是相似于原计算参考点的新的相似参考点；基于相似性的空间计算的空间关系是原空间关系的相似性邻居；基于相似性空间分析条件是原空间分析条件的相似性扩展，空间分析计算的结果是新的扩展空间分析条件计算结果的欧氏积（式(5.2)）。其中，$P=\{P_0,P_1,\cdots,P_i,\cdots,P_j\}$，$M=\{M_0,M_1,\cdots,M_k,\cdots,M_l\}$，$D=\{D_0,D_1,\cdots,D_m,\cdots,D_n\}$。图5.6是基于相似性的空间分析计算分析示意图。

$$R=P\times M\times D \tag{5.2}$$

① 云南省红壤多分布于海拔1300～2200m，质地中等，多为砂质黏壤土；土壤pH值为5.2～6.1，属微酸性土壤；有机质1.0%～3.0%，速效氮60～130mg/kg，速效磷5～15mg/kg，速效钾70～120mg/kg，钙（Ca）含量适中，镁（Mg）、硼（B）含量较低。云南省黄壤主要分布于海拔1700～2200m的温凉地区，质地较黏重；土壤pH值为5.7～7.1，多为中性；有机质1.5%～3.0%，速效氮60～90mg/kg，速效磷15～25mg/kg，速效钾70～100mg/kg，钙、镁含量较高，硼、锌含量较低。（资料来源：邵岩. 云南省烤烟轮作种植规划研究. 北京: 科学出版社, 2006: 1-297）。

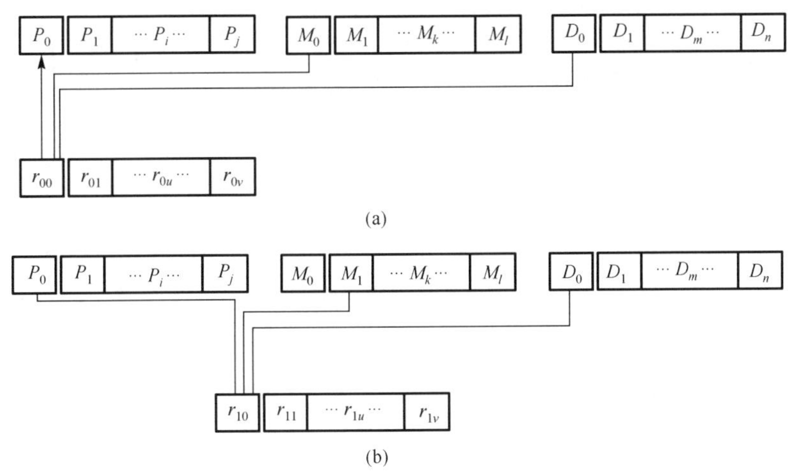

图 5.6　基于相似性的空间分析计算

5.2.3　空间分析相似度计算

基于相似性的空间分析计算的计算结果与完全准确匹配分析结果之间存在一定的偏差，其偏差的度量表现为相似性，相似度是由空间分析计算的各因子的相似度以及空间分析计算的相似度的加权和或积，其计算方法采用本书 4.4 节所述的方法。

5.2.4　分析结果过滤和呈现

由式（5.2）可知，基于相似性的空间分析的结果是每一个空间分析参数的欧氏积，要全部计算这些出这些结果，其计算量非常大，如果不对分析计算过程进行过滤，势必造成空间分析效率低下，不能满足相似性空间分析对效率的要求。所以，在分析过程中要根据一定的阈值对分析结果进行过滤，对计算过程进行剪枝，相似度小于阈值的计算参数直接不进入下一步计算过程，以减少计算次数，提高计算效率。

空间分析计算的结果按相似度的大小，由大到小进行排序，呈现给用户，用户可以根据其实际需要对分析结果进行进一步的分析和取舍。

5.3　基于相似性的空间分析系统框架

基于相似性的空间分析系统包括空间分析条件的输入、空间场景的相似性比较和分析结果呈现三大部分组成，本书设计的基于相似性的空间分析系统共设计了三种典型的空间分析输入条件，第一种是基于类 SQL 语句的以文本为输入语句作为空间分析条件（图 5.7(a)）；第二种是基于草图的以空间场景作为空间分析条件（图 5.7(b)）；第三种是对两个空间场景进行空间场景相似性的比较。

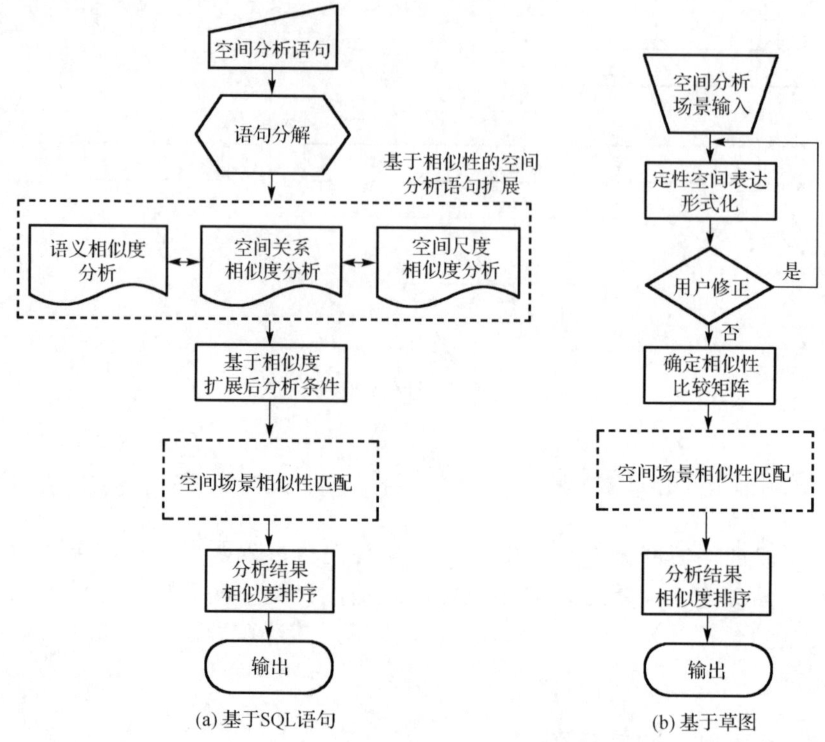

图 5.7　基于相似性的空间分析系统框架

在基于类 SQL 语句的以文本为输入语句的相似性空间分析中（图 5.7(a)），在空间分析前，要对空间分析语句进行分解，分解后得到一个或多个含确定性条件的空间分析子句，分析子句在相似性框架下进行可控制的扩展，其中涉及语义相似度的分析、空间关系相似度分析和空间尺度相似度分析，得到基于相似性的扩展后的分析条件，作为空间场景相似性匹配计算的输入项进行空间分析计算。最后将分析结果按相似度进行排序，并将分析结果按相似度从大到小输出，呈现给用户（图 5.7(a)）。

在基于草图的以空间场景作为空间分析条件的空间分析中（图 5.7(b)），空间分析的条件不是以类似于 SQL 语句这样比较明确的空间分析条件，而是以草图的方式输入一个空间分析场景，通过对场景的分析提取出空间分析的条件。图 5.8 是草图输入界面，通过绘制包含点、线、面等空间对象的查询分析场景的草图，并对草图进行必要的标注，用以表达用户空间分析的意图。由于基于草图的空间分析输入中，空间分析的条件不是显式表达的，所以必须对草图表达的空间分析条件进行提取并显式化，包括对草图中包含的对象类型信息、对象关系等信息进行提取，并对空间场景进行定性空间表达形式化。

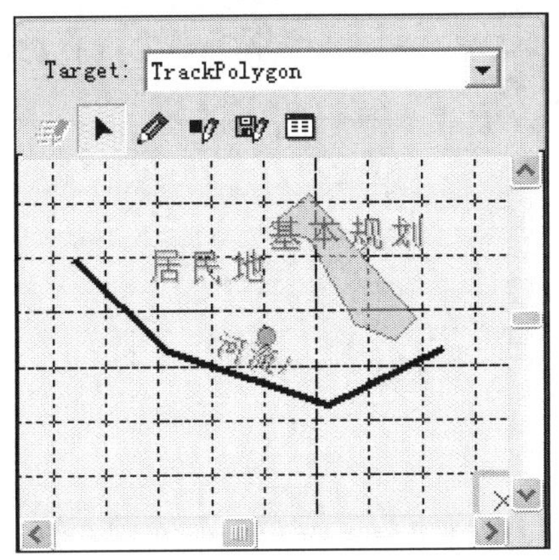

图 5.8　基于相似性的空间分析草图输入界面

空间场景定性空间表达是对场景中所有可能的空间对象和空间关系进行提取并表达，有些关系并非是输入者需要表达的约束条件；在对定性空间表达形式化时需要用户对其空间关系进行修正和调整，过滤掉那些非用户需要表达的约束条件，增加用户在草图中没有明确表达的约束条件，使其准确地反映用户的真实意图。如在图 5.8 中，用户希望表达的是需要寻找一块在居民地附近，附近有河流的基本规划农田。除了上述信息，从草图中还可提取出居民点在河流的北方向、基本规划农田在居民点的东北方向、河流与基本规划农田相互分离等空间关系，这些空间关系并非全是用户需要表达的约束条件。必须将有些条件过滤掉，否则有可能使符合用户真实意图的结果被排除在检索结果外。用户空间分析条件一般有多个，在这些空间分析条件中，其权重是不一样的，有些条件的权重大，有些条件的权重小，所以需要确定相似性比较矩阵，确定权重之间的重要性顺序，按照重要性顺序并确定权重。相似性比较矩阵确定后再与数据库中的空间场景进行相似性匹配，匹配后的结果进行定级排序，最后按相似度大小进行输出。

两个空间场景相似性的比较是基于相似性的空间分析系统的重要组成部分，不仅作为以基于类 SQL 语句为输入方式的空间分析和以基于草图为输入方式的空间分析的组成部分，两个空间场景相似性的比较本身还可作为基于相似性空间分析系统的一种独立分析模式（图 5.9），并可依此来评价两个空间场景之间的空间相似性。在两个场景的相似性比较中，输入的是两个空间场景，两个空间场景所包含的空间信息数量是很大的（如一个含有 n 个空间对象的空间场景中包含有 $n(n-1)/2$ 对拓扑关系，$n(n-1)$ 对方向关系和 $10\times n(n-1)/2$ 对距离关系），这些空间信息在相似性比较中其权重是不一样的，所以需要确定空间相似计算矩阵，并确定各个空间相似性因子的权重，选取两个场景比较中那些用户重点关注的因子，过滤掉那些用户不关注或关注度较低的因子，最后通过相似性比较得到空间场景相似性的比较结果。在以空间场景相似性比较的应用中，相似度的大小是分析的最终结果，在以类 SQL 语句和草图作为输入条件的相似性分析应用中，相似度是作为分析结果与分析条件匹配程度的一个评价标准和空间分析结果呈现优先级的依据。

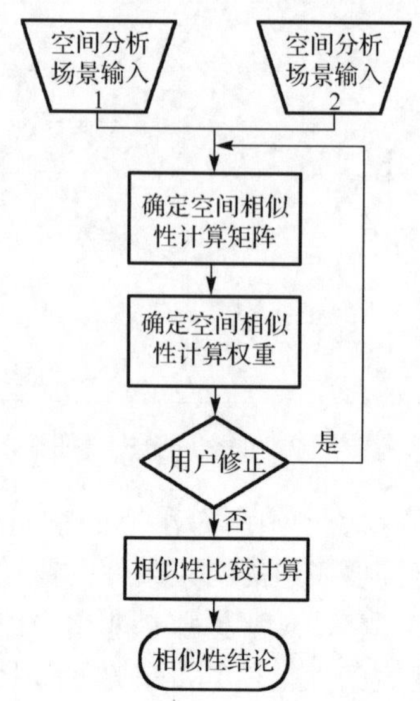

图 5.9　基于相似性的空间分析系统框架（场景之间相似性比较）

5.4　基于相似性的空间分析系统实现

为了验证本书提出思想和方法，本书结合工程实践开发了一套“基于相似性的空间分析系统”。

5.4.1　开发环境

系统的开发不仅是验证本书所阐述的相似性空间分析的理论和实践方法，同时这也是“HH 数字农业——3S 技术在农业生产中的综合应用”系统的一部分，所以系统开发环境的选择除了要考虑本书实验的需要，还要考虑和项目实际结合的问题。在本书中，使用的 Microsoft 公司开发的 Visual Studio 2008 中的 C#为主要开发工具；地理信息系统的基本地图功能组件采用 ESRI 公司提供的 ArcGIS Engine 9.3 组件式开发软件；数据库采用 Oracle 公司的 Oracle 11g，空间数据引擎采用的 ESRI 公司的 ArcSDE9.3；语义网构建采用 Protégé3.1 作为建模工具。

5.4.2　系统主要功能

“基于相似性的空间分析系统”是“HH 数字农业——3S 技术在农业生产中的综合应用”系统的一个组成部分，所完成的是基于相似性的空间分析，所以空间分析功能是本系统的主要组成部分。同时，本系统也是作为基于相似性的空间分析研究的一部分，提供了一些根据本书的思想和算法所建立的基于相似性空间分析的工具集。其主要功能包括以下几个方面。

（1）基于类 SQL 语句的相似性空间分析功能。基于类 SQL 语句的相似性空间分析，接受用户输入的类 SQL 语句的空间分析查询条件，通过该分析查询条件在相似性的框架扩展进行相似性空间分析。

（2）基于草图输入的相似性空间分析功能。基于草图输入的相似性空间分析，接受用户以草图的方式输入空间分析查询条件，通过对用户输入的草图解译用户空间分析的意图，最后实现相似性空间分析的功能（图 5.10）。

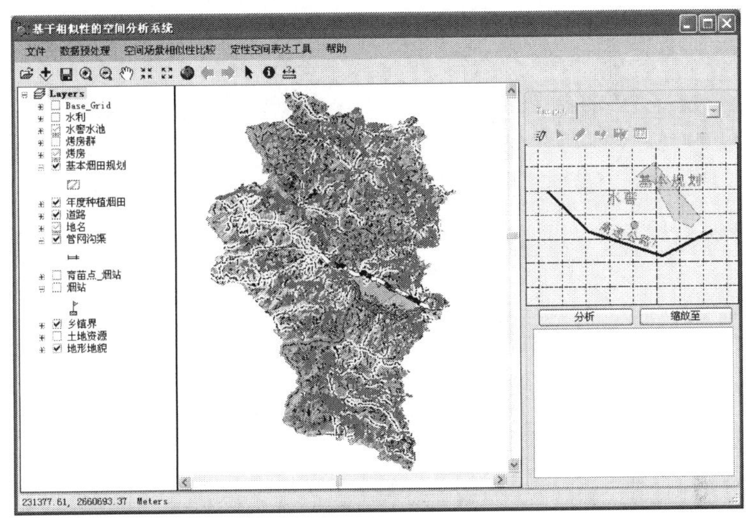

图 5.10　基于草图的相似性空间分析用户界面（见彩图）

（3）空间场景相似性分析比较。在一定的专题范围内，比较两个空间场景的空间相似性，本书主要是对农业种植的条件进行相似性分析，找出适合农业种植的种植适宜区；比较两个地区农业种植的自然地理条件和经济社会条件，从而推断该地区的农产品种植的适宜性（图 5.11）。

（4）数据预处理工具。在格网条件下的基于相似性的空间分析系统的数据组织与基于准确匹配的空间分析的地理信息系统的数据组织方式有所不同，必须先对研究区域的空间数据和非空间数据进行预处理。采用基于格网的数据预处理，可以有效地满足基于相似性空间分析对数据高效检索索引和数据多层次的需要，本系统提供了包括建立基础格网、空间数据格网化、非空间数据格网化等工具。图 5.12 是构建基础格网的用户界面。

（5）空间场景定性空间关系表达、计算和比较工具集。本系统还可作为基于相似性的空间分析研究的辅助工具，在基于相似性空间分析的研究中，空间场景的定性空间关系的表达和计算是基于相似性空间分析研究的重要组成部分，本系统提供了定性空间关系计算及其相似性比较的工具集（图 5.13）。

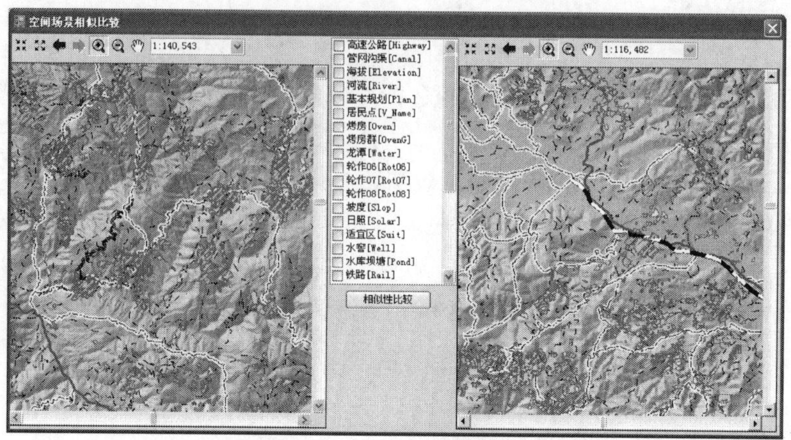

图 5.11　空间场景相似性比较界面（见彩图）

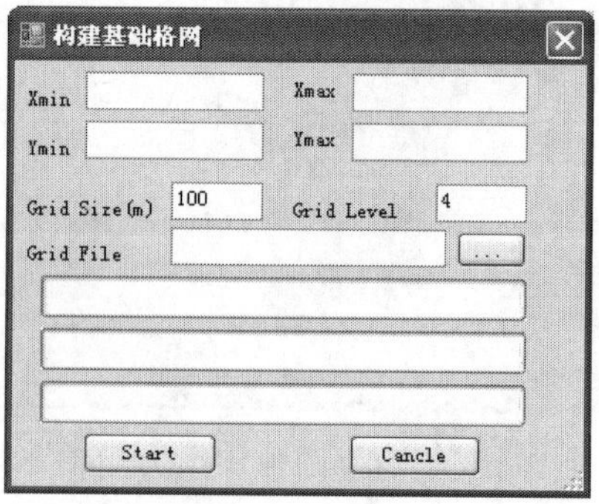

图 5.12　建立基础格网用户界面

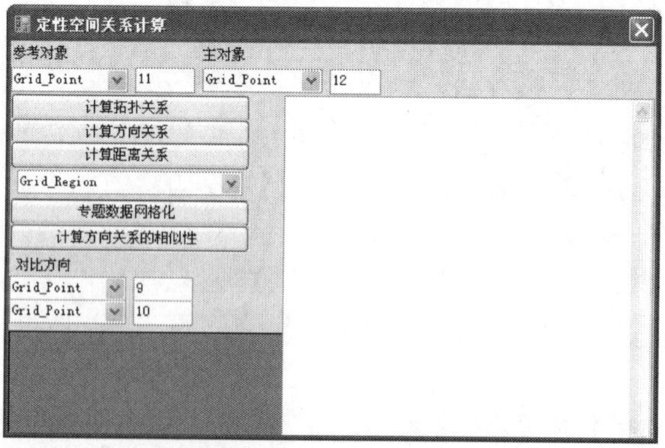

图 5.13　定性空间关系计算及其相似性比较用户界面

5.5 案例分析

本节通过三个典型的在农业种植管理中的应用案例，详细介绍了基于相似性空间分析的空间分析机理和空间分析过程；通过与传统的空间分析系统的比较，总结了基于相似性空间分析的特点和优点。

5.5.1 空间分析在农业种植生产管理中的应用

农业种植产业是资源型产业，资源性产业和其他产业的根本区别在于它是以资源的消耗为基础[8]。农业种植资源包括耕地、土壤、水利、气候、劳动力资源等，这些资源都具有空间位置性、时空动态性、生态限制性以及生态恢复与补偿性。现代农业生产管理离不开空间信息技术包括遥感、地理信息系统和全球定位系统（3S）的支持，失去了空间信息，农业生产就带有很大的盲目性和不确定性，难以增强行业的竞争能力，也难以实现从传统农业向现代农业的转变[8]。

在农业种植的生产管理中，涉及大量的空间数据和非空间的数据，空间数据综合《基础地理信息数据分类与代码（GB/T13923-2006）》《地形图要素分类与代码（GB/T5660-2006）》[9,10]等分类标准和农业生产的实际应用需要，主要分为测量控制点、交通、水系、居民地、地形与土质、管线与垣栅、植被、境界和其他几个大类；每个大类包含了农业种植地理信息系统中所管理的多个小类和特征类的数据（图 5.14）。

基于相似性的空间分析系统在农业种植生产管理中的应用主要体现在以下几个方面。

（1）地理信息的检索。地理空间数据检索是地理空间分析中最常用的工具，基于相似性的空间分析在地理空间信息的检索中可以有效地降低地理信息系统使用的技术门槛，由于采用基于相似性的分析技术，用户可以在对空间数据库缺乏全面了解的情况下，通过逐步取精的方法检索到所需要的地理信息数据。农业种植地理信息系统的用户大部分都缺乏对地理信息的知识背景，基于相似性的空间分析为地理信息及其服务在农业行业的应用降低了技术门槛，扩大了用户群，也促进了地理信息的使用。

（2）地理空间分析。农业种植分析中，涉及大量的空间分析（如农业轮作的叠置分析、灌溉水利工程的缓冲区分析），传统的地理信息系统基于刚性的条件使得地理空间分析的分析结果缺乏灵活性，不能有效地和其他专业领域知识相结合。基于相似性的空间分析不仅将空间分析条件在相似性的框架下进行扩展，而且将农业种植的专业知识和社会经济统计数据纳入到空间分析中，增强了地理空间分析的实用性。

（3）适宜区分析。农业种植是一个对外界自然条件如土壤、海拔、日照时间等有特殊要求的农业生产，所以如何规划经济作物的种植区，前提是确定农业种植的适宜区，以往的农业种植适宜区的确定是根据有限的几个约束条件硬性地确定为“最适宜、适宜、次适宜、不适宜”等（表 5.1），这种对适宜条件硬性的划分并不能全面反映种植适宜区条件，一些跨了几个适宜等级条件的种植适宜区的分类也很难确定。例如，很难确定一块海拔为1500m，水资源充足，0～60cm 土壤含氯量为40mg/kg 的地块是属于“最适宜”“适宜”，还是属于“次适宜”。

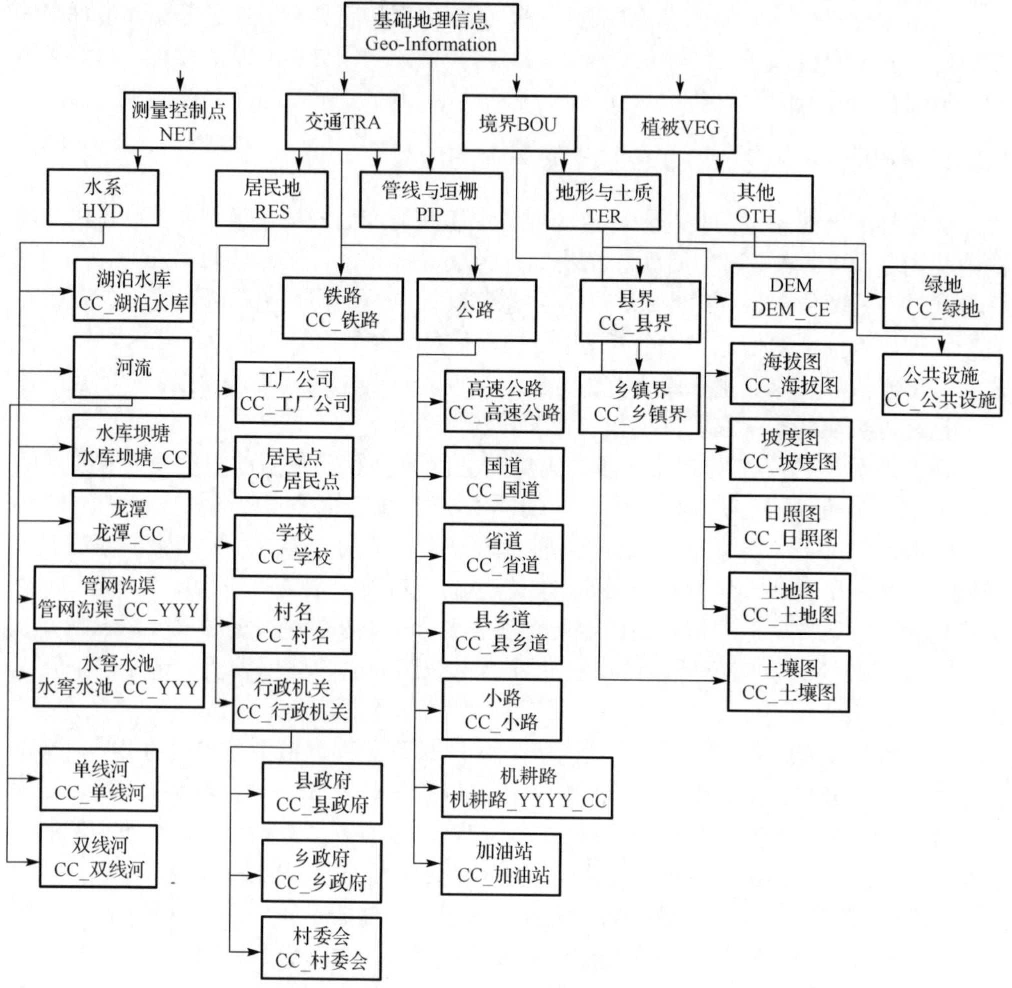

图 5.14　农业种植地理信息系统数据元结构图

表 5.1　农业种植不同适宜类型划分指标[11]

主要指标	最适宜	适宜	次适宜	不适宜
海拔高度/m	1400～1800	1200～1400 1800～2000	<1000 2000～2200	>2200
坡度/（°）	<25	<25	<25	>25
水资源	很充足	充足	勉强够用	缺水
农田区道路条件	很畅通	畅通	勉强够用	无路

续表

主要指标	最适宜	适宜	次适宜	不适宜
6～8 月日均≥20℃的持续天数/d	≥70	≥70	＜70	＜50
9 月下旬平均气温/℃	＞17	＞17		
0～60cm 土壤含氯量/（mg/kg）	＜30	<30	<45	>45
土壤 pH 值	5.5～6.5	6.5～7.5		
无霜期/d	>120	>120	>120	<120

在作物的适生性研究中，气候相似论是一个重要的研究方向，在对某种生物的生态学研究不够，不能具体确定该种的生态指标时，可采用较粗略的方法，把研究地区的气候与该生物物种分布区域的气候进行比较，比较结果越相似，则该地区该物种适生的可能性就越大。中国农业大学的魏淑秋等提出生物气候相似及其分布气候相似的概念和设计方法，提出作物气候三维滑移相似分析方法，提出用空间距离来定量、综合、有序地度量两地或各地之间的相似程度。并建立了气候、农业气候、生物气候相似距离库和计算机引种咨询信息系统。但气候相似论只考虑了气候作为作物适生的条件，没有考虑影响作物适生的其他条件，在气候的相似性评价中，采用空间距离作为气候相似性的指标（相似距）显得比较简单。

基于相似性空间分析系统克服上述缺陷，它将种植适宜区的各个指标因子都与适宜区的标准指标因子进行相似性比较，最后得出一个综合的相似性比较值，以确定该地块是否适宜农业种植，并对其适宜度（相似度）用数值进行度量。

农业种植中，除了需要必要的自然条件，社会经济条件也是影响农业种植的一个重要条件，如农民的文化程度、当地政府的支持、农民的农业种植积极性等。基于相似性的空间分析系统不仅将自然条件作为农业种植适宜性分析的条件，还把社会经济条件等也作为农业种植适宜性分析的条件。

（4）农业种植评价分析。农业种植是一项复杂的农业生产活动，影响经济作物产量和质量的因素除了海拔、坡度、土壤等自然条件，还包括农民的种植水平、农民的种植积极性、经济作物辅导员的工作等。基于相似性的空间分析为农业种植评价分析提供了新的分析手段，在两个农业种植空间场景自然条件相似性较高的前提下，经济作物的产量和质量可以作为评价农民种植水平和经济作物辅导员工作的指标之一。

5.5.2　案例分析

1. 案例一：模糊时空查询

1）空间分析请求

请找出××县 2008 年面积>200 亩，附近有水池，日照时间较高的农田。

2）分析

这是一个典型的GIS信息提取的空间分析请求，一般应用在农田种植规划、种植适宜区的选择和优良品种示范基地的选择等，其条件可形式化为

```
<Account_Year, =, 2008>
<MAREA,>=,200>
< Pool, near >
<Solar, high>
```

在这个查询请求中，“near”“high”是定性化的描述，在GIS空间分析时，必须进行定量化处理，考虑水池在农业种植的作用主要是灌溉，如果水池离灌溉农田距离太大，水分流失太大，不利于农田灌溉，一般在农业种植中距离一般不超过500m。

农业种植中日照时间是一个很重要的因素，尤其本书的研究区属于中海拔地区，其日照时间对农作物的生长和农产品的产量及品质有着重要的影响[12,13]，农作物从移栽到现蕾，其单株日照时间与干物质净积累呈正相关关系，在农作物大田生产期尤其是某经济作物成熟期，日照时间直接影响其含糖量和钙的含量。该经济作物是一种喜光作物，在苗期光照不足时，幼苗强烈生长，容易感染病害，形成孱弱的根系，影响干物质累积；在大田期光照不足，生育期延长，干物质积累慢，糖类、蛋白质比例降低、香气质差、香气量减少。一般情况下，日照时数多，日照率高，有利于光合作用，有利于品质的提高。光照强度还直接影响叶片的构造和品质：光照不足，组织内部的细胞分裂缓慢，细胞拉长，间隙扩大，机械组织不发达，致使叶片组织疏松，细胞柔软，单位面积气孔数减少，气孔增大，叶片上下表皮细胞的大小和厚度降低，干物质累积少，叶片大而薄，糖蛋比下降，香气质差，香气量少，油分少；在光照充足条件下，叶片单位长度的栅栏组织细胞较多，栅栏组织与海绵组织长度较大，组织紧密细致，单位面积的鲜重和干重都较大。虽然研究区域当地总体日照时间较高，但由于该地区山高沟深，近年来农业种植受其他经济作物的竞争等影响，其生存空间逐步从平坦的坝区向山区和坡地挤压，有因日照时间短导致该经济作物品质下降的趋势。

本书提取研究区农业种植期的日照时间进行分析并绘制了日照时间图（图5.15），将日照时间分为0～9共10个等级，等级越高者，日照时间越长，在图中日照时间由高到低的颜色为由浅到深的颜色变化。在本实例中，选择日照时间等级>7为“日照时间较高”。

上述的四个分析约束条件可以转换为

```
<Account_Year, =, 2008>
<MAREA,>=,200>
< Pool, <,500 >
<Solar,>,7>
```

根据这一分析约束条件，在本研究区中（该县该年度共有3002块农田，总种植面积98465.6亩），只有图5.16中黑色圆圈的一块农田符合该分析查询条件。

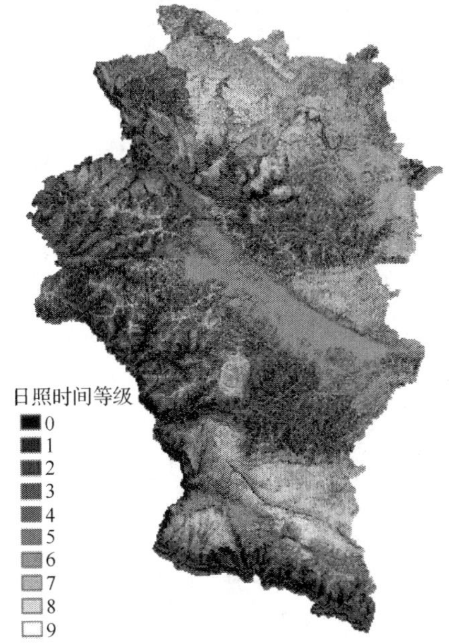

图 5.15　日照时间等级图

图 5.16　不经过相似性约束条件扩展的分析结果

3）相似性空间分析

如果对空间分析的条件进行进一步的分析，在相似性框架下对各个约束条件进行基于相似性扩展，就会得到比原分析结果更合理的空间分析结果。

条件 1，种植年度=2008，是一个确定的时间条件。在农业种植中，为了保证农作物的产量和品质，必须对农业种植进行轮作（crop rotation）。轮作是指在同一地块上于一定年限内有计划、有顺序地轮换种植不同类型的作物，轮作不仅是作物种植制度（planting system）的一项重要内容，也是土地用养结合，增加作物产量和提高品质的共同途径之一。就某经济作物而言，轮作是种植制度的重要内容，合理轮作能充分均衡地利用土壤养分，提高磷肥效益，保持、恢复和提高土壤肥力，消除土壤中的有毒物质，减少病虫害，提高经济作物产质量。轮作对改善作物生长环境、减少病虫害、提高作物产量质量、调整作物布局、改善生态环境等具有重要的意义[7]。如图 5.17 中，(a)是某地区 2006 年的农业种植分布情况；(b)是该地区 2007 年的农业种植分布情况；(c)是该地区 2008 年农业种植分布情况，可以看出，该地区的种植轮作是以一条县乡道为界，单数年主要种植道路的西侧，双数年种植主要种植道路的东侧，同为单双数年之间种植分布具有很高的相似性；(d)是单双数年种植区域的轮作对比图。

图 5.17　同一地区不同年度轮作种植情况和轮作对比图

考虑该类查询的目的是进行农田规划、农业种植适宜区和示范基地分析，所以，可以对种植年度约束条件进行适当地扩展。在针对农业种植年度进行相似性分析时，应该考虑农业种植年度的相似性。表 5.2 是种植年度约束条件放宽后的约束条件及其相似度。

表 5.2　种植年度约束条件放宽后的约束条件及其相似度

序号	约束条件	相似度
1	=2008	1
2	=2007	0.75
3	=2006	0.85
4	=2005	0.5

在条件 2 中，面积>200 亩表面上看是一个刚性的条件，在农业种植中，农田面积实际上是一个约束度较小的条件，原因之一是在农田面积的提取中，存在一定的误差（误差来源于识别误差、点位误差和地块综合误差，其中综合误差是指对多个地块进行图形综合时产生的误差，它直接影响农田单个地块的面积大小），二是如果种植条件合适，扩大单块农田的种植面积（如将非计划种植农田地块纳入到种植计划中）也是可行的。所以将农田面积约束条件适当放宽是合理的，农田面积约束条件放宽的相似度与农田地块面积与原约束条件面积的距离相关。表 5.3 是农田地块面积约束条件在基于相似性放宽后的约束条件、相似度和符合条件的地块数。

表 5.3　面积约束条件放宽后的相似度和包含的地块数

序号	约束条件	相似度	符合条件地块数
1	>=200	1	57
2	>=190	0.95	67
3	>=180	0.9	78
4	>=160	0.8	95

在条件 3 中，水利条件是农业种植的重要条件之一，水池在农业种植生产中起到了对农业种植的有效灌溉作用，是在天然降水不足的情况下对农业生产活动所需用水的一个有益的补充，国家近年来对农村的水池和水窖进行了大量的投入和建设。从图 5.5 中农业种植语义网可以看出，满足农业灌溉要求的除了水池，还有天然湖泊、河流、水库坝塘、龙潭、管网沟渠、水窖等。若有充足的天然湖泊、河流、龙潭或有大量的人工构筑的水库坝塘以及管网沟渠满足农业种植的灌溉需求，是不需要再建设水池和水窖的，这些天然水利设施和人工水利设施在农业种植灌溉的功能上具有相似性。水窖和水池相似性高，都是由政府、农业合作社和农户投资建设的专属性很强的小规模水利构筑物，水池一般相对较大，多为突出地表且修建在地势相对较高的位置，蓄水量从几百立方米到数千立方米不等，其灌溉受益农田面积从几十到数千亩不等；水池一般由若干户农户公用，一般有管网沟渠与之配套使用；水窖体积较小，常构筑

在地表以下，“口小肚大”，蓄水量一般在 20～25m^3，灌溉面积为 4～5 亩，水窖一般为单个农户专用。所以，如果单位农田面积的水窖数量达到一定的数量时，也一样能够满足农田灌溉的需要。该条件可做如表 5.4 的放宽。

表 5.4　附近有水池条件放宽及其相似度

序号	参考对象	单位	约束条件	相似度
1	水池	m	<=500	1
2	水池	m	<=700	0.85
3	水池	m	<=1000	0.5
4	水窖	个/100 亩	>20	0.95
5	水窖	个/100 亩	>15	0.8
6	水窖	个/100 亩	>10	0.65
7	河流	m	<=1000	0.95
8	河流	m	<=2000	0.85
9	河流	m	<=3000	0.75
10	湖泊	m	<=1000	0.95
11	湖泊	m	<=2000	0.85
12	湖泊	m	<=3000	0.75
13	水库坝塘	m	<=1000	0.95
14	水库坝塘	m	<=2000	0.85
15	管网沟渠	m	<=50	0.95
16	管网沟渠	m	<=100	0.85
17	龙潭	m	<=300	0.85
18	龙潭	m	<=500	0.75

条件 4 中，日照时间条件表面上是一个柔性的条件，但实际上，日照时间除了受当年农业种植季节晴雨日数的影响，在同一个研究区，主要还受地形起伏、坡度朝向（阳坡、阴坡）等影响，人为的力量是很难改变某个地区日照时间的长短。从图 5.15 可以看出，由于研究区地形起伏较大，地形切割较深，各个不同区域的日照时间相差较大。鉴于农业种植对日照条件要求较高，人为的力量很难对这一条件进行改善，所以这个约束条件的相似性扩展须谨慎。

以上四个约束条件的重要性，有所不同，日照时间是农业种植中一个相当重要的条件，日照时间的长短直接影响经济作物的生长和经济作物的质量，且日照时间无法通过人为努力进行改善；水利条件在农业种植中是一个比较重要的条件，但水利条件随着水利设施的不断地投入和建设可以得到改善，以本研究区——云南省 HH 州为例，每年水利工程的总投资约 2 亿元人民币，大大改善了种植区水利设施和农业种植条件；农田地块的大小是衡量经济作物种植“规模化、集约化”的一项重要指标，成块连片的农业种植，对保证农业种植的产量和质量具有重要意义，农田地块的大小是一个较宽松、且较容易得到改善的约束条件，因为农田面积可以通过将一些原不该种植经济作物的农田纳入农田种植中而得到扩大。这四个空间分析约束条件，对基于相似性的空间分析具有不同的权重，根据上面的分析，我们可以得出四个约束条件权重的大小顺序：

$$\omega_{\text{SolarTime}} > \omega_{\text{NearPool}} > \omega_{\text{Area}} > \omega_{\text{Account\_Year}} \tag{5.3}$$

通过扩展后的空间分析条件，可以得到共 67 块符合查询分析约束条件的农田，我们将前 10 块农田（图 5.18）的查询结果及其相似度列表如下（表 5.5）。

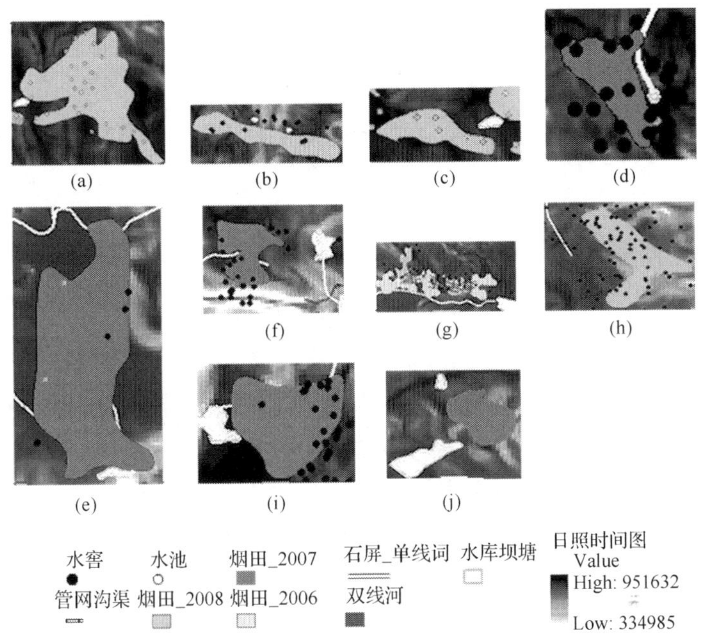

图 5.18　前 10 块符合查询分析约束条件的农田（见彩图）

表 5.5　案例一相似性空间分析结果

查询结果缩略图	OBJECTID	年度	面积/亩	水池	日照	相似度	说明
A	2757	2008	1254	21	9	1.0000	
B	2755	2008	185	6	9	0.9500	面积<200 亩
C	2935	2008	358	0	9	0.9340	水库距离 250m
D	2753	2008	392	0	9	0.9230	水窖数量 3/100 亩，河流距离 200m
E	2806	2008	1152	2	7.5	0.8734	
F	2765	2008	247	0	7.5	0.8456	
G	235	2006	824	1	8	0.8230	
H	1343	2008	357	0	7	0.7845	水窖数量 10/100 亩，河流距离 500m
I	693	2007	374	0	9	0.6432	水窖数量 3/100 亩，河流距离 150m
J	2758	2007	207	0	9	0.6030	水库距离 250m

2. 案例二：基于草图的空间查询

1）空间分析请求

请查找和图 5.19 中草图相似的空间场景。

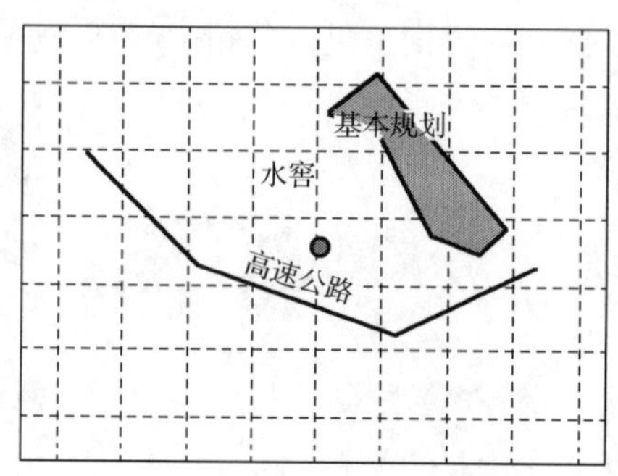

图 5.19　基于草图的空间分析示例

2）分析

当空间分析查询条件涉及空间场景时，用文字表达的查询语句常常不能对空间场景进行准确且详尽的描述，草图是描述空间对象结构和空间关系最好的工具之一。草图包含了空间对象类别、空间对象数量、空间对象之间的拓扑关系、空间对象之间的角度关系、空间对象的距离关系。草图是对存储在人们大脑中空间场景的一种粗略的描述方式，草图不可能与真实空间场景完全一致，所以如果使用准确匹配的方式对空间数据库进行检索，得不到任何匹配的结果。

我们对图 5.19 中草图所描述的空间场景进行分析，草图至少表达了以下信息。

（1）这是一个包含了基本规划农田、高速公路、水窖的场景。

（2）三个空间对象之间的拓扑关系。如基本规划农田、高速公路、水窖相互分离。

（3）三个空间对象之间的角度关系。

（4）三个空间对象之间的距离关系（图中格网大小为 100m）。

3）相似性空间分析

草图是对人的脑图一种显式的表达方式，在将脑图转换为草图的过程中，可能会造成信息约束条件范围的扩大（如用户可能想表达一个离高速公路 100m 的水窖，但在草图绘制中，很难精确地表达这一距离约束关系）或约束范围的缩小（如用户可能只想表达有基本规划农田、水窖和高速公路的场景，并没有对三种对象之间的空间关系进行明确约束）。草图不完全是人们脑图的真实、准确、完整的表达，只能是一种近似的表达。所以，必须对草图进行相似性分析，对草图表达的相似性空间分析的约束条件在一定范围内进行放宽或缩小。在基于草图的相似性空间分析中，必须考虑以下因素。

（1）空间语义相似性分析。空间语义相似性分析可以参照图 5.5 和图 5.14 中语义关系进行进一步扩展，得到扩展后的空间对象类型及其相似性的值。

（2）拓扑关系相似性分析。由图 5.19 中草图的对象之间的拓扑关系可以得出 $C_3^2=3$ 组空间拓扑关系，这些空间拓扑关系是否都是用户真实空间分析意图的表达，需要经过用户的进一步确认。如在图 5.19 中，用户表达的是基本规划农田的附近有水窖，至于水窖是在基本规划农田内部，还是在规划农田的外部，这些都不是显式的限制性约束条件（由于数据采集的精度和数据集成方法的不确定性，水窖和农田的拓扑关系具有不确定性）。

（3）方向关系相似性分析。空间方向关系和空间拓扑关系类似，不是一个显式的限制性的约束条件。同时，由于空间方向关系不像空间拓扑关系那样直观，其模糊性更大，也就更需要对其相似性进行必要的分析和扩展。同时，本书所讨论的方向关系都是主方向关系（cardinal direction），在草图的表达中，还隐含了非主方向关系，在图 5.19 中，用户表达的是一种空间对象相对的位置方向关系顺序，并没有表达空间对象之间的主方向关系（水窖在高速公路的北侧）。

（4）距离关系相似性分析。距离由于其表达和描述精度的限制，一般很难在草图中对空间距离进行准确的描述，一般认为，在有格网作为参照物的情况下，距离的精度不会大于格网的大小所表达的精度，在图 5.19 中，可以认为水窖和高速公路的最小距离为 100m，而不是准确的 76.5m；在草图中，对象之间的距离还隐含了对象之间距离的相对大小，如图 5.19 中表达的水窖离高速公路的距离小于水窖离规划农田的距离（虽然这可能不是用户真实意图的反映）；空间距离关系还隐含了空间对象面积、周长的大小。这些关系并非都是用户所需要表达的约束条件，所以要对其进行相似性分析和扩展。

（5）空间对象排列关系。草图还隐含了空间对象的排列关系，图 5.19 隐含了水窖在基本规划农田和高速公路之间排列关系的表达（空间排列顺序是规划农田→水窖→高速公路或相反），这种空间排列关系不能完全地用空间拓扑、空间方向关系和空间距离关系表达。

（6）空间约束条件的权重。草图表达的众多空间约束条件的权重是不一样的，根据不同的应用其权重的确定也不相同，要视具体的应用而定。

在本案例中，我们选取了上述的空间语义关系、拓扑关系、方向关系、距离关系和排列关系，并对其权重进行了排序（5.4）。根据相似性分析和权重排序确定，系统共检索到 13 个匹配场景（图 5.20）。表 5.6 选取了其中的 4 个场景及其相似进行说明。

$$\omega_{\text{空间语义}} > \omega_{\text{空间排列关系}} > \omega_{\text{拓扑关系}} > \omega_{\text{方向关系}} > \omega_{\text{距离关系}} \tag{5.4}$$

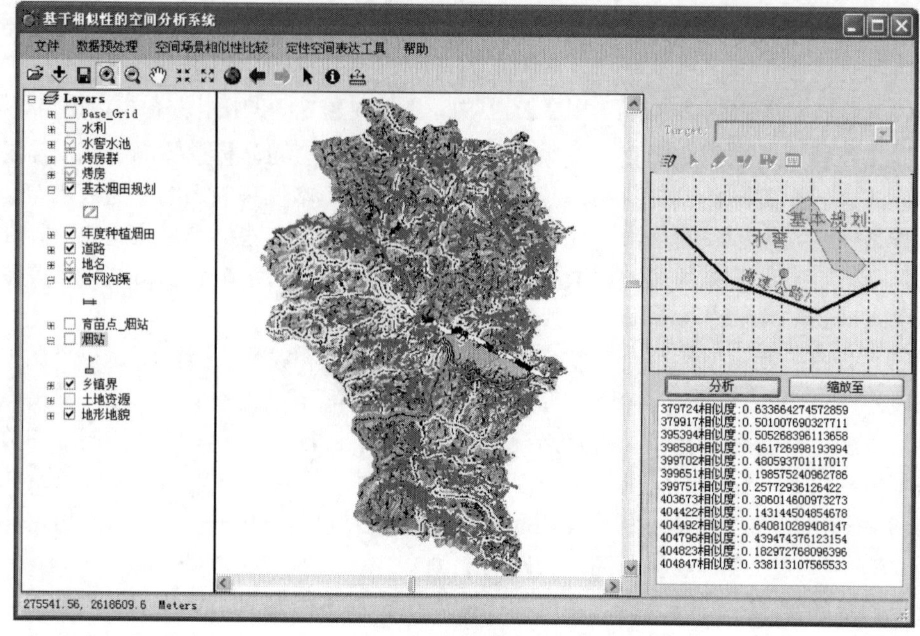

图 5.20　基于草图的空间分析结果（见彩图）

表 5.6　案例二中基于草图的空间分析结果及其相似性对比

匹配场景缩略图	相似度	说明
	0.6408	语义、拓扑关系、距离相似度高，角度方向是原草图的旋转的结果
	0.6337	语义、拓扑关系、距离相似度高，角度方向是原草图旋转的结果

续表

匹配场景缩略图	相似度	说明
	0.5053	角度关系、距离相似度高，语义相似度较高、拓扑关系相似度低
基本农田规划　高速公路　水窖水池　烤房	0.5010	角度关系、距离相似度高，语义相似度较高，拓扑关系相似度低

3. 案例三：空间场景相似性比较

1）空间分析请求

请比较 LP 镇与 SC 镇的农业种植条件。

2）分析

经济作物生产是一个复杂的过程，是多种因素（包括自然条件、社会经济条件等）共同作用的结果，据目前掌握的资料看，影响产量和品质至少包含以下因素。

（1）地块大小，地块大小是衡量农业种植规模化集约化的重要指标。

（2）土壤，包括土壤类型、土壤 pH 值、土壤中微量元素的含量等。

（3）海拔，海拔高度是影响作物生长环境的综合因子，海拔的高低导致温度、湿度、日照、降雨等的不同。

（4）坡度，坡度是农业种植乃至整个农业生产的一个重要制约因素，坡度太陡不利于作物的生长，在坡度过大的地方进行耕作，还会导致该地区水土流失。

（5）日照时间，日照时间对农业种植的重要性参见本章案例一。

（6）灌溉条件，水利设施对农业种植的意义重大，某经济作物是喜光作物，干燥的天气有利于糖分的蓄积，但干燥地区的水资源相对短缺。所以，种植区的水利设施是种植的重要条件，国家每年都投入大量的资金用于改善种植区的水利设施，灌溉条件包括：天然河流、湖泊、龙潭、人工构筑和建设的水库、坝塘、水池、水窖、管网沟渠等。

（7）前作，农田的前茬作物营养对土壤养分、作物生长和品质都有重要的影响[14]。

（8）交通，交通对农业种植和生产的作用体现在：交通的改善有利于农资、产品的运输；交通的改善，可以缩短作物幼苗从育苗点到大田移栽的时间，防止移栽隔夜苗；交通的改善，也使得农业辅导员等科技服务能够尽可能快捷地到达种植区，及时指导生产，减少突发性灾害性事件的发生。

（9）育苗点，育苗点的数量、育苗点离农田的距离，影响幼苗移栽的速度和质量，进而影响农业种植的产量和质量。

（10）初级加工作坊，其数量多少、可处理面积的大小，是衡量经济作物生产的一个重要指标；农田采摘后好及时送到初级加工作坊进行初级加工，作坊的数量和质量，都会影响经济作物生产的产量和质量。

（11）单位面积农户数量，农户是生产中的能动因素，单位面积的农户数量太少，农田田间管理趋于粗放化，达不到精耕细作的要求；单位面积的农户太多，有限的农业种植资源不能集中到少数的农业种植能手手中，也无法保证农作物生产的质量。

（12）农户文化程度，农业种植是一个具有一定科技含量的工作，农户的文化程度越高，越能理解和正确运用农业种植科学技术，就单个农户而言，经济作物的产量和质量与农民的文化程度呈现正相关性。

（13）农户的种植积极性，农户与农业公司签订了一定年限的农业种植合同，公司同时为农户提供诸如水池水窖等改善种植区灌溉、交通等种植条件的补贴。农业种植与其他农作物投入产出比的变化，会在一定程度上影响农户的种植积极性，从而影响农民对农业种植地块肥瘦的选择、农民对农业种植人力、肥力等投入的分配，最后影响经济作物的产量和质量。

（14）农业辅导员的工作，农业辅导员负责对农民的种植全过程进行培训和监督，辅导员工作是否到位，往往也会影响该地区农业种植的产量和质量。

3）应用范围

比较两个乡镇的农业种植条件，实际上是比较两个空间场景在农业种植条件上的相似性，也就是在综合考虑上述 14 个因素的基础上比较空间场景的相似性。如果能够分析两个空间场景的相似性并对其作出评价，将有助于我们进一步了解影响农作物生产的因素及其对农产品所起的作用。例如，哪些因子对农作物的产量和品质起到了负面作用，哪些因子对农作物的产量和品质起到了正面作用；在自然条件相似的不同区域，为什么不同地区之间的农作物生产的产量和品质有差异；农户的文化水平是怎样影响农产品的产量和品质的；在其他条件都综合相似的情况下，农作物的产量和品质差异能否作为评价农业辅导员工作的依据等。

图 5.21 是××县 9 个乡镇 2008 年某经济作物收购总量、上等农产品、中等农产品、低次等农产品的产量情况，图 5.22 是 9 个乡镇单位面积农作物的产量对比，由此可以看出，LP 镇和 LW 镇的单产比较高，而 DQ 乡和 SC 镇单产较低，最高与最低每亩相差达 0.78t，接近 10%；图 5.23 是 9 个乡镇不同等级收购农产品的比例，可以看出，LW 镇和 XC 乡的上等农产品比例最低，YL 镇的上等农产品比例最高，根据 2008 年的收购价，最好的上等农产品收购价 16.4 元/kg，而最低次等农产品的收购价仅为 2 元/kg。农产品生产的产量和品质直接影响农民的收入。

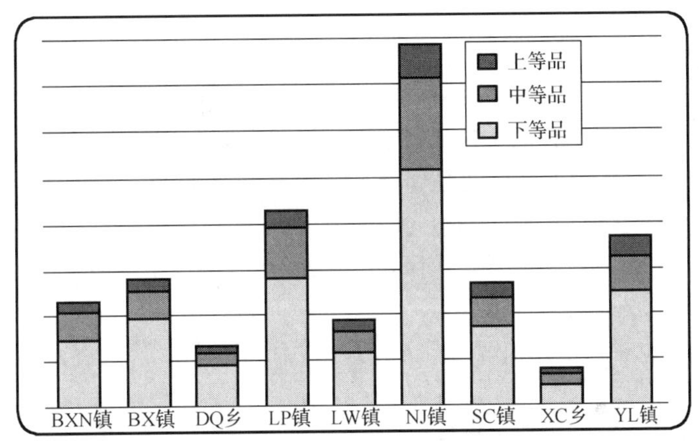

图 5.21　××县各乡镇某经济作物收购量和等级对比图

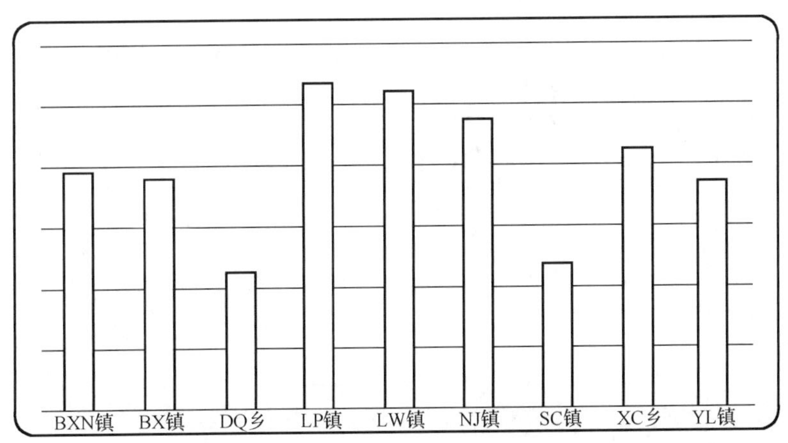

图 5.22　各乡镇单位面积农产品产量对比

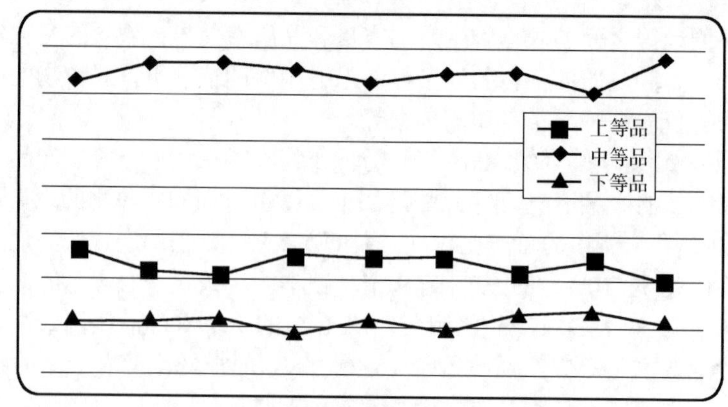

图 5.23　不同乡镇不同等级产品对比

4）相似性空间分析

那造成不同乡镇某经济作物产量和品质差异的原因何在？是纯粹的地理因素造成的还是有其他的原因。我们选取 LP 镇和 SC 镇的种植区进行对比分析。共选取了 30 个自然条件的因子，30 个自然条件因子共分 9 类，9 类因子及其权重排列顺序如式（5.5）所示。比较结果如图 5.24 所示。分析结果表明，该地区种植该经济作物的地理条件相似度为 0.8943。相似程度较高，说明综合考虑农业种植的自然条件，两个地区的农业种植条件基本上是相似的。

$$\omega_{\text{土壤}} > \omega_{\text{日照}} > \omega_{\text{海拔}} > \omega_{\text{坡度}} > \omega_{\text{水利}} > \omega_{\text{交通}} > \omega_{\text{烘烤设施}} > \omega_{\text{历年种植、规划}} > \omega_{\text{其他}} \tag{5.5}$$

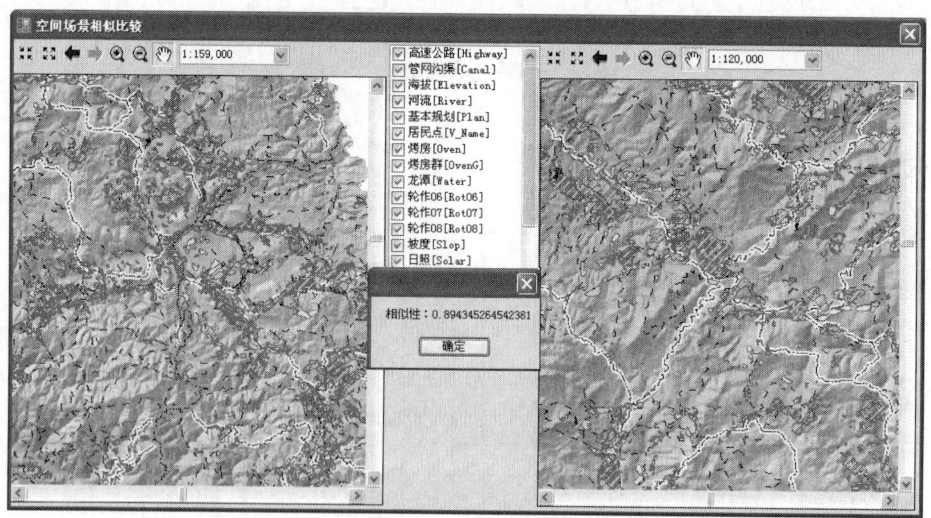

图 5.24　两个空间场景农业种植条件比较（见彩图）

这一比较没有将非自然条件因素考虑进去，如果把单位面积农田的农户数量、单个农户的耕地数量、农户劳动力人口数、农户子女上学人数、农户的受教育程度、农业种植的积极性、当地农业辅导员的工作等因素考虑进行再进行分析，各因子权重排序如式（5.6）所示，可以得出，相似性分析结果相似度 0.7031。说明影响该地区的产量和品质的主要是非自然条件因素。

$$\omega_{\text{单位面积农户数量}} > \omega_{\text{单个农户耕地面积}} > \omega_{\text{农户烤烟种植积极性}} > \omega_{\text{农户受教育程度}} > \omega_{\text{农户劳动力人口数}} > \omega_{\text{辅导员工作}} > \omega_{\text{农户子女上学人数}} \tag{5.6}$$

5.6 对比分析

为了更加全面地说明基于相似性空间分析较之于传统的基于准确匹配的空间分析系统的特点，本书将本系统与“数字农业 3S 系统”中的“数据管理平台”进行分析对比。图 5.25 是“数据管理平台”的一个空间分析的输入界面，本书选取了云南省××州 SP 县作为研究对照的研究区，由于“数据管理平台”部分分析功能耗时较长，故该系统将部分分析功能限制乡镇一级行政区划作分析，本书选择 SP 县的 LP 镇作为测试对比区域。表 5.7 是空间分析的性能测试结果表。

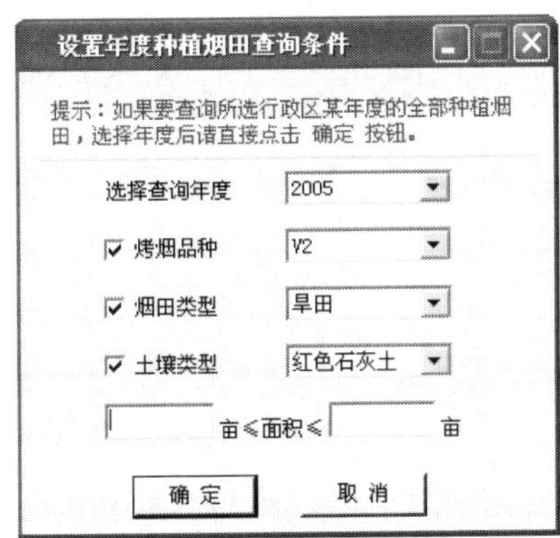

图 5.25　数据管理平台中基于准确匹配的空间分析输入界面

表 5.7　数据管理平台空间分析性能表

查询类别	区域	耗时	涉及图层数	涉及空间分析功能
基本规划	SP 县	3′36″	1	查询
2008 种植	SP 县	6″	1	查询
2008 轮作	SP 县	4″	1	查询
适宜区分析	LP 镇	4′26″	5	叠加分析
2008 实际种植与基本规划对比	SP 县	2′01″	2	叠加分析
基本规划空间分析坡度	LP 镇	5′27″	2	叠加分析
基本规划空间分析海拔	LP 镇	13″	2	叠加分析

续表

查询类别	区域	耗时	涉及图层数	涉及空间分析功能
基本规划空间分析土壤	LP 镇	21″	2	叠加分析
年度种植空间分析坡度	LP 镇	6′20″	2	叠加分析
年度种植空间分析海拔	LP 镇	16″	2	叠加分析
年度种植空间分析土壤	LP 镇	22″	2	叠加分析
2008 水窖水池	SP 县	7″	2	查询
2007 水窖水池	SP 县	15″	1	查询
2008 管网沟渠	SP 县	2″	1	查询
水窖与基本农田关系	LP 镇	15″	4	缓冲区分析
水窖与历年农田关系	LP 镇	4′09″	6	缓冲区分析
水窖坡度分析	LP 镇	>10′	4	叠加分析
水窖海拔分析	LP 镇	28″	4	叠加分析
初级加工作坊	SP 县	7″	3	查询
初级加工作坊群	SP 县	2″	3	查询
采集点	SP 县	2″	1	查询
育苗点	SP 县	16″	3	查询
机耕路	SP 县	0″	1	无数据
河流	SP 县	2″	1	查询
龙潭	SP 县	3″	1	查询
水库坝塘	SP 县	2″	1	查询

从图 5.25 和表 5.7 可以看出，“数据管理平台”中空间分析的匹配是准确匹配，所得到的分析结果是空间分析约束条件的完全匹配结果，不能执行相似性匹配；从执行的效率看，“数据管理平台”各空间分析功能模块耗时不同且差别较大，影响空间分析的效率因素包括空间分析的种类（空间分析耗时排列为空间查询<缓冲区分析<叠加分析）、空间分析涉及的图层数量（涉及图层数量越多，空间分析效率越低）、空间分析涉及的对象的数量（对象数量越大，效率越低）；“数据管理平台”中空间分析只是地理现象的自然空间属性，不包括社会经济属性。

基于相似性的空间分析与传统的基于准确匹配的空间分析相比较，具有以下特点和优点。

（1）能够快速执行跨图层信息的复杂空间分析。格网条件下的基于相似性的空间分析系统的空间分析对象是存储在同一张表中的格网，而不是存储在不同位置和数据集中的图层信息，突破了空间分析中多个图层的限制，能够快速地执行跨图层的复杂空间分析

（2）支持包含空间对象空间关系的复杂空间分析。传统的空间分析对空间对象的空间关系分析功能较弱甚至不支持。空间拓扑关系、空间方向关系、空间距离关系的

计算复杂度高，跨图层的计算更加困难，基于相似性的空间分析系统将复杂的空间关系计算转化为数据库中标准 SQL 语句的查询和计算，能够支持空间对象间空间关系的复杂空间分析。

（3）支持以草图作为输入方式的空间分析。传统的地理空间分析的输入方式主要是类 SQL 语句的输入方式（或其扩展，如基于 icon 的输入方式和 GeoSQL 扩展），不支持以草图方式作为输入条件的空间分析。草图是反映人们脑图最直观的一种表现形式，当空间分析约束条件无法用 SQL 语句穷举时，草图是最佳的选择。基于相似性的空间分析系统，通过比较草图与空间数据库中空间场景之间的相似性，实现以草图为输入方式的空间分析，并能通过计算比较草图与数据库空间场景的相似性度量分析结果的匹配程度。

（4）支持对两个复杂的空间场景进行相似性比较分析。基于相似性空间分析系统通过对两个空间场景中空间专题、空间关系等建立相似性空间比较模型，对复杂空间场景进行空间比较分析。通过两个空间场景相似性的比较分析，对于人们进一步认识地理现象的本质有重要的帮助。

（5）支持对空间场景的自然属性和社会经济属性进行空间分析。影响地理现象的发生发展不仅有空间场景的自然地理属性，还包括空间场景的社会经济属性，在格网条件下的基于相似性的空间分析系统把空间场景的社会经济属性也纳入到空间格网中，将空间格网的社会经济属性和自然属性放在统一的框架下进行空间分析，这样的空间分析结果更完善更合理。

（6）不需要用户对空间数据库有较完备的知识背景。由于传统的基于准确匹配的空间分析系统需要用户具有对空间地理信息系统有较完整和全面的知识背景，用户从空间数据库里获得知识的多少和质量的高低取决于用户对空间数据库了解的完备程度。实际上，任何人都不可能对所有的空间数据库有足够全面的了解，这就阻碍了地理信息系统的使用效率和地理信息系统用户群的进一步扩大。基于相似性的空间分析系统不需要用户对数据库有全面的了解，通过一个较粗略的空间分析输入条件，可以逐步获得从定性到定量、从粗略到精细的地理空间知识，符合人们认识客观事物逐步趋精的认知过程。没有完备的空间数据库背景知识，也能够获得一定精细程度的空间知识，并且可以在这些定性的、不够精细的知识基础上，可以进一步获取更加精细、定量的空间知识。

（7）查询结果更加全面，更加符合人们空间认知和表达的习惯。基于相似的空间分析系统将用户输入条件在相似性框架下进行有限度的放宽，放宽后能够将一些没有被用户明确表达的空间分析约束条件纳入到空间分析的分析条件中，符合人们对空间事物认知和描述具有含糊性的认知和表达特点。

（8）分析效率更高。基于格网的空间分析系统由于对数据进行了在格网环境下的数据预处理，空间分析的效率比传统的空间分析效率更高，而且空间分析的效率并不随空间分析的复杂度、空间分析涉及图层的数量明显地减低，执行和表 5.7 相同或相似的空间分析，查询耗时都在 2s 以下。

基于相似性的地理空间分析系统包括数据预处理、空间分析条件处理、空间分析计算、空间分析相似度的计算、分析结果的呈现等。本章介绍了基于相似性的空间分析系统的开发环境、主要功能、实现框架以及在经济作物生产管理中的应用；空间场景相似性的比较是相似性空间分析系统较之传统空间分析系统的特点之一，空间场景相似性比较不仅是相似性空间分析的一个组成部分，而且还可作为一个独立的空间分析的功能模块。空间场景相似性比较分析可以为认识相似性深层次的原因、空间分析评价提供工具。在农业种植管理中，空间场景相似性比较分析还可为农业种植管理评价分析提供辅助工具。

参考文献

[1] 陈述彭, 鲁学军, 周成虎. 地理信息系统导论. 5 版. 北京: 科学出版社, 1999.

[2] Egenhofer M J. Toward the semantic geospatial web. Proceedings of the 10th ACM International Symposium on Advance in Geographic Information System, McLean, 2002.

[3] Kolas D, Hebeler J, Dean M. Geospatial semantic web: Architecture of ontologies. 1st International Conference on GeoSpatial Semantics (GeoS 2005), Mexico City, 2005.

[4] Lipski W. On semantic issues connected with incomplete information databases. ACM Transactions on Database Systems, 1979, 4(3): 262-296.

[5] Imielinski T, Lipski W. Incomplete information in relational databases. Journal of Association for Computing Machinery, 1984, 31(4): 761-791.

[6] Nedas K A. Semantic Similarity of Spatial Scenes. Maine: The University of Maine, 2006.

[7] 邵岩. 云南省烤烟轮作种植规划研究. 北京: 科学出版社, 2006.

[8] 崔伟宏. 技术总结报告. 北京: 中国科学院遥感应用研究所, 2008.

[9] 国家质量监督检验检疫总局. 基础地理信息数据分类与代码. 北京: 中国标准出版社, 2006.

[10] 国家质量监督检验检疫总局. 地形图要素分类与代码. 北京: 中国标准出版社, 2006.

[11] 黄勇奇. 基于地理本体和 SWRL 时空推理规则的农业地理信息时空查询研究. 北京: 中国科学院研究生院(遥感应用研究所), 2008.

[12] 贺升华, 任炜. 烤烟气象. 昆明: 云南科技出版社, 2001.

[13] 尹文有, 谢敬明. 红河州中低海拔日照时数对烟叶品质的影响. 气象, 2006, 32(5): 116-120.

[14] 王欣英, 李文庆, 张兴海, 等. 前茬作物营养对烟草生长和品质的影响. 河南农业科学, 2006, 2: 42-46.

第 6 章　基于空间场景相似性评价的地址规范化

地理编码（geocoding)技术通过将位置信息的文字表述转化为经纬度坐标为地理位置信息相关的科研提供数据支持。在地理编码过程中，地址描述性文字可能存在大量内容不正确、不准确、错别字、同音字等问题，从而导致无法进行准确地址匹配。本章针对以上问题提出了一种地址规范化的方法，通过地名相似度算法将待规范地名与标准地名库记录进行匹配，并结合空间场景相似性对结果进行评价，从而提高地址匹配的准确度。最后通过相关公共卫生数据验证了方法的可行性与准确性。

6.1　概　　述

地理编码是基于空间定位技术的一种编码方法[1-5]，它提供了一种把地理位置的描述性地址转换成可以用于 GIS 系统的地理坐标的方式[6]，在人口普查、公共卫生、环境监控等研究及应用领域中发挥重要的作用。目前地理编码技术在我国的应用因为还存在一些问题而没有得到有效普及，主要包括我国地名、地址体系复杂且缺少针对地址数据内容方面的标准和规范，同时相关 GIS 软件在地理编码功能、服务方面仍不成熟[7]。为了减少中文地址中常存在的描述不正确、不准确、错别字、同音字、不规范简化字等问题对地址匹配产生负面影响，本书提出了一种基于地名相似度算法及空间场景相似性评价以实现地理编码的地址规范化方法，提高了地址匹配的准确性与合理性。针对地址匹配问题，孙亚夫等[8]提出了一种基于“正向最大匹配分词”的地址匹配技术，该技术利用一个较为全面、准确的标准地址库，将大量的非空间信息高效地转化为空间信息，但存在对非标准地址和方位等识别率低的问题。谭侃侃[9]对多种分词方法进行了比较，并提出一种基于规则的地址分词匹配方法，在地址规范化的过程中，通过上一级地址的匹配结果限定低一级单位的查询范围以减少查询量，然而这个方法假设上一级地址匹配的结果是准确的，但是事实上在很大一部分情况下，由于错别字等问题的存在，这种准确度并不能得到保证，故而该方法在某些情况下并不合理。唐旭日等[10]提出基于局部模糊匹配的地名标准化方法以及基于认知显著度的地理编码方法，从而提高地名识别精度。吴海涛等[11]提出一种基于 K 叉地址数的模糊匹配策略，并应用模糊规则对地址匹配结果进行评价及筛选。

6.2　技术路线和方法

本书设计了一种基于空间场景相似性的地理编码处理系统，具体流程如图 6.1 所示，包括地址数据的分词，相似地名匹配以及利用对应空间对象进行地址的空间场景相似性评价。最终选取符合空间拓扑关系的地址对象作为规范化结果。

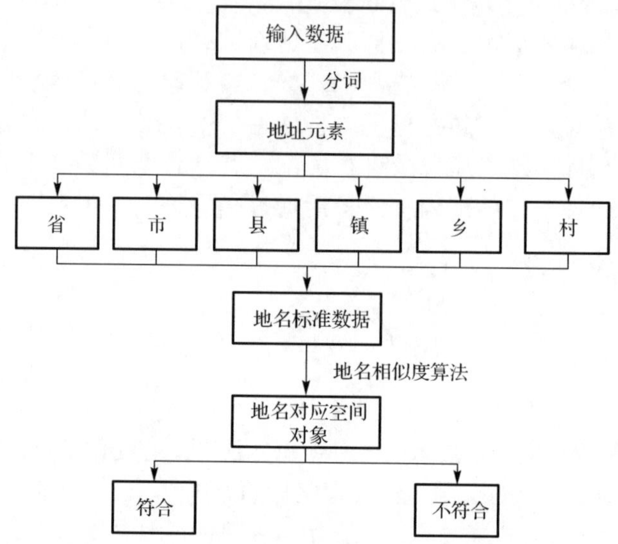

图 6.1　基于空间场景相似性的地理编码系统框图

1. 地址分词

地址分词可以根据地理行政单位的关键字或地名字段将原地址划分为多个地理成分，分别对应我国的多级行政区划。例如，“湖北省黄石市阳新县龙港镇月台村”的分词结果为“湖北省+黄石市+阳新县+龙港镇+月台村”。

2. 地址匹配

传统的地址匹配通过将分词的地址成分分别与对应标准地名库中的地名进行比对以对该地址进行规范化处理，进而保证在地理编码过程中找到与之对应的地理实体[12,13]。但是面对存在错别字或同音字等问题的输入地址，则以下两种结果会对匹配准确率造成不良影响，甚至导致匹配失败。据此，本书采取了以下步骤对问题地址进行校对：采用地名相似度算法从标准地名库中选取多个地名相似度较高的候选地名，通过引入空间场景相似性评价方法对候选地名进行筛选。

1）地名相似度算法

对于目标地名以及某一候选地名，本书采用一浮点数表示两者的相似度，初始值为 0，记作 ratio，所采用的相似度算法流程图如图 6.2 所示，其中，“相似”表示两字符相同或具有相同的读音或字形。首先，为了判断两字符是否同音，需要获取两字符的拼音字符串进行对比，同时需要建立形近字字库，例如，与“皮”相关的形近字包括{“坡”“玻”“破”“波”等}，则该字库中的汉字两两互为形近字。其次，编辑距离表示两个字符串之间，由一个转成另一个所需的最少编辑操作次数，其操作包括将一个字符替换成另一个字符，插入一个字符，删除一个字符。图 6.2 中算法所采用的数值（如 0.3，0.35 等）均为经验值，通过以上算法可以有效地加强关键字、音近字、形近字在字符串相似匹配过程中的权重，例如，对于地名“官地坪”，其结果如下：{官地坪，3.800}，{冠地坪，3.500}，{小官地坪，3.200}，{高家坪，1.167}，{方家坪，1.125}。通过设定临界值，可以规定相似度达到某个临界值的结果为候选结果，并对相似度较高的一部分结果进行后续处理，否则可认为无返回结果即匹配失败。临界值越大，对匹配率的要求越高，反之越小。

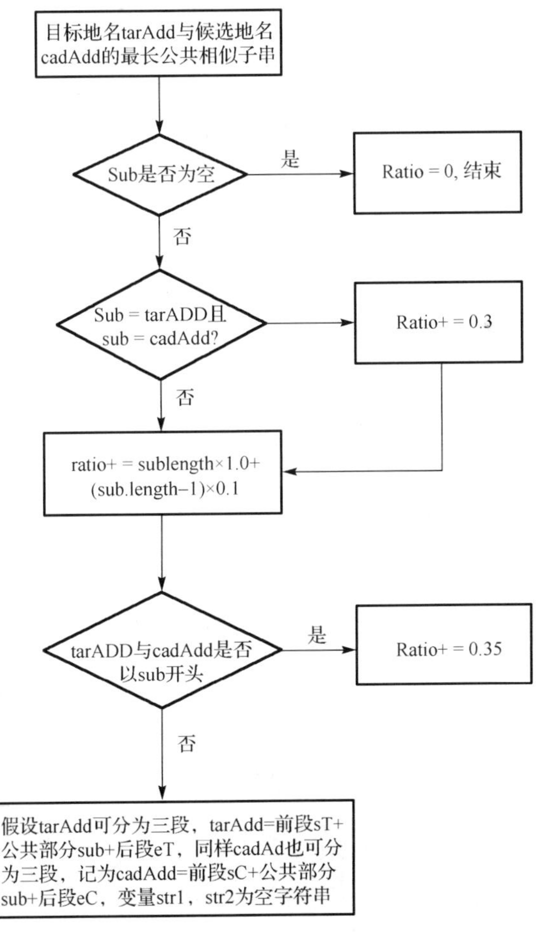

图 6.2　地名相似度算法流程图

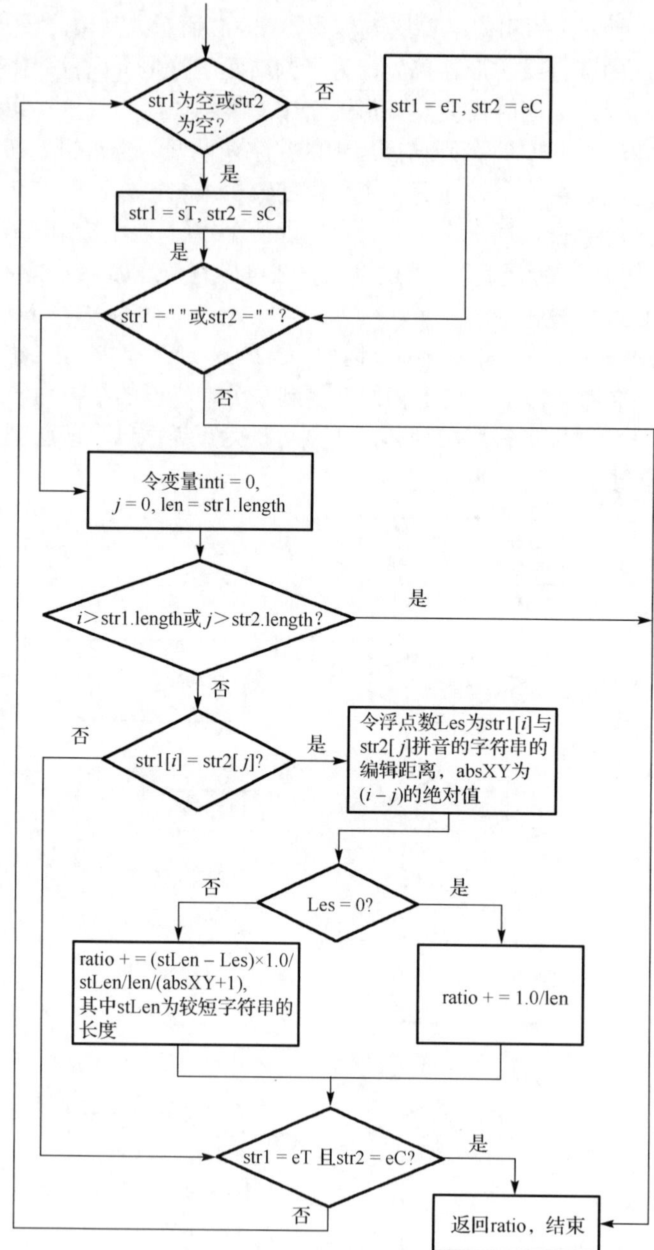

图 6.2　地名相似度算法流程图（续）

2）基于空间场景相似性的评价

空间场景相似性反映了地址中不同地理成分间的空间拓扑关系，这些成分在空间数据库中分别对应唯一的矢量元素（点、线、面等结构）。正确的地址应满足父地址对应的元素包含其子地址对应的元素。通过空间场景相似性的评价有助于提高地址标准化的准确性与合理性。例如，某输入地址的各个地理单位通过地名相似度判断，可以获得若干组相似度较高的地名字段，其结构如下。

省、自治区、（直辖）市、特别行政区 $SA=\{a1, a2, a3, \cdots, am\}$

地区、盟、自治州、（地级）市 $SB=\{b1, b2, b3, \cdots, bn\}$

县、旗、（县级） 市、（市辖） 区、林区、特区 $SC=\{c1, c2, c3, \cdots, cx\}$

乡、镇、街道、（乡辖）区 $SD=\{d1, d2, d3, \cdots, dy\}$

村、社区、（村级）管理区 $SE=\{e1, e2, e3, \cdots, ez\}$

对于省级地名（父地名）的任一候选地名 a（$a \in SA$），使其与市级地名（子地名）中每一候选地名 b（$b \in SB$）进行空间场景相似性判断，其中，a 与 b 拓扑关系可能为如下三种。如图 6.3 所示，若通过一个为 0～1 的小数来衡量地名单位间的空间场景相似性（S），则有以下三种情况。

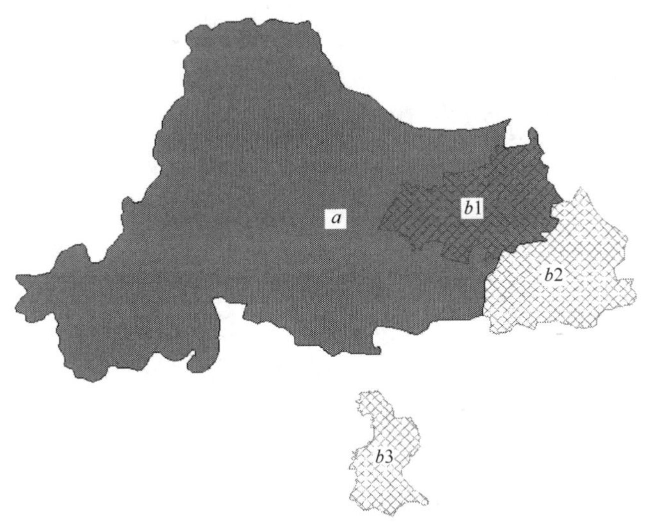

图 6.3　父地址与子地址间的三种拓扑关系

（1）a 包含 $b1$。则认为 $b1$ 位于 a 范围内，在空间关系上“a–$b1$”的描述有效，记作 $S_{a-b1}=1$。

（2）a 与 $b2$ 相邻。这种情况可能是因为行政区划的更改，即在某一历史时期，$b2$ 曾经是 a 的子区域，后被划入邻省（地区、县等），故“a–$b2$”的表述可能有效，记作 $S_{a-b2}=0.5$。

（3）a 与 $b3$ 分离。该情形表示“a–$b1$”的逻辑有误，该地址无效，记作 $S_{a-b3}=0$。若具有不同场景相似性的复合地址集合 $P1$（如“a 省 $b1$ 市”，记做 Add_{a-b1}），其中的每一个元素均作为父地址对下一级子地址进行场景相似性判定，循环至最后一层。对于“省”“地（市）”“县”“乡（镇）”“村”五级地址结构，有最终复合地址集合：

$P=\{\mathrm{Add}_{am\text{-}bn\text{-}cx\text{-}dy\text{-}ez}\}, m\in[1, M], n\in[1, N], x\in[1, X], y\in[1, Y], e\in[1, E]$，其中，$S_{am\text{-}bn\text{-}cx\text{-}dy\text{-}ez}=S_{am\text{-}bn}X\sim \mathrm{S}_{bn\text{-}cx}X\sim S_{cx\text{-}dy}X\sim S_{dy\text{-}ez}$。

乡（镇）及村级行政单位的经纬度坐标，记做 P（lon，lat），继而通过以下方式对 $S_{cx\text{-}dy}$ 与 $S_{dy\text{-}ez}$ 进行计算和描述。

（1）对于 S_{dy}，记该地名所对应的经纬度坐标点为 P_{dy}，如果 P_{dy} 位于 C_x 范围内，$S_{cx\text{-}dy}=1$；否则 $S_{cx\text{-}dy}=0.5$。

（2）对于 S_{ez}，记该地名所对应的经纬度坐标点为 P_{ez}，若 P_{ez} 与 P_{dy} 对应实际的距离小于 5km（经验值）则 $S_{dy\text{-}ez}=1$；若大于 5km 且小于 15km，则 $S_{dy\text{-}ez}=0.5$；若大于 15km，则 $S_{dy\text{-}ez}=0$；对集合 P 中的每个地址的场景相似性[14]指数进行排序，可以得到一系列指数较高的地址，通过设置一个候选地址数目临界值（threshold）可以控制候选地址的个数从而保证了地址匹配结果的质量。

6.3　实验数据及结果分析

本书采用全国公共卫生数据库中的某病例数据进行实验，其中涉及地址文本信息为 13308 条。标准地名数据库（省、地（市）、县、乡（镇）、村五级）根据我国国家统计局官方网站所公布的行政区划内容建立，空间矢量数据包括全国省、地（市级）、县级矢量数据 shape 文件，乡级、村级数据则来自天地图数据库的查询。利用 JTS（java topology suit）工具可以通过 Java 程序判断 shape 文件中线、面元素间的拓扑关系，包括相交、分离等。例如，对在查询“湖北省咸宁市崇阳县天城镇洪下村”时，由于失误而输入了含有错别字的地址“湖北省咸宁市崇阳县天成镇红下村”，在对其进行地址标准化的过程中，利用地址相似度算法可以得到该地址各个成分所对应的相似地名，如下所示。

湖北省→{湖北省，湖南省，河北省}。

咸宁市→{咸宁市，西宁市，咸阳市，济宁市，遂宁市，宁波市}。

崇阳县→{崇阳县，崇明县，中阳县，松阳县，崇礼县，彭阳县，山阳县，在阳县}。

天成镇→{天城镇，大城镇，边城镇，联城镇，石城镇，阳城镇}。

红下村→{红下村，洪下村，红霞村，垄下村，在下村，山下村，石下村}。

通过以上方法可以得到最佳近似地址如下所示：{湖北省咸宁市天城镇洪下村，湖北省咸宁市石城镇石下村，湖北省咸宁市石城镇垄下村}结果显示该方法可以准确获取到预期的规范化结果并作为首选值反馈给查询者，另外两个结果针对其他的不确定错误提供了可能的结果，从而对结果进行了必要的补充。图 6.4、图 6.5 的可视化结果显示各级地名不仅在很大程度上与输入值相似，同时符合合理的空间拓扑关系。

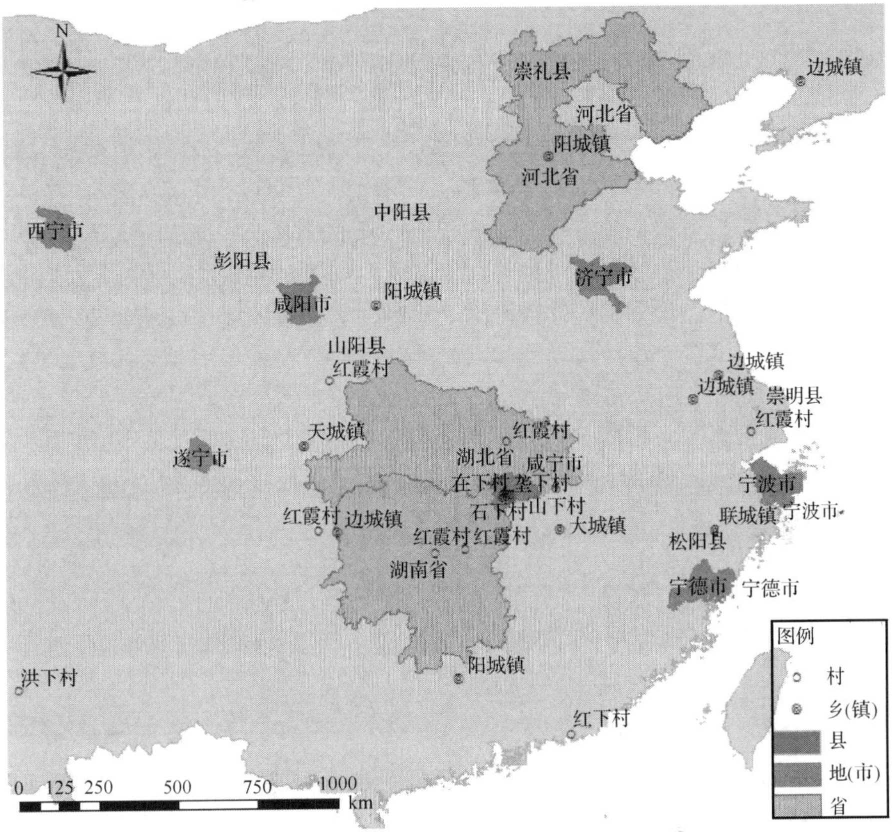

图 6.4　待修订地址的地址成分及其地理场景所对应的空间拓扑关系

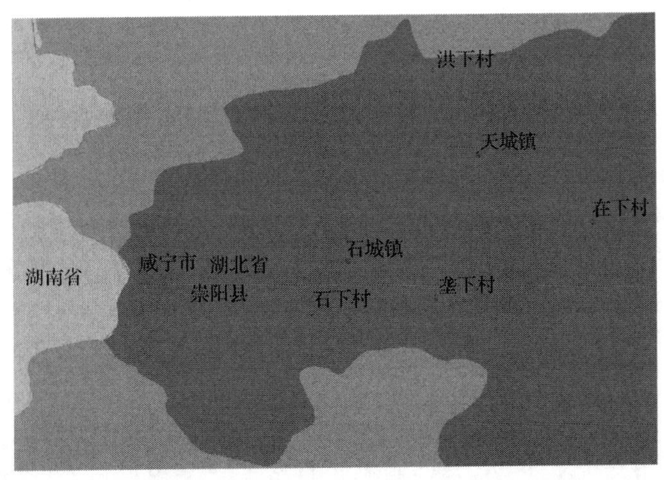

图 6.5　待修订地址的地址成分及其地理场景所对应的空间拓扑关系局部图

6.4 小结与讨论

用此方法对 13308 条公共卫生数据进行处理，结果显示 11196 条数据均返回了相应的规范化地址结果集，其余 2112 条数据返回空值，表 6.1 针对这些返回空值的地址情况作出了错误原因及比例的分析与说明：地址标准化对于非规范地址数据的地理编码具有十分重要的作用，本书基于地名相似度及空间场景相似性评价对地址标准化提出了较为完整的方案，该方案能够较好地消除错别字、形近字等对地理编码准确度带来的影响。同时，为进一步提高地址标准化的精度，需要进一步丰富标准地名数据库及同音、形近字库。同时该方法也具有一定的局限性。例如，对村一级的坐标判断，经验值是与其所在镇的距离按 5 公里、15 公里来设定域值，这个数值在我国某些地区比较适用，然而在中国西部地区的西藏、青海、新疆等地村镇距离往往非常遥远，经常是大量的无人区，这一模式在这个区域就存在局限性。另外，一个镇的村子也不完全是各个村子环形包围在镇中心的周围，单纯靠距离远近来判定的方式可能还有待改进。下一步研究将针对完善算法及克服方法局限性继续做相应的研究，并对村级以下地理单位（包括街道名、门牌号等详细地址信息）的地址的标准化及其规范化进行考虑。

表 6.1　地理编码返回空值分析

原因	比例/%	错误原因分析
输入地址错误	33	简称，如：“海南省宝安县定城镇科委”，应为科技委员会
标准地名数据库不完整，现势性不强	54	如：“浙江省湖州市德清县新安镇红丰村”，标准地名库无该记录，未及时更新
形近字和同音字	13	由地方性文字书写及语言习惯导致

参 考 文 献

[1] Ratcliffe J H. On the accuracy of TIGER-type geocoded address data in relation to cadastral and census areal units. International Journal of Geographical Information Science, 2001, 15(5): 473- 485.

[2] Ma Z, Li Z, Sun W, et al. An automatic geocoding algorithm based on address segmentation. Bulletin of Surveying and Mapping, 2011, 284(2): 3131-3134.

[3] 孙存群, 周顺平，杨林. 基于分级地名库的中文地理编码的研究. 计算机应用，2010, 30(7): 1953-1955.

[4] 张林曼, 吴升. 地理编码系统中地名地址分词算法研究. 测绘科学, 2010, 35(2): 46-48.

[5] Roongpiboonsopit D, Karimi H A. Comparative evaluation and analysis of online geocoding services. International Journal of Geographical Information Science, 2010, 24(7): 1081-1100.

[6] 江洲, 李琦. 地理编码 (Geocoding) 的应用研究. 地理与地理信息科学, 2003, 19(3): 22-25.

[7] 江洲, 李小林, 刘碧松. 地理信息系统地址编码技术标准化研究. 世界标准化与质量管理, 2007, 5: 22-25.

[8] 孙亚夫, 陈文斌. 基于分词的地址匹配技术. 中国地理信息系统协会第四次会员代表大会暨第十一届年会论文集, 2007: 125.

[9] 谭侃侃. 基于规则的中文地址分词与匹配方法. 济南: 山东科技大学, 2011.

[10] 唐旭日, 陈小荷, 张雪英. 中文文本的地名解析方法研究. 武汉大学学报(信息科学版), 2010, 35(8): 930-935.

[11] 吴海涛, 俞立, 张贵军. 基于模糊匹配策略的城市中文地址编码系统. 计算机工程, 2011, 37(2): 194-196.

[12] Zandbergen P A. A comparison of address point, parcel and street geocoding techniques. Computers, Environment and Urban Systems, 2008, 32(3): 214-232.

[13] Goldberg D W. A Geocoding Best Practices Guide. Springfield: North American Association of Central Cancer Registries, 2008.

[14] Guo D, Wu K, Li J, et al. Spatial scene similarity assessment on hadoop. Proceedings of the ACM SIGSPATIAL International Workshop on High Performance and Distributed Geographic Information Systems, San Jose, 2010.

第 7 章　基于 Hadoop 空间场景相似性计算

7.1　概　　述

在这个信息驱动的时代，科学家试图将数据资源、网络协议、计算平台和计算服务相结合，进行跨领域、跨信息、跨工具的人力集合，来进行科学研究，提供数据密集型应用。得益于地理信息网络基础设施的推进，以往受到传统计算方式和存储能力限制的地理计算，越来越多地吸引着科学家和技术人员。GISolve[1]是一个基于网格的计算密集型地理信息分析环境。Cary 等应用 MapReduce 模型解决了两个重要的空间问题：①R 树的批量构建；②航空图像质量计算[2]。Chen 等提出了一种高性能工作流系统 MRGIS：一个能高效执行 GIS 应用的基于 MapReduce 的并行分布式集群计算平台[3]。Guo 等基于 MapReduce 开发了一个遥感图像处理平台[4]。Zhang 等将 MapReduce 应用于空间查询，包括空间选择查询、连接查询和最近邻查询[5]。Golpayegani 和 Halem 认为：基于 Hadoop 和 MapReduce 的并行计算框架非常适合多种面向服务的科学应用，尤其适用于遥感系统的卫星数据处理。技术的进步，包括相比于传统多处理器方法的速度加快和更多的存储的有效实现，使得不需要在编码结构上做显著的改变，就能得到更精细的网格分辨率[6]。WebGIS 需要访问很多小文件，并可能产生很多小文件。Liu 等提出将小文件合并成大文件来减少文件数量，并为每个文件构建索引来优化 HDFS 上关于小文件的输入输出[7]。Kerr 开发了一种在 Hadoop 环境中可扩展的对地理空间数据进行分析和模拟的方法[8]。

一个空间场景包括一组空间对象及其关系。因此两个不同场景之间的相似度是由空间对象相似度和它们的关系相似度构成[9]。空间场景相似度评估对模糊数据查询处理、模糊概念、基于框图的空间查询、自然语言查询、地图综合评估来说是必不可少的。空间场景相似度评估在人类认知方面和计算方面有很高的复杂度。人们很容易分辨两个空间场景之间的相似度，但几乎不能量化它们之间的相似程度。

空间物体的相似度包括很多方面，如空间语义[10]、空间关系、形状和空间对象的其他属性。两个空间对象之间的拓扑、方向和距离关系是空间关系相似度评估的三个最常用的空间关系。本书基于空间对象的语义精确匹配和形状可忽略的假设，关注空间关系相似度的比较。由于空间关系包括拓扑、方向和距离，所以 n 个空间对象的空间关系的总和是 $3\times P_n^2$ 。两个空间的场景之间的空间关系的比较总次数是 $3\times P_n^2\times 3\times P_m^2$ ，其中 m 和 n 分别是在两个场景空间对象的数目。我们在查询空间和每个候选空间之间进行比较相似度。传统的顺序计算模型和算法可能需要花费过多的时间来处理大量和复杂的空间信息库[11]。

Google 将 MapReduce[12]引入作为一个用大量廉价机器来解决千兆数量级问题的方案。它基于以下两个主要功能。

（1）映射（Map）：处理一个键/值对来生成一组中间键/值对。

（2）化简（Reduce）：合并相同的中间键相关联的所有中间值。

受到谷歌 MapReduce 方法启发的 Apache Hadoop 是一个开源软件框架。它支持能处理上千个节点和 PB 级数据处理的数据密集型分布式应用程序。基于 MapReduce 方法的 Hadoop 的结构适合于大数据集上的空间相似度比较。

本书提出了基于 Hadoop 计算在大型空间场景空间相似度的计算架构。本书工作的主要贡献如下。

（1）提出了一种新的适合并行计算的空间场景相似度比较算法。

（2）介绍 Hadoop 如何应用于海量空间场景的空间场景相似度比较。

（3）在 Hadoop 上进行空间场景相似度评估实验和评估结。

7.2　基于网格的空间关系相似度评估

拓扑、方向和距离是描述空间关系时三个最重要的因素。拓扑确定两个对象是否重叠和重叠的程度。DE-9IM 模型是最受欢迎的拓扑关系模型之一。Egenhofer 和 Altaha 提出 8 渐进概念邻域，由不相交、满足、重叠、覆盖、被覆盖、包含、相等和内部组成。两种概念拓扑表示之间的差异可以通过它们在拓扑关系的概念邻域图之间的距离来计算[13]。Clementini 提出了另一种更复杂，更实际的拓扑关系图和近似计算方法 两个对象之间的导向关系表示一个物体相对于另一个的位置[14]。普遍接受的定义是在参考坐标系下从参照对象到目标对象的直线的角度[15]。另一种观点将视角、目标对象和参照对象作为定向关系的三个主要因素[16]。地理计算最流行的模型是基于投影、锥形方向系统以及它们的变化。距离关系表示可分为两大类，一种是“绝对”尺度空间上的量化和表示，另一个是“相对的”度量特定刻度的接近程度[17]。

三大经典空间关系表示是相对独立的，并违背相似度比较。相似度比较的数学基础是对象可以在相同的度量空间来测量。相似度是由相异度确定，在大多数情况下，是距离发挥主要作用。为了使空间关系相似度比较可计算，有必要将三个空间关系表示转换成一个集成的形式，其中不同的空间物体之间的空间关系可以用相同的形式来表示，并且它们的差值可以在相同的度量空间计算。

如果我们用相同大小的单元（或网格）划分的空间场景，并将它们并排放置，那么每一个空间物体都被划分成多个部分，并且可以通过单元来表示被覆盖或部分被覆盖。空间对象的近似表示为被它覆盖的单元集合。这种近似取决于单元的分辨率（尺寸）（见图 3.17）。空间的对象之间的空间关系被转换成空间对象覆盖的单元组之间的关系。在这种转换下，具有不同几何类型（点、线和区域）的空间对象都集成到一个单一的类型。空间对象的空间关系是由单元的空间关系综合表示。

两个单元之间的距离——相对于单元尺寸——反映了两个单元的拓扑结构（式（7.1））。因为所有的单元大小相等，所以一些拓扑关系的形式，如覆盖/被覆盖/包含/内部都不存在，虽然它们可以在实际的两个物体之间存在。这种不足是由空间对象到单元的一般化引起的，并且可以通过单元的细化来减轻[11]。因为每两个单元具有相同的尺寸，所以当我们计算它们的方向和距离时可以把它们抽象为两个没有尺寸和形状的点。两个单元之间的方向和距离的关系可以由直线连接它们的质心来表示。因此两个单元之间的空间关系（A, B）可通过两个单元的质心之间向量来表示（式（7.2））。在本书中，x 和 y 在整个空间场景中分别是单元的行号和列号。

$$\begin{cases} \text{dist} > \text{Size}_{\text{cell}} : \text{不相交} \\ \text{dist} = \text{Size}_{\text{cell}} : \text{满足} \\ \text{dist} < \text{Size}_{\text{cell}} : \text{覆盖，被覆盖，包含，相等，内部} \end{cases} \tag{7.1}$$

$$R_{sp}(a,b) = \boldsymbol{ab} = \Delta x + \Delta y\boldsymbol{i} \tag{7.2}$$

从式（7.2）的两个单元 a，b 之间的空间关系，可以推导出如下结论。

（1）拓扑关系可由Δx，Δy 的最小抽象值来计算。

（2）a, b 单元之间的方向由Δx 和Δy 的比例决定。

（3）a, b 单元之间的距离，是由Δx 和Δy 的平方和的平方根来确定。

两个空间的对象 A 和 B 之间的空间关系是被 A 和 B 覆盖的所有单元关系的综合的平均值（式（7.3））。在式（7.3）中，m 和 n 是空间对象 A 和 B 的单元个数；$\sum$不是简单的相加，而是一个综合结果，其中加权和是最常用形式之一。

$$R_{sp}(A,B) = \boldsymbol{AB} = \frac{\sum |\boldsymbol{a}| \times |\boldsymbol{b}|}{m \cdot n}, \quad a \in A, b \in B \tag{7.3}$$

图 7.1 显示了如何通过覆盖的单元来计算两个空间物体之间的空间关系。在图 7.1(a)中，V_1，V_2，V_3 和 V_4 是 A 和 B 覆盖的单元之间的向量。在图 7.1(b)中的 $V_{1\text{-}2}$ 是应用向量加法原则计算的 V_1 和 V_2 的平均值。VAB 的最终结果依照这种方式在这个过程中产生（图 7.1(c)）。

空间关系相似度比较。T 相似度通常由相异度确定[18]。在数学上，两个向量之间的差异按照矢量减法规则计算。相似度通常表示为[0,1]，因此，向量差值在用于表示相异度之前需要归一化。9 交叉拓扑模型和投影方向模型的核心是将空间划分为 3×3 格，并用 3×3 的矩阵代表。尽管 3×3 矩阵的空间关系表示非常直观，它的弱点是不能区分目标对象和参考对象之间的距离的关系。如果观察到的空间被限制在一个相对小的空间，3×3 矩阵的弱点可以忽略。这意味着，如果所述空间被划分为足够小的单元，在单个单元中的空间关系可以有效地通过一个 3×3 矩阵表示。

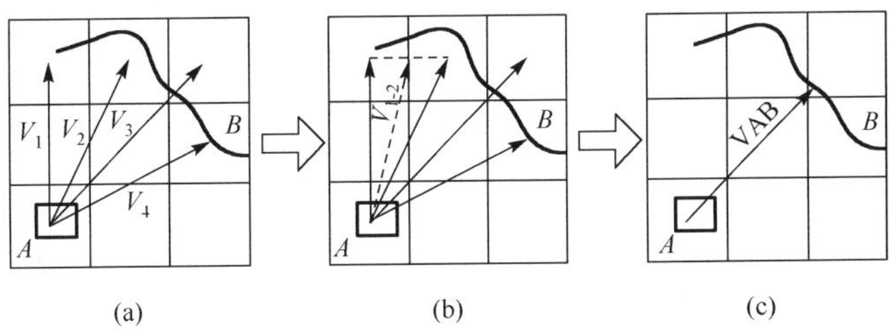

(a) (b) (c)

图 7.1 由单元表示的空间关系的计算过程

在空间场景相似度比较中，查询空间场景与每个候选场景进行比较。在每一个比较中，查询场景的大小被设置为近似等于候选场景的大小。这可以通过适当的数据处理和数据分割方法来满足，详情将在第 7.4 节部分中讨论。本书将每个单元划分成相同大小的 3×3 的子单元（在本书中作为一个基本计算单位）。在同一个单元中的每个空间关系对可以由子单元来测定它们覆盖。空间关系向量长度的最大值为$4\sqrt{2}$，而最小值是 0，所以空间关系对的归一化的相似度可通过式（7.4）来计算。

$$\mathrm{Sim} = 1 - \frac{|\boldsymbol{A} - \boldsymbol{B}|}{4\sqrt{2}} \tag{7.4}$$

7.3 空间场景相似度的评估

综上所述，两个被比较的场景之间存在一个或多个空间关系。两个场景之间的相似度是所有空间关系的相似度值的综合结果。式（7.5）是一种具有多空间关系的空间场景相似度评估加法模型，其中，$\mathrm{Sim}_{\mathrm{scene}}$是空间场景的整体相似度，$R\mathrm{Sim}_i$和$\omega_i$分别是第 i 个对空间关系的相似度和其权重值。还有许多关于多变量的相似度评估模型[19]；不同模型的核心是权重分配给不同的相似因素。该方法称为权重排序（ROW），已被证明更合理和可具操作性[20]。在 ROW 方法中，所有的相似度是由它们的排名（在本书中，把空间关系的相似度作为排序因素）排序；每个相似度被分配一个对应于它们的排序结果的权重。ROC（权重排序），RS（顺序总和）和 RR（次序倒数）是三个最常用的方法。图 4.9 显示了一个通过不同权重计算方法确定的有 10 个相似度因素的权重值的例子。ROC 权重比其他两个基于排名的算法更准确；此外，ROC 公式被推广用于同时包含其他形式的属性信息和部分排序信息的综合排序。由于其直接性和有效性，ROC 可以为我们提供一个合适的评估工具（式（7.6））[21]。

$$\mathrm{Sim}_{\mathrm{scene}} = \sum_{i=1}^{m} \omega_i R\mathrm{Sim}_i \tag{7.5}$$

$$\omega_i(\mathrm{ROC}) = \frac{1}{n}\sum_{j=i}^{n}\frac{1}{j}, \quad i = 1,2,\cdots,n \tag{7.6}$$

7.4　基于 MapReduce 的空间关系相似度评估

7.4.1　空间场景相似度评估的计算复杂度分析

一个空间场景相似度比较包括：查询场景和候选场景的相似度比较；两个场景之间的空间关系的相似度比较。整个过程可以被划分为四个相对独立的步骤。因此空间场景相似度评估的计算复杂度是通过计算这四个步骤的复杂度来确定的。

（1）数据预处理：数据预处理将整个场景分成单元，然后计算空间对象被单元覆盖的情况。计算复杂度由整个场景，单元的大小和空间对象在场景中的数量程度来确定，用 $O(\text{Extend}_{\text{scene}}/\text{Size}_{\text{cell}}\times\text{Num}_{\text{sp-obj}})$表示。

（2）空间关系解析：查询空间场景关系需要对一个或多个空间关系解析，计算的复杂度是由空间对象对的数量确定的。它表示为$O(P_n^2)$，其中，n 是在查询场景中空间对象的数量。

（3）查询场景和候选场景相似度计算：每一个查询空间场景的空间关系对需要与候选场景的逐一比较。计算复杂度为$O(P_n^2\times P_m^2)$，其中，n 是查询场景的空间对象的数量，并且 m 是该候选场景的空间对象数量。

（4）空间场景相似结果表示：相似度比较结果需要合适的表示形式。排名顺序是常用的方法之一。其计算的复杂度在于产生的结果进行的比较次数，并且可以表示为 $O(\text{Extend}_{\text{scene}}/\text{Extend}_{\text{query\_scene}})$。

在顺序执行的程序中，计算复杂度是上述提到的四个因素的总和。由于单个计算机的串行计算能力的限制，空间场景相似度评估应用被限制于空间对象相对较少的较小的简单空间场景[9,22]。

7.4.2　基于网格的空间场景相似度评估是一种典型的 MapReduce 计算

MapReduce 将输入数据分成多个块，每个块分配给一个进程。其优点在于，它允许进行映射和化简的分布式处理。在 MapReduce 中，每个映射操作是独立于其他操作的，并且所有映射可以几乎并行地进行——如果我们忽略数据源的限制或数据附近的 CPU/核心的数目。对化简操作也是如此。MapReduce 可以适用于大规模的大型数据集，这超出了通常使用的服务器或 PC 的处理能力。

空间数据的复杂度和性质使空间场景相似度评估应用并行处理效果的更理想。在空间场景相似度评估中，空间关系比较在各个候选场景和查询场景之间进行。不同空间场景之间的相关性不需要考虑，因此，不同的候选的空间的场景和查询场景之间的比较可以独立地实现。查询场景和各种候选场景之间的空间相似度比较可以被映射为多个部分，每个比较可以并行执行。从不同候选场景空间场景相似度比较最终化简到一组相似度评价。在单个空间场景的比较中，空间关系的比较可以被映射成多个空间关系对的比较，空间关系对的比较结果可以化简到一个综合相似度值。由于空间场景的大范围，数据主题的丰度，和更高的分辨率要求的单元尺度，空间场景和空间关系的数据大小将爆炸性地增大。基于网格的空间场景相似度比较是典型的数据密集型计算，适合使用 MapReduce 框架。

与 MPI 不同，MapReduce 是相对简单的方案。程序员只需要提供两种函数：Map 和 Reduce。MapReduce 框架实现并行，它加载整个输入数据集的一部分到每个参与处理单元的机器上，将数据分割为记录，执行每个记录的映射功能，聚合所有由映射函数产生的键值对，并运行基于每个唯一键的化简函数来传递相关的值。

7.5　Hadoop 上的应用实现

7.5.1　数据预处理

空间场景通常包含多个主题，这些主题通常由图层组成，并以 ESRI 格式文件存储或直接存放到空间数据库中。这些空间数据是以面向对象的方式定义的，我们需要用网格作为空间数据的索引，将数据转变为面向单元的。这样一来整个空间场景将由长度、宽度相等的许多个网格共同构成。每个单元的行数、列数，空间数据类型，以及在多个图层中空间对象的 ID，所有信息都被存储在 HBase 中。HBase 是一种基于 HDFS 的分布式面向列的数据库。它是用于对大型数据库进行实时随机读写访问的 Hadoop 应用[23]。

7.5.2　HBase 中的概念模型

在空间场景的相似性比较中，单元是用于对比的基本单位。我们实验中的数据基于单元的形式组成，每个单元拥有自己的 ID、行 ID、列 ID 以及其他基本位置信息。每个单元包含 3×3 的子单元来记录单元内空间对象的相互关系。每个单元可以包含多个不同类型的空间对象。空间对象的 ID 以及其他相关信息也包含在单元存储的信息中。表 7.1 是数据库中空间相似度比较的一个部分概念视图。

表 7.1　HDFS 中行的概念视图

行_键	单元信息		子单元:0		子单元:1		…	子单元:8	
ID	行 ID	列 ID	对象类型	对象 ID	对象类型	对象 ID		对象类型	对象 ID
309	2305	24601	建筑	23003	河流	45		道路	82904
			电话亭	6654					

7.5.3　数据局部性

MapReduce 是基于磁盘廉价而网络成本昂贵的假设而设计的，并认为大型系统可以用廉价的硬件来构建，只要每个硬件都不是不可或缺的。基于这样的假设，MapReduce 任务可以在集群中一台载有需要的数据块的计算机上运行。任务运行中应尽可能避免不同机器对数据的同时访问，所以设计一个合理的数据局部性策略是非常必要的。

在空间场景相似度评估中，空间关系计算出现在邻近子单元之间，所以第一个数据局部性规则是将相邻的子单元尽可能放到相同的节点中。理想的分割方法是将空间场景分割成多个具有相同大小的正方形区域。这种方法也可以确保只有较少的边界细胞。

空间对象的分布并不均匀，每个单元包含的空间对象数量不总是相等的。这意味着在每个单元中的空间关系计算次数并不相等。因此，如果将整个空间场景分割成相同大小的区域并平均分配到每个节点，那么不同节点的负载是不均衡的。为了避免这种情况，数据局部性策略应当使每个节点上的空间关系计算量近似相等。理性情况下分配方案能够使每个节点有近似等量的单元，并有近似等量的空间对象。

如果能严格满足以上两项，那么数据局部性问题就变成了一个典型的空间聚类分析问题[24]。在本书中，我们定义了一个名为 COOT（单元对象覆盖次数）的变量，来作为决定块长度的估计。COOT 指一个空间对象覆盖的子单元数量和同一个单元覆盖的不同对象的数量的综合。例如，如果一个空间对象覆盖一个单元中的两个子单元，那么 COOT 值为 2。如果一个子单元被两个不同对象覆盖，那么 COOT 值也为 2。因为 COOT 反映了空间相似度计算的复杂度，所以将 COOT 作为空间聚类的决策指标是非常合理的。在我们的实验中，整个空间场景被分割为多个具有近似相等 COOT 值的区域。

7.5.4　实验设置

我们的 MapReduce 实验中 Hadoop 集群由 8 个节点组成，使用 Linux 操作系统。每个节点使用双 8 核英特尔至强 2.2GHz CPU，两个 146GB 的 SAS 驱动，32GB 内存和两个 1Gbps NIC。所有节点通过一个千兆交换机连接。每个节点安装的 Hadoop 版本为 0.20.2，安装的 HBase 版本为 0.20.3。

实验数据集来自第 5 章提及的工程项目。其中的一个课题是对不同的种植环境寻找某经济作物种植条件的相似度。我们的实验数据反映地是中国云南省石屏县的区域信息。石屏县由 9 个镇组成，占地面积约 3037km^2。该数据集包括 35 个图层，需要近 20GB 的磁盘存储空间。整个空间场景被分成约 50 万个长宽均为 100m 的单元。图 7.2 是实验数据集的一个快照。图中只有部分图层被加载时受到桌面地理信息系统处理能力和视图负载的限制。

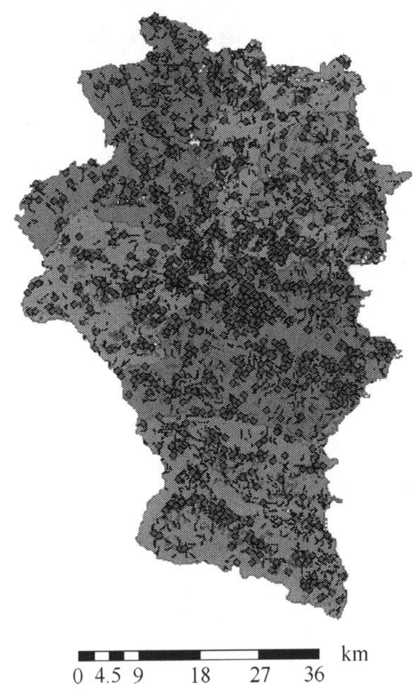

图 7.2　实验数据集的一个快照

7.5.5　执行流程

执行流程可以分为 6 个步骤（图 7.3）。

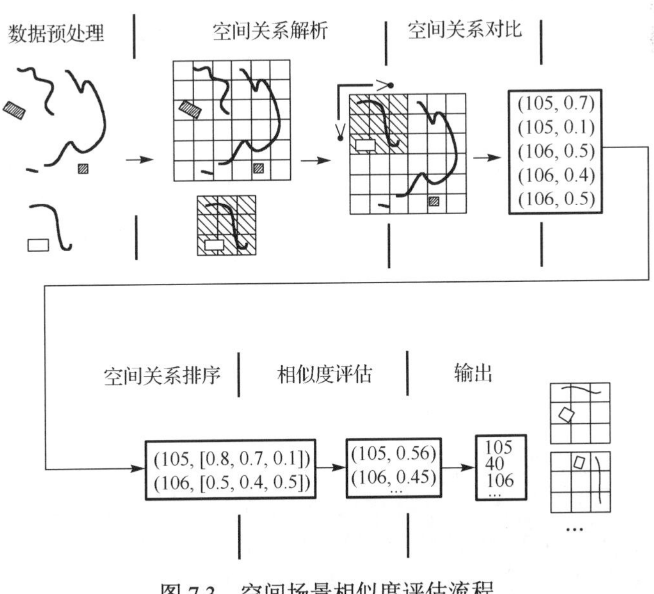

图 7.3　空间场景相似度评估流程

（1）数据预处理：在计算前，面向对象的空间数据需要预处理成单元并输入 HDFS。每个空间对象的空间对象类型、对象 ID 和它们覆盖的单元都会记录下来。

（2）空间关系解析：空间关系的查询将解析为一个或多个空间关系。查询场景需要分成 3×3 的大小相等的单元。每个关系包括空间对象的类型和表示空间对象配对关系的向量。

（3）空间关系对比：在查询场景和每个候选场景之间进行相似度对比。在之前几步中解析得到的空间关系用来进行对比。将查询场景中的每个空间关系和候选场景中的空间关系进行比较。查询场景中的空间关系和候选场景中的关系组成空间关系对，每个空间关系对用向量表示，它们之间的差异大小用来计算空间关系相似度。

（4）空间关系排序：对空间关系对按照它们的相似度进行排序。

（5）相似度评估：空间场景相似度是所有相关的关系对的加权和。基于排序结果，每个关系对被分配一个权重。在我们的实验中，空间关系相似度即排序结果。相似度越大，分配得到的权重越大。

（6）输出：常用的输出形式是为用户提供最匹配查询场景的场景。在输出之前，空间场景需要依据它们的相似性来排序。

7.6　实验评估

本书的实验结果分析如图 7.4 所示。为了详细显示大多数值段的相似性分布，我们在图中过滤了相似度为 0 的数据。

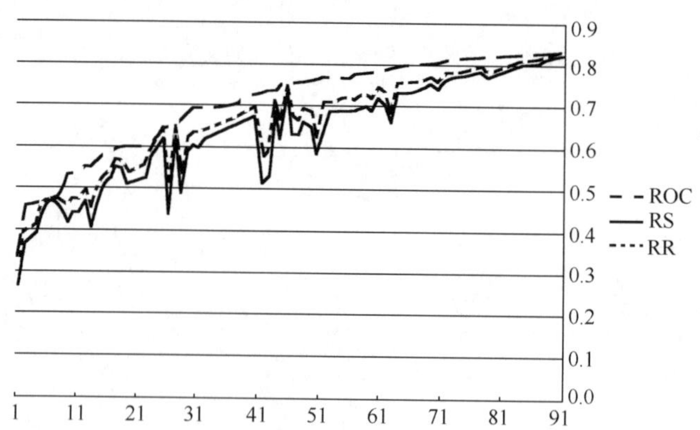

图 7.4　空间场景相似度计算结果分布图（x 轴表示单元数量，y 轴表示单元相似度）

本书将实验结果和根据串行计算模型得到的结果进行了对比，如图 7.5 所示。图 7.5(a)是通过串行计算得到的空间场景相似度评估结果。受到计算机存储空间和计算能力的限制，该结果是由 24 个独立的计算结果综合得到。在这种计算模式下，相似区域的分布情况按照长宽为 400m×400m 的单元来标准化。图 7.5(b)显示了通过 Hadoop

计算得到的空间场景相似度评估结构。在该结果中，更多的细节得以通过相似性区分，所以基于 Hadoop 的结果对农田规划更具意义。这就意味着，随着计算机处理能力的提高，越来越多的数据可以得到更精细的处理。通过大规模数据集我们可以得到更多精确的知识。

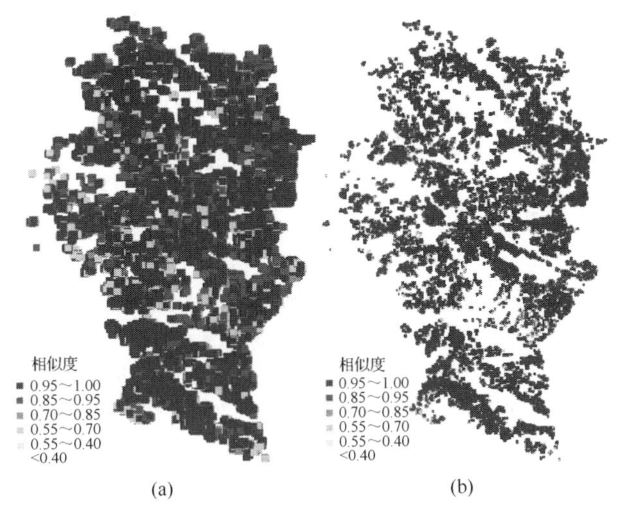

图 7.5　基于顺序计算模型和基于 Hadoop 的空间场景相似度计算结果的对比

7.7　结　　论

在本书中，我们使用 Hadoop 集群上的 MapReduce 模型来解决大数据下的空间场景相似度评估问题。实验结果表明，MapReduce 的合适应用提高了空间场景相似度评估的比较精度和数据处理能力。地理空间计算是一个典型的数据密集型、要求并行计算的问题。基于 Hadoop 的 MapReduce 模型在空间应用的大规模数据处理上仍充满发展潜力。用空间对象覆盖的单元格来代替其真实形状仍是一个较为粗糙的方法。空间对象形状的细节或多或少地受到分割时单元格大小的影响。本书就基于 Hadoop 的空间场景相似度评估提出一个更具一般性的框架。在未来的框架中，空间对象将保留它们原始向量的性质。我们将把空间对象的语义、形状、其他与空间相似度比较相关的属性都纳入考虑范围。

参 考 文 献

[1] Wang S, Armstrong M P, Ni J, et al. GISolve: A grid-based problem solving environment for computationally intensive geographic information analysis. 3rd International Workshop on

Challenges of Large Applications in Distributed Environments, Triangle Park, 2005.

[2] Cary A, Sun Z, Hristidis V, et al. Experiences on processing spatial data with mapreduce. Proceedings of the 21st International Conference on Scientific and Statistical Database Management, New Orleans, 2009.

[3] Chen Q, Wang L, Shang Z. MRGIS: A mapreduce-enable high performance workflow system for GIS. International Conference on E-Science, Indianapolis, 2008.

[4] Guo W, Gong J Y, Jiang W S, et al. OpenRs-cloud: A remote sensing image processing platform based on cloud computing environment. Science China Technological Science, 2010, 53(s1): 221-230.

[5] Zhang S, Han J, Liu Z, et al. Spatial queries evaluation with mapreduce. 8th International Conference on Grid and Cooperative Computing, Lan zhou, 2009.

[6] Golpayegani N, Halem. M. Cloud computing for satellite data processing on high end computer clusters. IEEE International Conference on Cloud Computing, Bangalore, 2009.

[7] Liu X, Han J, Zhong Y, et al. Implementing web GIS on hadoop: A case study of improving small file I/O performance on HDFS. IEEE International Conference on Cluster Computing and Workshops, New Orleans, 2009.

[8] Kerr N T. Alternative approach to parallel gis processing. Phoenix: Arizona State University, 2009.

[9] Bruns H T, Egenhofer M J. Similarity of spatial scenes. 7th International Symposium on Spatial Data Handling, Delft, 1997.

[10] Rodriguez M A. Assessing Semantic Similarity among Spatial Entity Classes. Maine: University of Maine, 2000.

[11] Guo D. Research on the Key Technology of Geographic Spatial Analysis Based on Similarity. Beijing: University Chinese Academy of Sciences, 2009.

[12] Dean J, Ghemanat S. MapReduce: Simplified data processing on large clusters. Proceedings of Operating Systems Design and Implementation, 2004, 51(1): 107-113.

[13] Egenhofer M J, Altaha K K. Reasoning about gradual changes of topological relationships. International Conference Gis-from Space to Territory: Theories and Methods of Spatio-Temporal Reasoning, Pisa, 1992.

[14] Clementini E, Felice P D. Approximate topological relations. International Journal of Approximate Reasoning, 1997, 16(2): 173-204.

[15] Goyal R, Egenhofer M. Similarity of cardinal directions. SSTD'01, 2001: 36-58.

[16] Papadias D, Egenhofer M J, Sharma J. Hierarchical reasoning about direction relations. GIS'96, Rockville, 1996: 105-112.

[17] Hernández D, Clementini E, Di Felice P. Qualitative Distances. Berlin: Springer, 1995.

[18] Tversky A. Features of similarity. Psychological Review, 1977, 84(4): 327-352.

[19] Ankoudinov G, Ankoudinov I, Strizhachenko A. Multi-Variant Assignment Generation and Assessment

Techniques. Berlin: Springer, 2008.

[20] Barron F H. Selecting a best multiattribute alternative with partial information about attribute weights. Acta Psychologica, 1992, 80(1-3): 91-103.

[21] Barron F H, Barrett B E. Decision quality using ranked attribute weights. Management Science, 1996, 42(11): 1515-1523.

[22] Nedas K, Egenhofer M. Spatial-scene similarity queries. Transactions in GIS, 2008, 12(6): 661-681.

[23] Anselin L. Computing environments for spatial data analysis. Journal of Geographical Systems, 2000, 2(3): 201-220.

[24] Correndo G, Salvadores M, Yang Y, et al. Geographical service: A compass for the web of data. Linked Data on the Web (LDOW2010), Raleigh, 2010.

第 8 章　数据密集型计算环境下的空间场景相似性计算探索

随着数据量的增加和用户对空间场景相似性计算要求的提高，传统的计算环境越来越难以满足其计算需求。随着信息技术的发展和普及，互联网逐渐成为一种计算平台。云计算是一种典型的网络计算模式，强调在虚拟计算环境下运行大规模应用的可伸缩性和可用性。基于云计算的大型网络应用呈现出分布、异构的特点和数据密集的趋势，如科学工作流系统，这类应用称为数据密集型应用。目前数据密集型应用已广泛应用于天文学、高能物理学以及生物信息学等领域。这类应用的数据密集性主要体现在其处理的数据大小通常达 TB 甚至 PB 级，数据密集型计算为空间场景相似性计算提供了良好的工具和平台。本章将针对这一信息化技术的最新发展成果，探讨空间场景相似性计算所面临的问题和可能的解决思路，供后来的研究者参考。

8.1　背　　景

地理事物和地理现象之间存在相似也存在相异；相似是宏观的，相似性对于人类认识客观世界具有更大的推动力。在日常生活中，人们常常比较两个空间场景之间的相似性，以期找出两个场景之间的相同和不同之处，但这种空间场景的相似性认识是一种直观且主观的判断，并没有严格的数学模型[1,2]。地理信息系统的使用者试图从地理信息数据库中提取出与给定场景相近似的空间场景，并根据它们与给定场景的相似性高低进行排序，以寻找到根据某种相似性标准最接近给定场景的空间场景。如城市规划设计师试图在地理数据库中寻找和他们设计风景有相似的地物配置和格局的位置[3]；考古学家试图寻找与古文献记载的空间位置和关系相近似的区域以确定考古遗迹的位置；农业专家试图找到与某种作物产地种植条件相似的新的种植适宜区。

在空间数据库的不同空间场景间进行的相似性度量[4]，实际上是对地理数据库中独立的空间场景元组或空间场景元组集合与给定的场景进行比较并作出评价。空间场景相似性评价是一个复杂的空间认知和空间计算过程。其复杂性表现为：①空间场景构成的复杂性。空间场景是一系列空间对象及其相关关系的集合，包含空间对象、空间对象的特性、空间对象之间的关系；其中空间对象的特性包括空间对象的语义、空间对象自身的特征（如形状、比例、相对大小、面积、长度等)。②空间对象属性及其关系的复杂性。空间对象的属性多种多样，其描述存在语义的不确定性，空间对象之间关系也存在多样性；③空间场景相似性计算的复杂性。空间场景及其各种关系的表达和计算的复杂性，其复杂性随着空间场景中空间对象数量的增加而呈几何级数增加（图 8.1），另外，多种复杂关系的相似性评价也是一个复杂的难题。空间场景相似性的评价就是要通过定量化的方法对空间场景与目标场景完全相等的偏差进行度量，这其中既要考虑人们空间认知和空间表达的共性，也要考虑空间数据在现有计算条件下的可计算性，空间场景相似性计算的复杂性导致了实用型的空间场景相似性应用的研究进展缓慢。

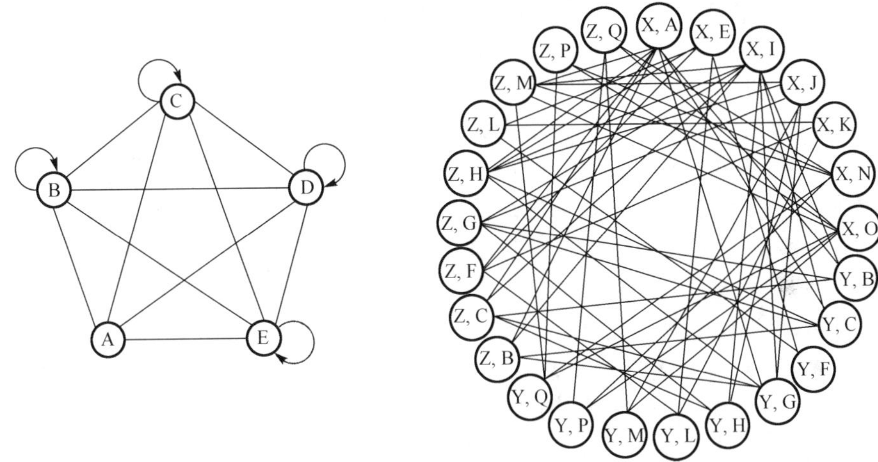

图 8.1　随着空间对象数量的增加空间场景相似性的计算复杂性显著增加[5]

空间场景相似性是空间相似性研究的一个重要问题，空间相似性是空间分析的重要组成部分（其余的部分包括空间位置、空间分布、空间形态、空间距离以及空间方位和空间相关[6-8]）。最近十年，空间场景相似性的重要性逐渐为人所认识并得到重视，其研究主要有两个大的方向，第一个方向是从空间认知的角度，结合空间认知实验，试图找出影响人们对空间场景相似性判断的因素并建立空间场景相似性评价模型；第二个方向是建立空间场景相似性评价计算模型，试图在现代计算技术的支持下实现空间场景相似性的计算，尤其是在大规模空间数据库中实现。目前的研究主要集中在第一个方向，第二个方向的研究还较少，主要原因在于空间场景相似的可计算性较差，一些实验都是在较小的数据量下进行的。当数据量增大时，其计算的复杂度可能会超出单个计算机的计算能力。

随着人类获取空间数据的手段越来越丰富，积累数据的规模也越来越大，单个计算机（抑或小规模的计算机集群）已经越来越难有效地对这些数据进行处理（包括数据存储、数据管理、数据提取和数据分析等）。根据美国国家科学委员会（NSF）的定义，信息化基础设施（cyber infrastructure，CI）是数据资源、网络协议、计算平台和计算服务资源的结合，在信息驱动的今天，CI 将人与信息及计算工具结合起来以实现科学研究和实现其他富数据的应用[9,10]。CI 在 e-science 方面具有广阔的应用前景[11]，信息化基础设施为现代科研与应用提供了新的手段，许多科研领域围绕基于信息化基础的科学研究展开了探索，如在高能物理、生态环境监测、地质和海洋等领域。数据密集型计算是以 CI 为基础的科研与应用所亟须解决的问题之一[12]。

随着空间数据基础设施（spatial data infrastructure, SDI）和国家空间数据基础设施（national spatial data infrastructure, NSDI）建设的推进，越来越多的空间分析和应用建立在分布式数据库的基础之上，空间数据基础设施广泛应用于空间数据的共享、发现、可视化和提取[13,14]。2010 年美国 NSF 资助 CyberGIS 项目的立项标志着以 CI 为基础的地理信息系统与空间分析正日益受到地理信息科学界的重视。在海量数据环境中进行空间场景相似性计算的必要性也日益凸显[15-17]。本书中，我们拟对在海量数据处理环境中对空间场景相似性的算法和计算模型进行研究，因为它可以为众多的应用提供新的支撑技术。

（1）空间搜索。传统的空间搜索主要通过对空间数据库中空间对象的非空间属性关键字[18]和邻近关系等进行匹配，忽略了空间对象的空间特征和空间对象间的关系。基于空间场景相似性的空间搜索以用户输入的空间场景作为匹配对象，在空间数据库中搜索与输入空间场景具有一定相似性的空间场景为输出对象[5,19-23]。如该技术得到实现，就可以根据用户输入表达空间地物配置的草图而实现空间场景相似性搜索[24-26]。尤其随着触摸式平板电脑（如 iPad）和智能手机的普及，这个需求变得更加迫切。

（2）空间分析。空间相似性分析是空间分析的一部分，空间对象形态上的相似[27]、空间对象（群）结构上的相似[6,28]是其主要研究内容。空间场景相似性把空间分析输入条件的限制性进行可控制的放宽（即在一定的相似度范围内）[29]，不把用户输入条件与空间数据库中的信息完全匹配作为空间分析的隐含前提；另外，基于空间场景相似的空间分析还可把空间对象及其相互关系的相似性作为空间分析的目的，以评价两个或多个空间场景的相似性[30-32]。

（3）地图综合质量评价和地图比较。地图综合中常常需要比较综合前后的地图的相似程度[4]，其中统计方法[33]、模糊集方法是较常用的比较方法。但这两种方法在比较时对空间数据进行了栅格化处理，割裂了空间对象之间的联系。空间场景相似性建立在空间本体论和空间认知论思想的基础上，充分考虑了空间对象在方向、拓扑、距离和语义上的相似[34-38]，更加符合人们判断空间目标及其之间关系的认知习惯，能更准确地从空间对象层面进行地图比较[39-42]。

（4）农业种植适宜区分析评价。农业种植产业是资源型产业，种植资源包括耕地、土壤、水利、气候、劳动力资源等，这些资源都具有空间位置性、时空动态性、生态限制性以及生态恢复与补偿性。由于认识的局限性，人们对影响作物生长的诸多空间影响因素还不能完全定量化。空间场景的相似是农业种植适宜性分析与评价的一个重要因素，可以有效地指导农作物的种植与引种以及评价土地人口承载潜力与农业可持续发展等问题[43-45]。

（5）灾害防治。我国是一个自然灾害频发的国家，对我国影响较为突出的地震、台风、水灾、旱灾、雾灾、风沙、滑坡和泥石流等自然灾害的发生及其孕险环境在时间和空间上存在相似性。利用空间相似性的方法研究分析自然灾害的孕灾环境、致灾因子、承灾体与灾情的空间分布、动态变化过程及如何防灾减灾等具有重要的意义，空间场景相似性的分析方法还可指导自然灾害区划方案的制订[46-48]。

（6）数据挖掘中数据选取。在时空数据挖掘中，需要首先从数据库或数据仓库中搜寻并选取与待发现知识具有时空关联的数据，这一过程的依据就是空间聚类，而空间聚类的本质在于空间对象背后某个或某些特征的相似性[49]。空间场景相似性能够为空间数据挖掘提供空间聚类分析[50]的工具。将空间相似性或时空相似性运用到空间数据挖掘中，目前主要应用于移动数据[51,52]和运动轨迹的挖掘[53-59]。

（7）遥感图像数据提取。空间对象的地理分布具有特定的空间分布和空间关系特征，利用空间相似性以及同一地点不同时段的遥感影像的时空相似性[60]可进行遥感图像分类和信息提取[19,61-66]。此外，空间相似性还可广泛应用在视频图像提取等应用中[67-71]。

综合空间场景相似性的研究进展来看，空间场景相似性研究多集中在理论阶段，所使用的数据量都比较小，还没有在实际的大数据集中进行过分析和实验。随着空间数据量增大时，随着数据量的增大，计算强度会显著增加，原来在小数据量被证明正确和有效计算模型和计算算法可能会无效[72,73]。当前，以 CI 为基础的地理空间计算的研究正日益成为研究和应用的热点，但大部分研究仍处于理论探索的阶段，如何利用信息化基础设施环境进行地理空间计算和空间分析[74]，目前主要有两种解决思路，一种思路是改造地理空间分析的算法，使之并行化并能适应信息化基础设施的架构[17]；另一种思路是构建一个连接地理空间科学家与信息化基础设施的统一入口，使得地理空间科学家像使用本地资源一样使用信息化基础设施的资源[75]。从目前的情况来看，试图找到一个适应于所有地理计算的计算框架是困难的，但从一些经典的应用入手，把应用本身的特点和计算框架结合起来，借助 CI 提供的丰富资源是能够解决目前 GIS 面临的大数据量等挑战的，如 GISolve[75]在 TeraGrid 上开展的 Gi*(d)等计算。

随着 Jim Gray 等提出的第四范式：数据密集型的科学发现观点的普及[76]和当今蓬勃发展的互联网和社会网络数据公司研究和应用的拓展，数据密集性计算作为新型科研和服务的支撑技术越来越引起科研教育和产业界的关注。数据密集型计算环境在处理海量、分布式、异构、高速变化、结构和半结构化的数据有天然的优势[77]。与传统的计算密集型计算环境相比，数据密集型计算环境中，每个计算节点不仅具有较强的计算能力，还有相当的数据读写能力。数据密集型应用与计算密集型应用也存在区别，传统的计算密集型应用往往通过并行计算方式在紧耦合的超级计算机上运行少量计算作业，即一个计算作业同时占用大量计算机节点；而数据密集型应用的特点主要是：①大量独立的数据分析处理作业可以分布在松耦合的计算机集群系统的不同节点上运行；②高度密集的海量数据 I/O 吞吐需求；③大部分数据密集型应用都有个数据流驱动的流程。所以如何实现数据密集型流程，并且能在高性价比的以服务器机群为主的数据处理环境实现海量数据处理的柔性可扩展是数据密集型计算面临的问题。

总之，尽管空间场景相似性分析和空间搜索的研究都取得了一定的进展，但两者结合尤其是在大数据背景下的实现还存在较大的缺陷和不足。还有很多问题有待进一步研究：如大数据量下空间场景的快构建、空间场景相似性的度量、空间数据如何本地化[78,79]等问题，如何对建立基于空间场景相似性的海量空间数据搜索模型等问题。最终这一课题的研究成果应用并最终形成成熟的应用技术，还需要创新性的研究。ACM SIGSPATIAL 把相似性搜索（similarity search）作为近年（2011～2016 年）一个专门议题来讨论。可见，相似性在空间搜索中的应用已经引起了研究者的注意；另外，空间的数据的急剧增加，增加了数据管理的难度，存储数据所需的存储能力和处理数据所需的计算能力超出了单一的计算集群和单一的存储集群的范围，数据的迁移越来越困难，数据越来越和存储和计算绑定在一起。

8.2　研究目标和内容

以高效柔性可扩展的数据密集型计算环境下空间场景相似性计算模型作为研究的基本目标，研究空间场景的提取、空间场景相似计算模型、高性能空间搜索算法等环节的关键技术，形成一个可在数据密集型计算环境中基于图形输入空间场景相似性搜索的原型系统。主要体现为以下三个目标。

（1）研究基于数据密集型计算环境的空间场景定性表达、快速提取的计算模型及其并行化。

（2）研究面向空间大数据搜索的空间场景相似性计算模型和并行算法。

（3）研究在不同数据规模和数据组织结构条件下，基于空间数据移动距离的空间场景相似性搜索算法和在分布式数据环境中柔性可扩展部署策略。

具体而言，应该包括但不限于以下研究内容。

（1）研究空间场景定性表达计算模型，主要包括以下几个方面。

①定性空间表达模型研究，在研究现有定性空间表达模型的基础上，研究构建基于层次格网并适合于在数据密集型计算环境下的空间场景定性表达模型，要求该模型一方面符合人们对空间认知的层次性特征，同时在数据密集型计算环境下具有良好的计算性能，尤其适合于算法的并行化。

②研究空间场景定性表达快速提取算法的并行化，基于层次格网的空间场景定性描述提取需要逐个遍历各个层次空间格网的每一个格网单元，并计算空间对象在每个格网单元中分布位置以及空间对象之间关系，计算的复杂度较高，串行程序和在计算平台层次的并行化不能满足计算需求，需要在算法层次进行并行化。

（2）研究空间场景相似性计算方法及并行化，主要包括以下几个方面。

①研究空间场景各组成因子对空间场景相似性评价的贡献度，确定空间场景相似性评价模型向量。

②在各组成因子对相似性评价的贡献度的基础上，以空间对象相似性和空间关系相似为主，建立各向量的权值矩阵。

③研究在不同数据规模下空间场景相似性算法在算法层次的并行化。

（3）研究空间场景相似性计算强度计算方法，主要包括以下几个方面。

①通过理论分析并结合大规模的数据测试，量化影响空间场景相似性计算效率的因子，包括计算复杂度、网络传输、数据吞吐、数据迁移、内存读写、读写设备繁忙程度、网络拥堵程度等。

②对每一个空间场景相似性的计算强度进行量化后，建立计算强度估算模型，以指导信息基础设施资源的调配。

（4）研究空间数据检索策略，主要包括以下几个方面。

①在系统分析整个数据密集型计算环境中，平衡数据在不同存储介质、不同节点、不同计算单元分布，使计算数据本地最大化，重点建立数据迁移和计算平衡模型。

②通过大数量环境下应用分析，利用数据分布平衡模型，指导 CI 资源中空间数据资源的合理分布。

（5）研究基于空间场景相似性的面向海量数据的空间搜索原型系统，主要包括以下几个方面。

①研究通过草图输入，与待定空间场景之间相似性比较的搜索模型。

②从用户体验、查全率、查准率和时间代价等方面建立大数据环境下的空间场景相似性搜索结果的评价模型。

③验证本书在理论意义和实践价值。

8.2.1　需要解决的关键技术问题

（1）具有高可计算性的定性空间场景表达模型的建立是空间相似评价的基础，是空间场景相似性计算能否应用到海量数据环境的关键问题，核心问题是空间场景快速提取模型的建立。这是数据密集型计算环境下空间分析需要首先突破的技术难点。

（2）空间场景相似性计算模型在不同数据规模上的柔性可扩展是本研究的重点，空间场景相似性计算模型：①该模型的计算结果要符合人们空间认知的层次性和多尺度特征；②该模型必须具有在不同数据规模下都有比较好的表现力；③能够针对数据密集型计算环境中资源结构的灵活配置，具有较高的可伸缩性。这是数据密集型计算环境下空间分析需要解决的关键问题之一。

（3）空间场景相似性计算强度估算模型是解决空间场景相似性计算在不同数据规模和多源异构环境部署的关键技术。不同的计算任务所需的计算资源有所不同，由于海量数据处理环境的异构性（包括物理的和逻辑的），如何根据计算强度估算自适应调配 CI 资源，且能够在不同架构计算环境中有效地运行。计算强度估算有效建模是空间场景相似性计算能否柔性扩展的基础。这是本书需要解决的技术难点之一。

（4）数据索引策略，即如何使数据本地最大化，是数据密集型计算的一个关键问题，尤其是在空间场景相似性计算中，数据吞吐量大，I/O 问题是整个计算的瓶颈，数据检索的时间代价是空间场景相似性检索能否得到应用的关键之一。研究适合空间场景相似性计算的数据索引策略是本书重点研究的问题之一。

各研究目标、内容和关键技术问题之间的有机联系见图 8.2。

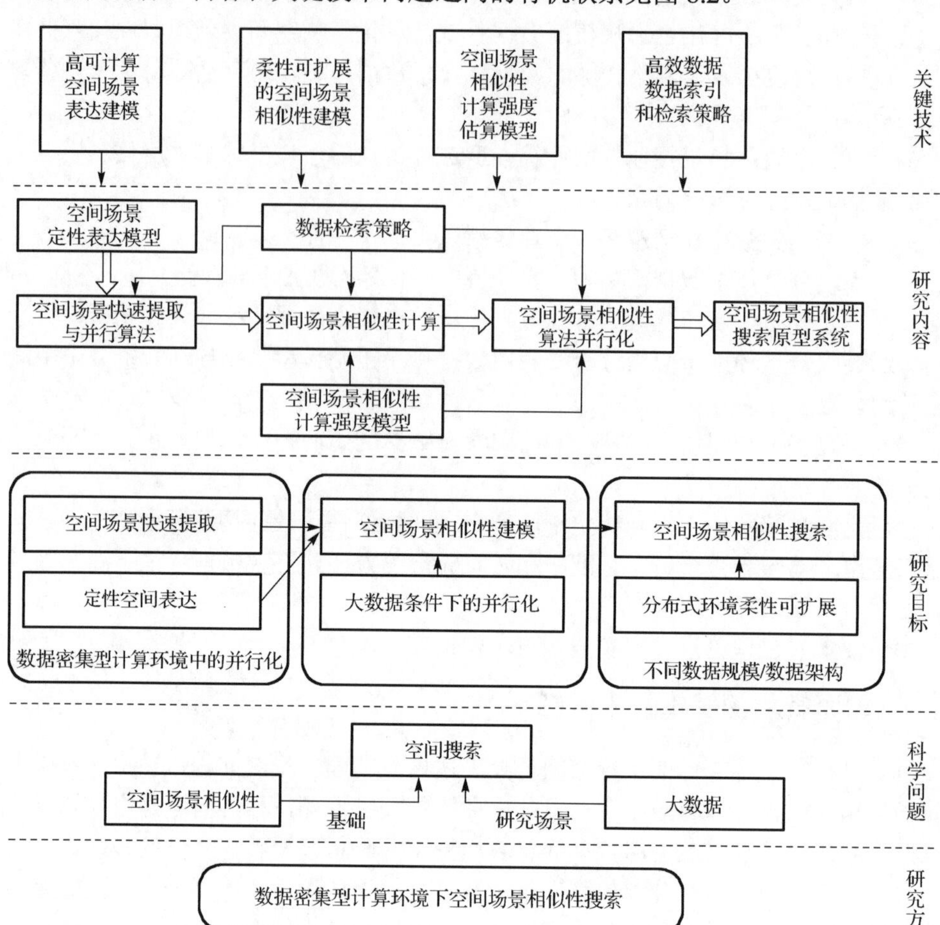

图 8.2　数据密集型计算环境下的空间场景相似性研究拓扑图

8.2.2　研究方案

根据图 8.3 所示的各主要内容之间的内在联系，该研究方向主要从以下几个方面出发实施各项研究工作：①建立空间场景定性表达模型，为空间场景相似性提供基本度量模型；②分别从空间对象的相似性和空间关系的相似性两个方面展开空间场景相似性的研究，并基于重要性排序的定权模型建立空间场景相似性评价模型；③逐步扩大数据规模、调整数据组织架构进行空间场景相似性的计算测试，旨在比较和分析该计算在不同数据规模和数据组织架构下的计算效能，其核心工作是估算空间场景相似性计算强度估算模型；④研发一个验证上述技术的原型系统；⑤其中算法并行化和空间数据分布策略对空间场景相似性计算的影响是贯穿整个研究的重要内容。具体的技术路线如下。

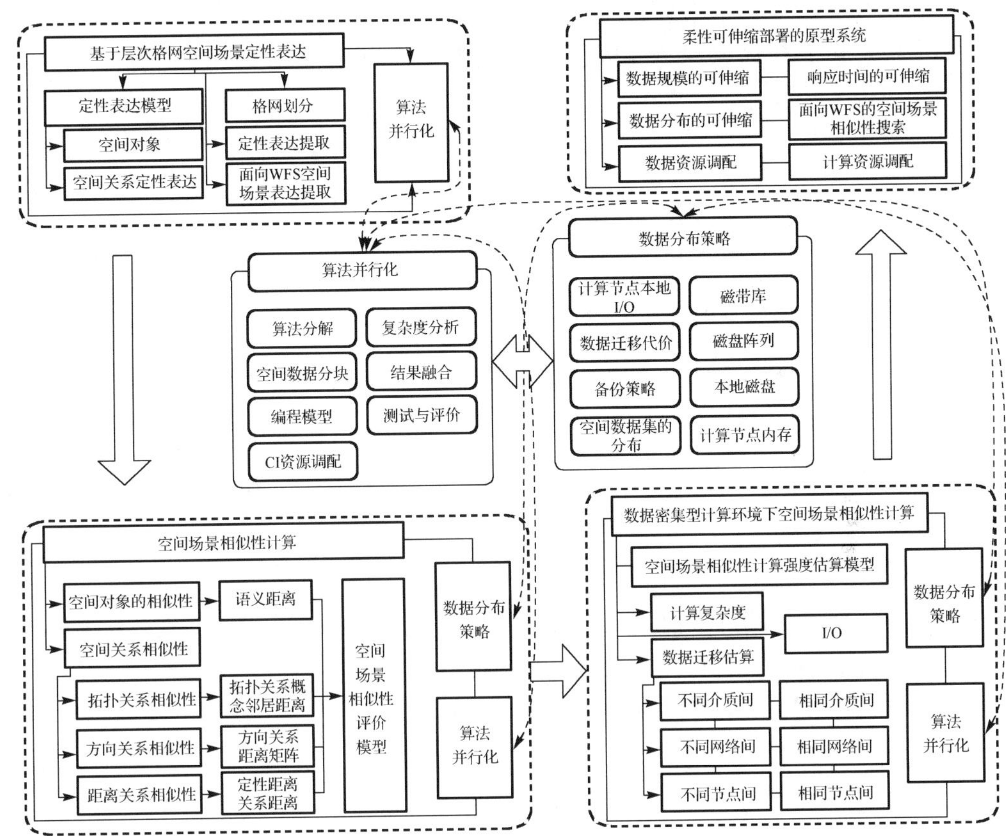

图 8.3　本项目总体技术路线

1. 空间场景定性表达

定性空间表达是空间场景相似性分析的基础，由定量的空间表达转化为定性的空间表达是一个空间认知概念的转换过程，也是一个复杂的计算过程。本书在前期研究成果的基础上，拟采用系统研究方法，对基于层次格网的空间场景定性表达的算法进行优化，并增加以下研究内容：对层次格网大小对于空间场景表达的影响和计算效率的影响进行研究和实验；空间场景定性表达提取的并行化；面向 WFS 数据源的空间场景定性表达的提取。拟分 4 个阶段展开。

（1）优化基于层次格网的空间场景定性表达。

①构建空间场景定性表达向量。拟集中在空间对象和空间关系的描述上，空间关系拟集中在空间拓扑、角度和距离关系等。

②定性空间表达与空间认知之间的关系，拟结合在线问卷调查的方式进行测试和验证。

（2）研究格网大小对空间场景定性表达的影响。

①格网大小与空间实体表达精度的关系，格网大小与存储负载和计算效率的关系。

②不同层次之间格网之间的关系，研究不同格网之间同一空间对象的同一表达向量之间的关系。

（3）空间场景定性表达提取算法的并行化。

①空间场景的定性表达需要对整个空间数据库中的所有空间对象逐一进行遍历，计算强度大，需要并行化处理。

②提取的结果存储量较大，需解决数据存储和分布的问题。

（4）面向 WFS 数据源的空间场景定性表达提取。

①面向 WFS 数据源，在互联网上抽取空间对象定性表达，构建空间场景，推算空间关系，提取空间场景的定性表达。

②提取的空间场景备后续空间场景相似性计算之用。

2. 空间场景相似性计算

空间场景相似性是两个空间场景之间的对应各组成向量之间相似性的综合表达，这意味着一方面需要确定不同场景同一空间场景向量之间的相似性；另一方面需确定空间场景相似性向量之间的权值。拟分 4 个部分工作。

（1）确定空间组成向量，主要从空间对象类型和空间关系两个方面着手。

（2）空间对象相似性度量，空间对象在不同的空间数据库之间存在语义的不确定性，空间对象类型的相似性，一般由空间语义距离来解决，语义相似性不是本书的重点，拟采用现有研究成果和技术（如文献语义网的各种语义距离）来解决。

（3）空间关系的相似性度量，拟从拓扑关系、角度（方向）关系和距离关系三个方面进行研究；优化拓扑关系概念邻居计算模型、方向关系模型的边界跳跃问题、距离关系的多层次表达和层次之间的计算问题。

（4）确定各向量对空间场景相似性贡献度，申请人先前的研究成果[26]中运用重要性排序定权方法对空间场景相似的各因子定权，$\omega_i(\mathrm{ROC})=\frac{1}{n}\sum_{j=i}^{n}\frac{1}{j}\ (i=1,2,\cdots,n)$ 是针对特定应用而提出来的，下一步拟提出更具通用性的定权方法 $\omega_{空间语义}>\omega_{拓扑关系}>\omega_{方向关系}>\omega_{距离关系}$。

3. 不同数据规模和数据组织架构下的空间场景相似性计算

空间场景相似性计算是典型的数据密集型计算，和传统的高性能计算主要是通信密集性计算有所不同，数据的吞吐能力（I/O）是影响计算强度的一种重要因素，数据的读写与数据的物理存储结构、逻辑组织方式、存储介质、文件格式、文件的大小、文件的本地化策略以及空间对象的粒度等都有关系；除了对空间场景相似性计算强度进行理论推导估算，需结合实验研究柔性可扩展空间场景相似性计算，其核心是计算强度估算。拟分 4 个步骤来实施。

（1）在 Hadoop 下所作的空间场景相似性分析的研究成果的基础上，在 GB 级数据规模和数据分布在计算节点下，测试计算性能，研究计算强度模型并进行检验，其中计算强度等于计算复杂度与数据迁移距离的和。

$$I = C + M \tag{8.1}$$

（2）逐步扩大数据规模（GB→10GB→100GB→TB），当数据增加到一定规模时，完全放置在本地磁盘是不合适的。需要改变数据分布模式，测试计算性能，并验证计算强度模型，在实验中每次只改变一种分布模式的一个变量，以获取该变量对计算强度的定量影响。

（3）采用螺旋上升方式，改进计算并行化方法，测试在不同数据规模和数据组织方式下的计算效能，并进一步改进并行化方式。

（4）同样采取螺旋上升方式，改进数据分布方法测试在不同数据规模和数据组织方式下的计算效能，并进一步改进数据分布方式。

4. 基于空间场景相似性的搜索原型系统

原型系统除了验证本书的研究成果，还提供一个基于草图输入的空间场景相似性的搜索系统，拟按 3 个步骤来展开。

（1）研发空间场景定性表达提取的原型系统，并能对计算的各个步骤中数据迁移时间、计算各步骤消耗时间进行记录并导入数据库，供后续分析用。

（2）开发基于草图的空间场景相似性搜索系统（图 8.4 是空间场景相似性搜索系统草图输入接口)，第一步先解决对数据库中任意选择的一个空间场景搜索出另一个或多个相似的空间场景；第二步解决通过草图输入，从数据库中搜索出相似空间场景；两种情况均需对数据的来源、计算各步骤消耗的时间、数据集的大小进行记录，以供分析用。

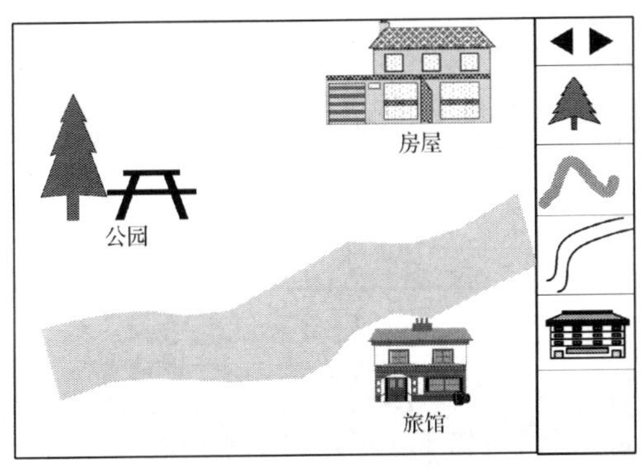

图 8.4　基于草图输入的空间场景相似性搜索系统输入界面

（3）开发面向 WFS 数据服务的空间场景相似性搜索系统（拟通过几个开放的 WFS 数据源进行分析，如 OpenStreetMap）。

5. 算法并行化和数据分布策略

（1）在原有研究成果的基础上，分析在 MapReduce 框架下算法并行化的效能，及不同因子对并行化的影响，找出计算的瓶颈，从算法本身入手，研究更通用的并行化算法。

（2）数据分布策略对数据密集型计算是至关重要的，拟通过量化数据迁移代价建立数据分布模型进行。如图 8.5 所示，在数据密集型环境中，就单个计算任务而言，计算数据要进入计算单元前有 5 种可能的途径，数据迁移路径为 5 种迁移路径的加权和。

$$M = \sum_{i=1}^{n} v_i \cdot (m_i + a_i) \qquad (8.2)$$

式中，n 为数据存储介质的数量，v 为存储在该介质的数据量，a 为该存储介质的读写速率，m 为数据抵达计算单元的迁移路径。同时就整个网络和存储介质而言，所有并行的数据传输和数据读取的理论峰值是有限的，充分考虑这两者之间的平衡才能制定更有效的数据分布策略。

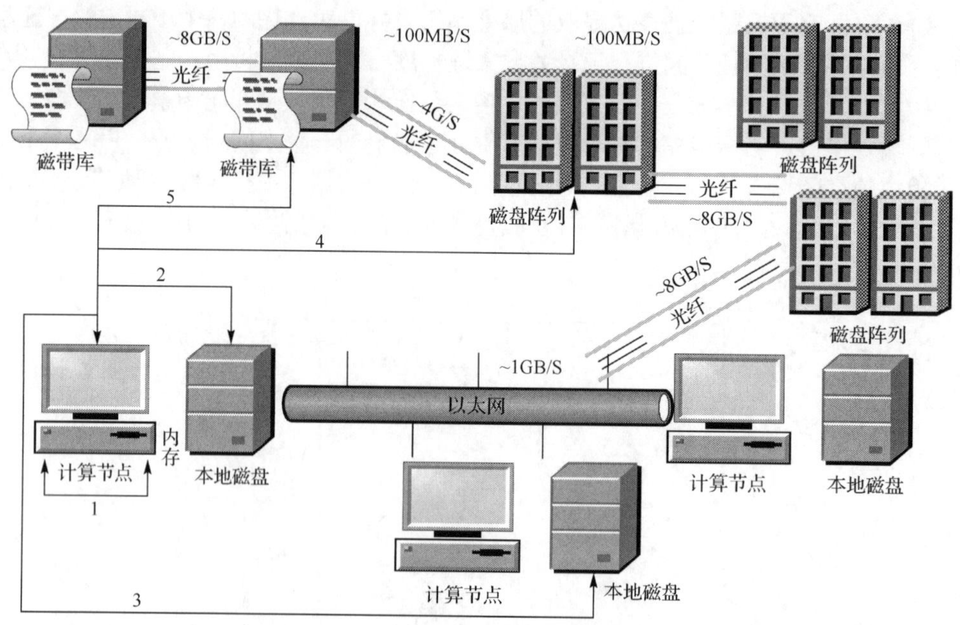

图 8.5　数据密集型计算环境中计算单元获取数据的几种可能途径

1-本机内存；2-本地磁盘；3-同一计算集群中其他计算节点的硬盘；4-磁盘阵列；5-磁带库

参考文献

[1] Tversky A. Features of similarity. Psychological Review, 1977, 84(4): 327-352.

[2] Jacox E H, Samet H. Metric space similarity joins. ACM Transactions on Database Systems, 2008, 33(2): 372-382.

[3] Posner I, Schroeter D, Newman P M. Using scene similarity for place labelling. The 10th International Symposium on Experimental Robotics, 2008.

[4] Frank R, Ester M. A Quantitative Similarity Measure for Maps. Berlin: Springer, 2006.

[5] Nedas K, Egenhofer M. Spatial-scene similarity queries. Transactions in GIS, 2008, 12(6): 661-681.

[6] 郭仁忠. 空间分析. 北京: 高等教育出版社, 2001.

[7] Yu G, Liu G. Spatial fussy query on shape cognition of 2D objects. Computer Engineering and Application, 2012, 48(16): 185-189.

[8] Battiato S, Farinella G M, Gallo G, et al. Spatial hierarchy of textons distributions for scene classification. Advances in Multimedia Modeling, International Multimedia Modeling Conference, 2009, 5371: 333-343.

[9] Yang C, Goodchild M, Huang Q, et al. Spatial cloud computing: How can the geospatial sciences use and help shape cloud computing. International Journal of Digital Earth, 2011, 4(4): 305-329.

[10] Yang C, Raskin R, Goodchild M, et al. Geospatial cyberinfrastructure: Past, present and future. Computers, Environment and Urban Systems, 2010, 34(4): 264-277.

[11] Hey T, Trefethen A E. Cyberinfrastructure for e-science. Science, 2005, 308(5723): 817-821.

[12] Newman H B, Ellisman M H, Orcutt J A. Data-intensive e-science frontier research. Communications of the ACM, 2003, 46(11): 68-77.

[13] Giuliani G, Ray N, Lehmann A. Grid-enabled spatial data infrastructure for environmental sciences: Challenges and opportunities. Future Generation Computer Systems, 2011, 27(3): 292-303.

[14] Diaz L, Granell C, Gould M, et al. Managing user-generated information in geospatial cyberinfrastructures. Future Generation Computer Systems: The International Journal of Grid Computing-Theory Methods and Applications, 2011, 27(3): 304-314.

[15] Bair R. Science on a Large Scale. London: Springer, 2005.

[16] Catlett C. TeraGrid: A foundation for US cyberinfrastructure. Network and Parallel Computing, 2005.

[17] Clarke K C. Geocomputation's future at the extremes: High performance computing and nanoclients. Parallel Computing, 2003, 29(10): 1281-1295.

[18] Hu J, Fan J, Li G, et al. Top-k fuzzy spatial keyword search. Chinese Journal of Computers, 2012, 35(11): 2237-2246.

[19] Di Sciascio E, Mongiello M, Donini F M, et al. Retrieval by spatial similarity: An algorithm and a

comparative evaluation. Pattern Recognition Letters, 2004, 25(14): 1633-1645.

[20] Chang J W, Bista R, Kim Y C, et al. Spatio-temporal similarity measure algorithm for moving objects on spatial networks. International Conference of Computational Science and its Applications, Kuala Lumpur, 2007.

[21] 黄波, 林晖. GeoSQL: 一种可视化空间扩展 SQL 查询语句. 武汉测绘科技大学学报, 1999, 24(3): 199-203.

[22] 马林兵, 龚健雅. 面向自然语言的空间数据库查询研究. 计算机工程与应用, 2003, 39(22): 16-19.

[23] Egenhofer M J. Query processing in spatial-query-by-sketch. Journal of Visual Languages and Computing, 1997, 8(4): 403-424.

[24] D'Ulizia A, Ferri F, Formica A, et al. Approximating geographical queries. Journal of Computer Science and Technology, 2009, 24(6): 1109-1124.

[25] Mohan K, Arun S P. Similarity relations in visual search predict rapid visual categorization. Journal of Vision, 2012, 12(11): 19.

[26] Sousa P, Fonseca M J. Sketch-based retrieval of drawings using spatial proximity. Journal of Visual Languages and Computing, 2010, 21(2): 69-80.

[27] Sun J, Chen J, Deng M. The algorithms of geometry similarity measurement and experimental analysis for linear spatial data transmission. Journal of Geo-Information Science, 2011, 13(5): 701-706.

[28] Jun C, Renliang Z. Spatial relations in GIS: A survey on its key issues and research progress. Acta Geodaetica et Cartographica Sinica, 1999, 28(2): 95-102.

[29] Belussi A, Catania B, Podesta P. Topological operators: A relaxed query processing approach. GeoInformatica, 2012, 16(1): 67-110.

[30] 郭旦怀. 基于相似性的地理空间分析关键技术研究. 北京: 中国科学院研究生院, 2009.

[31] Nedas K A, Egenhofer M J. Integral vs. Separable Attributes in Spatial Similarity Assessments. Berlin: Springer, 2008.

[32] Punitha P, Guru D S. Symbolic image indexing and retrieval by spatial similarity: An approach based on B-tree. Pattern Recognition, 2008, 41(6): 2068-2085.

[33] Graham D J, Friedenberg J D, Rockmore D N, et al. Mapping the similarity space of paintings: Image statistics and visual perception. Visual Cognition, 2010, 18(4): 559-573.

[34] 丁虹. 空间相似性理论与计算模型的研究. 武汉: 武汉大学, 2004.

[35] Schwering A, Kuhn W. A hybrid semantic similarity measure for spatial information retrieval. Spatial Cognition and Computation, 2009, 9(1): 30-63.

[36] Tang J K T, Chan J C P, Leung H, et al. Interaction retrieval by spacetime proximity graphs. Computer Graphics Forum, 2012, 31(2): 745-754.

[37] Stefanidis A, Wang C, Xu L, et al. Multilayer scene similarity assessment. IEEE International

Conference on Data Mining Workshops, Miami, 2009.

[38] Gao Y, Zhang Y, Tian Y, et al. Topological relations between directed lines and simple geometries. Science China Technological Sciences, 2008, 51(51): 91-101.

[39] 牛方曲, 甘国辉, 程昌秀, 等. 矢量数据多尺度显示中的关键技术. 武汉大学学报(信息科学版), 2009, 34(7): 869-872.

[40] Kulik L, Duckham M, Egenhofer M. Ontology-driven map generalization. Journal of Visual Languages and Computing, 2005, 16(3): 245-267.

[41] Du S, Guo L, Wang Q. A scale-explicit model for checking directional consistency in multi-resolution spatial data. International Journal of Geographical Information Science, 2010, 24(3): 465-485.

[42] Jones C B, Ware J M. Map generalization in the web age. International Journal of Geographical Information Science, 2005, 19(8): 859 - 870.

[43] 崔伟宏, 张显峰. 土地资源的动态监测和动态模拟研究. 地球信息科学, 2002, 4(1): 79-85.

[44] 邵岩, 宋春满, 邓建华, 等. 云南与津巴布韦烤烟致香物质的相似性分析. 中国烟草学报, 2007, 13(4): 19-25.

[45] Jasiewicz J, Stepinski T F. Example-based retrieval of alike land-cover scenes from NLCD 2006 database. IEEE Geoscience and Remote Sensing Letters, 2013, 10(1): 155-159.

[46] Xu H, Tu X, Luo F. An empirical law of distribution of abrupt geological hazards in China. Application of Statistics and Management, 2010, 29(6): 951-960.

[47] 王静爱. 中国自然灾害时空格局. 北京: 科学出版社, 2006.

[48] Viveros E M, Caloca F L. A Cybercartographic Tool for Supporting Disaster Prevention Planning Processes and Emergency Management in Mexico City. Berlin: Springer, 2010.

[49] Salamat N, Zahzah E H. Fuzzy detection of change in spatial scene. 2th International Conference on Advanced Geographic Information System Applications and Services, Washington, 2010.

[50] Shen X, Lin Z, Brandt J, et al. Object retrieval and localization with spatially-constrained similarity measure and k-NN re-ranking. IEEE Conference on Computervision and Pattern Recognition, Rnode Island, 2012.

[51] Costa C, Laoudias C, Zeinalipour-Yazti D, et al. SmartTrace: Finding similar trajectories in smartphone networks without disclosing the traces. 27th ICDE, Lyon, 2011.

[52] Liang H, Li G, Zhang J. Surveillance scene analysis model based on motion trajectory. Computer Science, 2011, 38(9): 264-266.

[53] Rinzivillo S, Turini F, Bogorny V, et al. Knowledge Discovery from Geographical Data. Berlin: Springer, 2008.

[54] Panagiotakis C, Pelekis N, Kopanakis I. Trajectory voting and classification based on spatiotemporal similarity in moving object databases. 8th International Symposium on Intelligent Data Analysis, Lyon, 2009.

[55] Guo D. Trajectories mining for traffic condition renewing. International Conference on Advanced Data Mining and Application, Chengdu, 2008.

[56] Papadias D, Mamoulis N, Delis V. Approximate spatio-temporal retrieval. ACM Transactions on Information Systems, 2002, 19(1): 53-96.

[57] Hwang J R, Kang H Y, Li K J. Searching for similar trajectories on road networks using spatio-temporal similarity. East European Conference on Advances in Database and Information Systems, Thessaloniki, 2006.

[58] Tiakas E, Papadopoulos A N, Nanopoulos A, et al. Searching for similar trajectories in spatial networks. Journal of Systems and Software, 2009, 82(5): 772-788.

[59] Abraham S, Lal P S. Trajectory similarity of network constrained moving objects and applications to traffic security. Pacific-Asian Workshop on Intelligence and Security Informatics, Hyderabad, 2010.

[60] Huang P W, Hsu L, Su Y W, et al. Spatial inference and similarity retrieval of an intelligent image database system based on object's spanning representation. Journal of Visual Languages and Computing, 2008, 19(6): 637-651.

[61] Petrakis E G M. Fast retrieval by spatial structure in image databases. Journal of Visual Languages & Computing, 2002, 13(5): 545-569.

[62] Mehrotra R, Gary J E. Feature-based retrieval of similar shapes. 9th IEEE International Conference on Data Engineering, Vienna, 1993.

[63] Heczko M, Hinneburg A, Keim D, et al. Multiresolution similarity search in image databases. Multimedia Systems, 2004, 10(1): 28-40.

[64] Hsieh S M, Hsu C C. Retrieval of images by spatial and object similarities. Information Processing & Management, 2008, 44(3): 1214-1233.

[65] Le X Q, Yang C J, Yu W Y. Spatial concept extraction based on spatial semantic role in natural language. Geomatics and Information Science of Wuhan University, 2005, 30(12): 4.

[66] Zhang Y, Jin W, Xue R. Assessment method to fusion effect based on structural similarity comparison in fusion images. International Conference on Image Processing and Pattern Recognition in Industrial Engineering, Xi'an, 2010.

[67] Chan Y K, Chang C C. Spatial similarity retrieval in video databases. Journal of Visual Communication and Image Representation, 2001, 12(2): 107-122.

[68] Hsu F J, Lee S Y, Lin B S. Similarity retrieval by 2D C-trees Matching in image databases. Journal of Visual Communication and Image Representation, 1998, 9(1): 87-100.

[69] Huang P W, Dai S K. Image retrieval by texture similarity. Pattern Recognition, 2003, 36(3): 665-679.

[70] Hung M H, Hsieh C H, Kuo C M. Similarity retrieval of shape images based on database classification. Journal of Visual Communication and Image Representation, 2006, 17(5): 970-985.

[71] Cao Z, Zhu M. An efficient video similarity search algorithm. IEEE Transactions on Consumer

Electronics, 2010, 56(2): 751-755.

[72] Wang S, Armstrong M P. A theoretical approach to the use of cyberinfrastructure in geographical analysis. International Journal of Geographical Information Science, 2009, 23(2): 169-193.

[73] 周芹, 钟耳顺, 黄耀欢, 等. 大型空间数据库的并发索引策略 CQR 树. 武汉大学学报(信息科学版), 2009, 34(7): 23.

[74] Janowicz K, Wilkes M, Lutz M. Similarity-based information retrieval and its role within spatial data infrastructures. International Conference on Geographic Information Science, Park City, 2008.

[75] Wang S, Armstrong M P, Ni J, et al. GISolve: A grid-based problem solving environment for computationally intensive geographic information analysis. 3rd International Workshop on Challenges of Large Applications in Distributed Environments, Triangle Park, 2005.

[76] Hey T, Tansley S, Tolle K. The Fourth Paradigm. Redmond: Microsoft Research, 2009.

[77] 钱鑫, 张龙波, 田爱奎, 等. 一种面向数据密集型计算环境的聚类算法. 济南大学学报(自然科学版), 2013, 27(1): 11-15.

[78] 郑湃, 崔立真, 王海洋, 等. 云计算环境下面向数据密集型应用的数据布局策略与方法. 计算机学报, 2010, 33(8): 1472-1480.

[79] Liu Y, Wu K, Wang S, et al. A MapReduce approach to Gi*(d) spatial statistic. Proceedings of the ACM SIGSPATIAL International Workshop on High Performance and Distributed Geographic Information Systems, San Jose, 2010.

第 9 章　总结与展望

本书通过对相似性在信息系统尤其是在地理信息系统应用的研究，提出将相似性理论及其方法引入到地理空间分析中，全面分析了相似性在地理空间分析的各个阶段中的表现形式和计算方法，提出了一种集空间专题、定性空间拓扑关系、定性空间方向关系、定性空间距离关系描述的多层次定性空间描述模型，该模型能够将复杂的定性空间关系计算转化为 SQL 语句查询，提高了查询效率，符合人们对地理事物的认知习惯；建立了多因子相似性空间分析评价模型；提出了在格网条件下的基于相似性的空间分析理论和方法，深入研究了空间分析中相似性的表现形式、特点和度量方法；研发了一套基于相似性空间分析系统，并结合农业生产实际应用对相似性空间分析进行了研究和探讨。

将相似性科学与理论方法引入到地理空间分析，是将一种新的理论和方法引入到地理信息科学的研究中，其中必然存在着不少需要进一步研究和解决的问题，本书提出的基于相似性空间分析研究由于空间事物本身的复杂性，空间相似性机理的复杂性还存在着缺陷和不足之处，还有许多的工作需要进一步进行研究。

（1）空间相似性机理的深入研究和定性空间关系表达模型的优化。空间相似性是一个普遍存在但一直很难度量的现象，原因在于空间相似性的机理我们认识还很不够，如果能够对空间相似性的机理有更全面更深入的认识，必将对基于相似性的空间分析模型的准确性有指导意义。

本书提出的定性空间关系表达模型虽然在大部分情况下和人们的认知习惯一致，但在个别极端的情况下，模型计算的相似性与人们普遍认知的相似性之间存在一定的差异，作者将继续致力于该模型的优化工作。

（2）相似性空间分析过程的可视化。在相似性的空间分析中涉及大量的运算过程，在目前的系统中，运算的中间过程是不可视的，用户也不能对计算的中间过程进行干预。计算过程的可视化是计算科学发展的一个趋势，空间分析过程的可视化将帮助用户了解空间分析的全过程，及时调整空间分析过程中各因子的参数，以便更好地进行空间分析。作者将致力于如何将相似性空间分析过程可视化的工作。

（3）将相似性空间分析扩展到相似性时空分析和将数据类型扩展到三维空间实体。时空分析将原本就伴生的时间和空间统一研究，不再割裂时空的联系，是 GIS 发展的一个重要方向，如何将基于相似性的空间分析扩展到基于相似性的时空分析是今后要继续研究的工作，其中包括：空间格网与时态的关系、时间相似性的关系等。本书由于时间关系没有就这个问题进行深入探讨和研究。

本书的研究将空间实体类型限定在二维平面空间中，今后可将空间实体类型扩展到三维空间对象。由二维空间实体扩展到三维空间实体，涉及定性表达模型和相似性计算模型的调整和修改。

（4）多级格网的尺度模型。多级格网中，每个级别的格网对应一个人类空间认知的等级，如何将格网的尺度和空间认知等级对应起来，需要空间认知测试的佐证，作者将继续致力于此方面的研究。

附　录　A

两个面对象拓扑关系 8 种格网数量计算代码。

（1）A 所有格网的数量：Number_G_A。

（2）B 所有格网的数量：Number_G_B。

（3）A 中与 B 交叉格网的数量：Number_G_AB。

（4）B 中与 A 交叉格网的数量：Number_G_BA。

（5）A 中与 B 交叉格网的数量，且为边界格网的数量：Number_G_AB_B。

（6）A 中与 B 交叉格网的数量，且为内部格网的数量：Number_G_AB_I。

（7）B 中与 A 交叉格网的数量，且为边界格网的数量：Number_G_BA_B。

（8）B 中与 A 交叉格网的数量，且为内部格网的数量：Number_G_BA_I。

在上述变量中，Number_G_AB=Number_G_BA；Number_G_A=Number_G_AB_B+Number_G_AB_I；Number_G_B=Number_G_BA_B+Number_G_BA_I，所以实际上只有 Number_G_A，Number_G_B，Number_G_AB，Number_G_AB_I，Number_G_BA_I 等 5 个变量是独立变量，其他 3 个变量都可以由上述关系式推导而得。

Number_G_BA=Number_G_AB

Number_G_AB_B=Number_G_AB- Number_G_AB_I

Number_G_BA_B=Number_G_BA- Number_G_BA_I

在计算之前，要建立两个表和分别存储 A、B 格网信息，在每次计算前，程序先将上一次计算残留的数据清除干净。

```
--Clear Grid_A data first
DELETE Grid_A
--copy PID 13 to Grid_A
INSERT Grid_A  SELECT *  FROM Grid_Region WHERE (Grid_Level =0 and PID=13)

-- Clear Grid_B data first
--copy PID 14 to Grid_B
DELETE Grid_B
INSERT Grid_B  SELECT *  FROM Grid_Region WHERE (Grid_Level =0 and PID=14)

SELECT Count(*) "A格网的数量" from Grid_A
SELECT Count(*) "B格网的数量" from Grid_B
SELECT Count(Grid_A.OBJECTID) "AB交叉格网数量"  from Grid_A,Grid_B where
```

```
Grid_A.Grid_X=Grid_B.Grid_X and Grid_A.Grid_Y=Grid_B.Grid_Y
SELECT Count(Grid_B.OBJECTID) "BA交叉格网数量" from Grid_A,Grid_B where
Grid_A.Grid_X=Grid_B.Grid_X and Grid_A.Grid_Y=Grid_B.Grid_Y
SELECT Count(Grid_A.OBJECTID) "A 内部交叉格网数量" from Grid_A,Grid_B
where Grid_A.Grid_X=Grid_B.Grid_X and Grid_A.Grid_Y=Grid_B.Grid_Y and
Grid_A.IsBoundary =0
SELECT Count(Grid_B.OBJECTID) "B 内部交叉格网数量" from Grid_A,Grid_B
where Grid_A.Grid_X=Grid_B.Grid_X and Grid_A.Grid_Y=Grid_B.Grid_Y and
Grid_B.IsBoundary =0
```

附　录　B

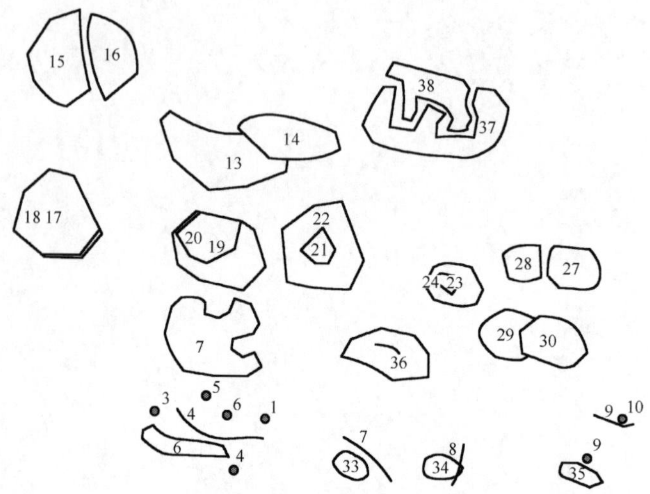

图 B.1　空间方向关系认知测试

请对应图 B.1 中的图形，选择图形对象之间的角度关系描述（可多选）。

0-中心，1-北，2-东北，3-东，4-东南，5-南，6-西南，7-西，8-西北

（1）【面 15】→【面 16】：<　>。

（2）【面 17】→【面 18】：<　>。

（3）【面 37】→【面 38】：<　>。

（4）【面 20】→【面 19】：<　>。

（5）【面 19】→【面 20】：<　>。

（6）【面 6】→【面 16】：<　>。

（7）【面 35】→【面 15】：<　>。

（8）【面 6】→【线 4】：<　>。

（9）【面 6】→【点 6】：<　>。

（10）【线 4】→【点 1】：<　>。

（11）【线 4】→【面 16】：<　>。

（12）【点 1】→【面 15】：<　>。

（13）【面 36】→【面 36 内的线】：<　>。

（14）【面 34】→【线 8】：<　>。

（15）【线 8】→【面 16】：<　>。

彩　　图

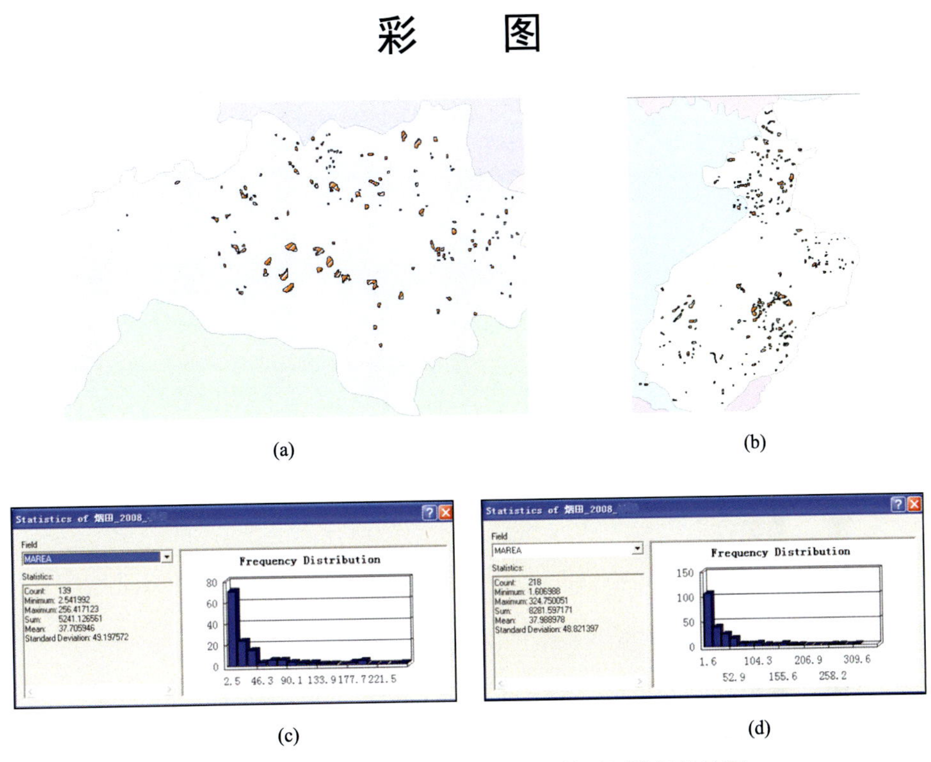

图 2.1　反映相同农田地块大小分布的不同地区的地图

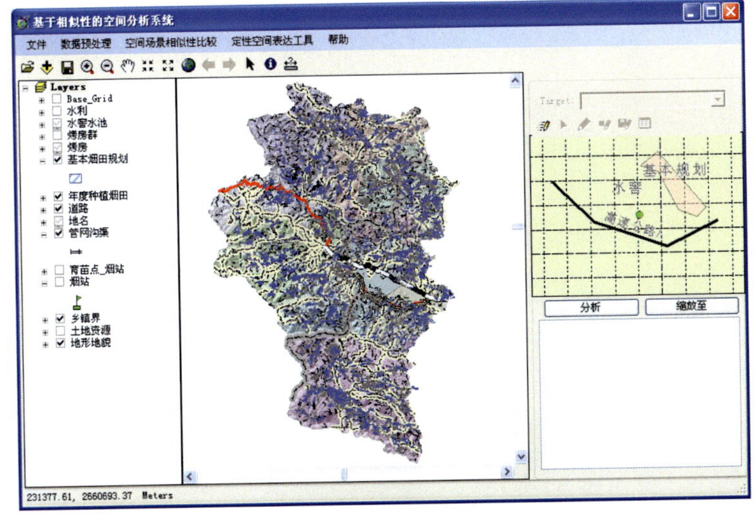

图 5.10　基于草图的相似性空间分析用户界面

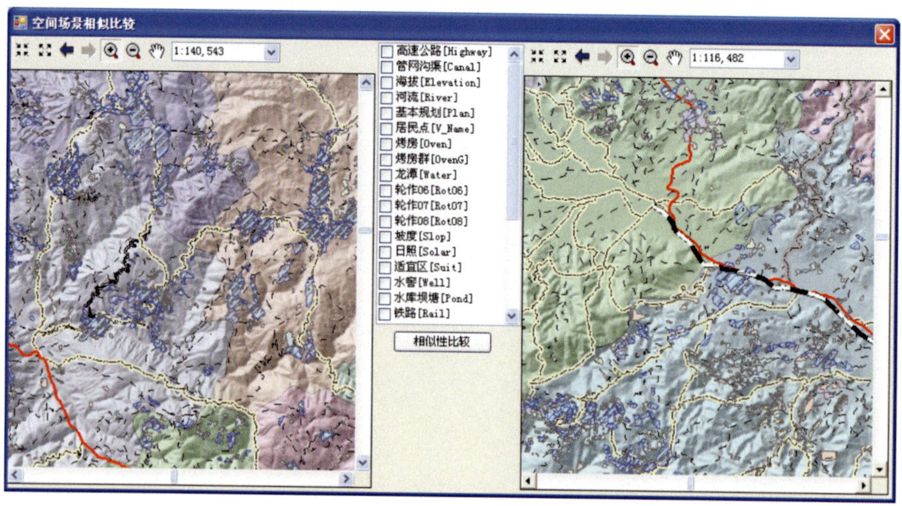

图 5.11　空间场景相似性比较界面

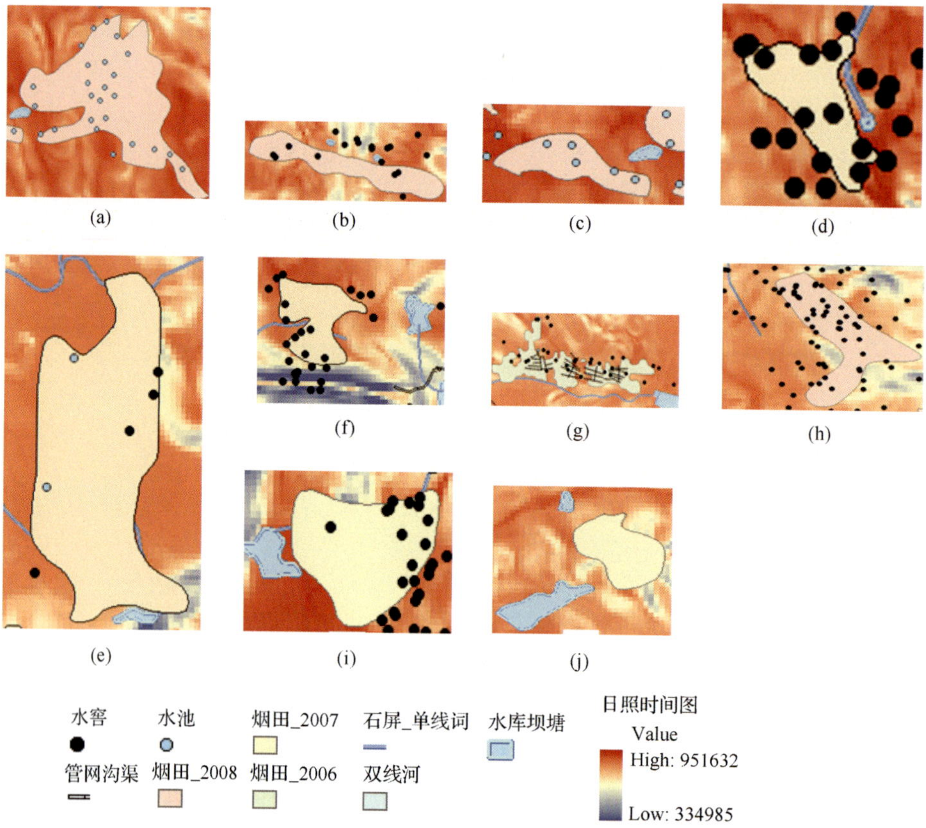

(a)　(b)　(c)　(d)

(e)　(f)　(g)　(h)

(i)　(j)

水窖　水池　烟田_2007　石屏_单线河　水库坝塘　日照时间图

管网沟渠　烟田_2008　烟田_2006　双线河

Value

High: 951632

Low: 334985

图 5.18　前 10 块符合查询分析约束条件的农田

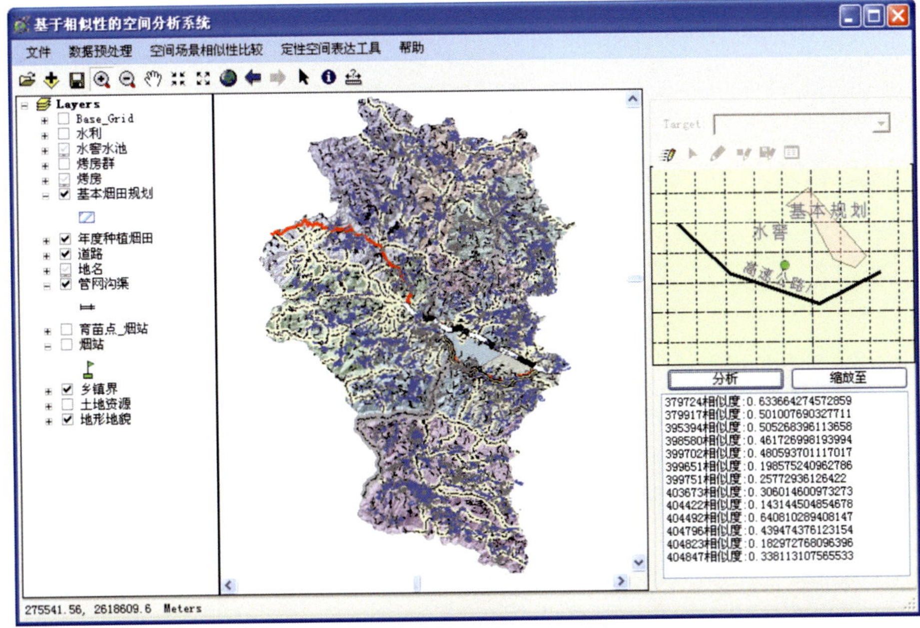

图 5.20　基于草图的空间分析结果

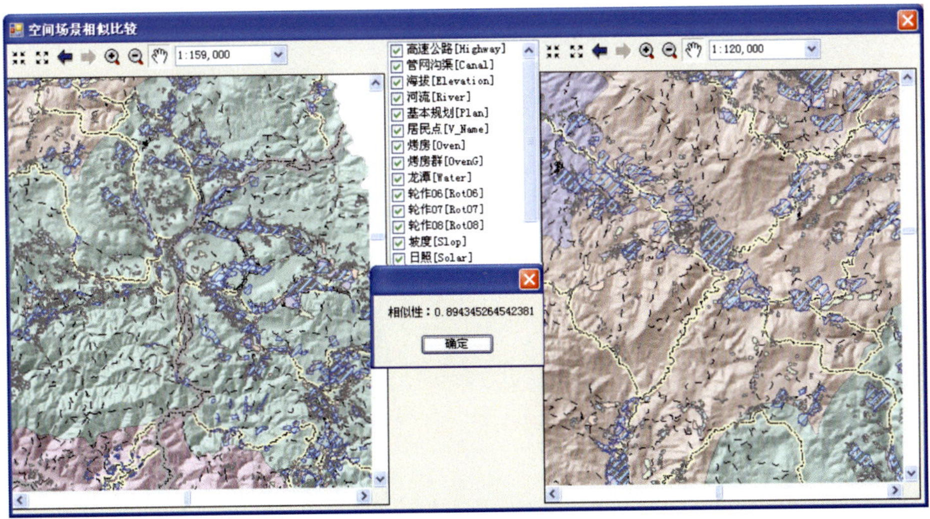

图 5.24　两个空间场景农业种植条件比较